游戏设计：深层设计思想与技巧

徐炜泓　著

电子工业出版社·

Publishing House of Electronics Industry

北京·BEIJING

内 容 简 介

本书是游戏设计行业的专业书籍，讲述游戏设计的方方面面，从基础的玩法和难度设计（包括"热刺激""冷策略"两类），到利用人类的情绪去设计使他们产生一些行为，再到如何规划整体的产品内容而使用户沉迷于其中，以及付费和总体成长的设计思路。本书探讨了创造体验和情绪最本质的思路，以及由这些思路引导出来的设计方法；探讨了许多实际游戏设计过程中会出现的问题，以及解决它们的思路、做法和各种不同的结果。

本书共有 4 章，包括游戏挑战、情绪设计、游戏历程设计和奖励、成长线与付费，递进地讲述了玩法设计中的热刺激和冷策略、以玩家的情绪为核心去设计各种内容、安排整个游戏历程的情感曲线，以及设计游戏内的奖励、成长线与付费。

本书适合游戏设计的从业者、游戏行业的高管阅读，也适合游戏设计专业的学生和教师作为教材使用。

图书在版编目（CIP）数据

游戏设计：深层设计思想与技巧/徐炜泓著. —北京：电子工业出版社，2018.7

ISBN 978-7-121-34583-8

Ⅰ. ①游… Ⅱ. ①徐… Ⅲ. ①游戏程序—程序设计 Ⅳ. ①TP317.6

中国版本图书馆 CIP 数据核字（2018）第 137489 号

策划编辑：张　迪

责任编辑：底　波

印　　刷：北京天宇星印刷厂

装　　订：北京天宇星印刷厂

出版发行：电子工业出版社

　　　　　北京市海淀区万寿路 173 信箱　邮编　100036

开　　本：720×1000　1/16　印张：16.25　字数：312 千字

版　　次：2018 年 7 月第 1 版

印　　次：2024 年 10 月第 20 次印刷

定　　价：69.00 元

前言
Preface

随着自然学科的发展，人类对这个世界有了前所未有的认识，众多学科都在它们原来的基础上进一步发展，甚至产生很多的分支学科。但它们都逐步统一在量子物理这一研究最基本的物理粒子和场的学科之下。无论是化学、生命科学，还是天文学，人类都找到了更基础、更本质的方式去解释原有的许多自然规则。我们正经历着自然学科分支越来越多、越来越细化的时代，同时也是众多自然学科互相融合的时代。

但与此相对，艺术行业却依旧各自为战。艺术学科固然在一直发展其新的作品、新的风格、新的深度，但学科间却很少交融。这是因为，不同学识程度的受众对同样的东西会有不同的感受，这使许多艺术在专业性和普适性上产生了巨大的分裂。但我相信依然有许多体验和感受无须深奥的专业学识即可传达，这也是我将奉献自己一生的地方——最本质的人类感受的设计之道。

随着我们对人类感受和体验的产生方式有了更深的了解，对创造不同情绪的方法掌握得更好，我相信终有一天，人类将不仅有美术设计师、作曲家、导演……一些人还可以称自己为情绪设计师。

本书在游戏设计的基础上讨论如何创造各种玩家在游戏时的体验及情绪，这和以往的游戏设计思路有所不同，因为所站的"角度"已经不同。以往的许多书籍都是在讨论游戏需要考虑什么、做些什么，而本书探讨的是为什么去做，需要达到和如何达到怎样的效果，以及"好"的体验的评判标准。

在我以往的从业过程中，当要制作新的游戏系统或者玩法时，大家经常会产生这样的疑惑："这个东西能不能做？"设计师能预估玩家玩这些游戏内容的情况，但这样的游戏方式是否就意味着"好"呢？游戏设计并不是一个有确定性结果的东西，不是非零则一的，它产生的是某种倾向上对一定范围的影响，所以一个新玩法值不值得做的判断就会很难，或者说会很主观化。于是就出现了许多大游戏公司制作出来的 3A 级游戏各方面的性能都很好，如游戏的操作性、画面、游戏关卡、剧情，但最后玩家就是觉得不好玩。这就是因为游戏不是依靠内容及各部分都有趣就可以堆叠出来一个优秀的作品，一款好的游戏应该是以期望创造给玩家的，在他们心中产生的体验和情绪为标准，去衡量和设计所有的游戏内容。

本书提到了"乐趣"，类似的还有"游戏性"和"玩法"，这都是设计师经常挂在嘴边的词语，但有时过于强调它们了。例如，许多《德州扑克》的玩家"all in"时不顾一切地压上自己所有的筹码，真的是因为《德州扑克》好玩吗？不，并不是，甚至它其实并不好玩。但玩家当时还是会忘乎所以地投入，这是因为他们心中想出那一口气，不相信自己那么倒霉，想要赢得更多的冒险，而这些都是情绪的作用。还有很多其他的例子可以说明，很多时候，玩家或者普通人持续地投入一件事情，为它付出，并不是因为它好玩。

所以，对于设计师而言，评判一个游戏不应该再用"好玩"这个标准，而是"着迷"。而"着迷"就包含了其他内容，如不同的情感体验、短时的情绪刺激、社交性的心理满足。例如，设计这样的一段游戏，让玩家扮演一个刺客，但这个刺客既不能快速地移动，也没有多种多样的技能，他只是一个年老力衰的老者，但他依然可以使用伪装、潜行等各种手段，刺杀目标于无形之中。这创造了一种让人感到刺激的刺客体验，因为潜行刺杀类游戏的核心在于等待良好时机，不被发现，合理地规划路线，而不是复杂的操作、多样的技能这些所谓"好玩"层面上的内容。那么，除创造不同的体验这个思路外，短时的情绪刺激和社交上的心理满足也是能让玩家着迷的游戏设计方式，这些将会在书中继续讨论。

电影行业对于如何拍摄一个悲伤的情景有其可供借鉴的方法，包括如何布光、如何布景、如何拍摄等。美术行业会使用冷色系为主、线条一般不尖锐等。那么游戏设计呢？如何设计一段让玩家感觉悲伤的互动式体验呢？除了游戏中的剧情动画和对白文本这两种方式外，如果聚焦于玩家在游戏世界中的行动，也就是互动型的内容，那么如何创造一段悲伤的互动呢？设计的基准还是从人类的本性出发，如让玩家去接触他失去的东西；让玩家赠送爱心给他不再登录的好友；让玩家给游戏中死去的部下献花；让玩家不得不派遣一支部队或某个 NPC，让部下去面对已经预知的悲惨结局。

从上述的例子可以知道，应该首先思考让玩家产生怎样的情绪，然后才是设计各种游戏系统、游戏内容，这也就是我们前面提到的"角度的不同"。

本书的叙述顺序会从如何创造各种玩法，从难度、内容……到如何设计、创造玩家的各种情绪，再到如何编排一整段的体验，而最后一章会针对现在的游戏市场提出游戏角色的成长，以及付费思路的设计思想。全书内容逐步展开，越靠后面的章节，越占主导地位，并且会很大程度地影响前面章节所针对的游戏内容的设计思路。

　　打开博客 http://blog.sina.com.cn/u/1860462142，书中所述的内容，您觉得对或者不对的地方，欢迎一起讨论。

作　者

目录
Contents

第 1 章

游戏挑战

本章站在创造乐趣的角度，讨论如何设计游戏的难度，以及如何设计由难度而产生的"心流"。两种不同的乐趣分别是以人的身体能力为主的热刺激型乐趣和以思维思考能力为主的冷策略型乐趣。

"心流"是一个经常被提起的名词，它除在游戏领域被使用外，在其他心理和体验相关的领域也常常被使用。如果能让玩家或者参与者进入心流，那么他们当时的体验将会是非凡的。例如，对于笔者而言，这么多年来，许多游戏在玩完之后都会被删除，而《劲乐团》是一直保留下来的几款游戏之一。因为无论间隔多久，每次只要重新进入这款游戏，就能够立刻进入心流的状态，体验那种入神的感觉，那种心眼合一、眼手合一的高度集中的状态，而那种体验及保持那种迎接挑战的身体状态能让玩家进入很兴奋和愉悦的状态。

对于游戏行业而言，一些设计师们认为心流就是乐趣，就是游戏的一切，但这种看法有点偏颇。心流只是一条难度曲线，一条挑战难度和参与者自身能力的对比曲线。而一种玩法的乐趣，除挑战难度外，还有逼真的内容、视觉的冲击感，或者搞笑的趣味等。在玩法的乐趣之外，一款游戏还包含玩家的情绪成分及统筹安排所有内容的规划思路，所有这一切，才是设计一款好游戏的全部。以上这些内容将会在本书中逐步讲解，本章将从游戏的两大类类型来阐述如何设计心流和乐趣。

1.1 热刺激类

热刺激类是指各种需要快速反应、精准操作的游戏。笔者把这种类型称为"热刺激"，是因为，它们以玩家的良好操作为主，而不以策略思考为主，它们对玩家的身体、生理素质的要求更多，而思维能力只是一种辅助要求。这类游戏包括 FPS、

跑酷、ARPG、ACT、STG 等以操作和反应见长的类型。

必须认识到，每个玩家都有自身反应能力、操作精准度、色差分辨能力、音响辨析能力等不同的能力极限，设计热刺激类游戏最终目的就是去处理玩家的生理极限。无论如何包装玩法，当想要使玩家玩得刺激时，最终要考虑的就是对玩家个人生理能力的挑战，迎合他们的能力而设计出合适的难度，以及何时应设计更高难度的挑战，何时应降低难度。只有站在玩家能力的角度去思考和设计，而不是只想着有更多的挑战类型，更多、更难的关卡，才能真正地让玩家获得乐趣。

这类游戏是非常多的，而它们的设计核心要点如下。

1.1.1 难度的产生

对玩家的反应和控制能力要求高的那些游戏，如《劲乐团》、《忍者反应》、《CS》、《东方》系列等，对于玩家能力的挑战都被包装为一个个不同的展现方式。而包装为不同的展现方式时，就产生不同的乐趣。大部分游戏不仅包装了一些挑战，还让这些挑战有改变和浮动的余地——让玩家的策略能够参与其中，这样就最终表现为降低了游戏难度，也是对玩家策略和智商的积极肯定。这些挑战包含两部分：实际的个人能力挑战和一定的策略成分。本章首先介绍个人能力挑战的部分。

很多书籍谈论要按怎样的规则去制作游戏，要让它有乐趣，有对抗，规则要公平，有策略性和技巧……但很少有书籍谈到怎样算是乐趣，怎样算是挑战，怎样算是有趣的挑战。例如，当决定了制作某种类型的游戏后，怎样让它变成一个有趣的挑战呢？这就需要回过头来审视这些游戏中包含的能力挑战及所设定的规则，这些决定了这个游戏针对玩家的哪些生理能力的挑战及能够使用怎样的策略。下面来探讨跑酷类游戏，如图 1.1 所示的《爱丽丝快跑》。

跑酷类游戏包含不停移动的人物和场景，而场景中的地形障碍就是它们对玩家的操作要求，如玩家需要操作游戏角色跳起或滑铲去应对这些挑战，这些地形障碍就是设计给玩家的挑战点。仔细分析当地面出现一个坑时，玩家需要做的处理包括：

（1）发现这个地形障碍；

（2）感知这个地形障碍与游戏角色的距离；

（3）预估角色到达的时间；

（4）在合适的时间跳跃。

图 1.1

第（1）点和第（2）点有很密切的关系，但不是可以完全归属在一起的。发现地形障碍是视觉分辨力的体验，而感知障碍与角色的距离除应用视觉体验外，对于一些不是完全平滑的可视界面的游戏，还需要经过大脑计算，如在一些 3D 游戏中，目标物与玩家的距离就不那么容易被感知了。

这 4 点对玩家的能力、产生的挑战可以通过许多方式来调节。

1．分辨地形障碍

分辨地形障碍需要玩家做到以下几点：

- 良好的色差分辨。
- 分辨形状差异。
- 分辨角色动作变化或者游戏界面变化。

可以在此基础能力上做进一步设计，如通过特殊的方式增强或者减弱玩家的分辨力：

- 放大镜头。
- 额外提示，如"！"。
- 远距离的视觉模糊，这种方式会减弱玩家的分辨力。
- 其他障碍物，如场景中的雾气、突然出现的瀑布水流等。

2．感知距离

感知地形障碍与玩家的视距，并映射成游戏世界中的距离，这是需要大脑参

与的，然而在 2D 跑酷游戏中，游戏世界中的距离与屏幕显示的距离有一个固定的比例，所以很多时候它们只需要大脑简单地处理就可以了。

但有时距离并不只受到一个因素影响，如图 1.2 所示的情况，弹射小鸟时除要考虑距离外，还要考虑重力的影响。那么，玩家做这步操作时就需要考虑得更多，也就意味着需要给大脑更多的处理时间。

图 1.2

在 3D 游戏世界中，如图 1.3 所示，前面的盆栽距离游戏角色的距离较易估计，但远处的建筑物呢？更远处的风车呢？

图 1.3

　　当视距和实际距离不等时，估算便不容易完成。图 1.3 所示是《孤岛危机》，这是一款仿真的 FPS。其中，视距和实际距离是稳定渐变的比值，与真实世界是一样的。但也不一定所有的游戏都是稳定变化的比值，而那些具有非稳定渐变比值的游戏就会对玩家的处理能力提出更高的要求。这样的设计有意义吗？也许没有，但也可能你想让自己设计的太空游戏出现黑洞和瞬间传送门；也许会在魔法游戏中设计空间扭曲的地域；也许为了给玩家更多的反应时间，会在 2D 跑酷游戏中设计出逐渐变远的视野变化，让更远处的地形以缩小的形式出现，直到屏幕一半或者到某些位置才开始变为正常的情况，以此来帮助玩家进行预处理。

　　如何增强、减弱玩家的这一能力呢？采用的方法如下。

- 出现距离的数字标识。
- 出现绝对型的标识，如图 1.4 所示。

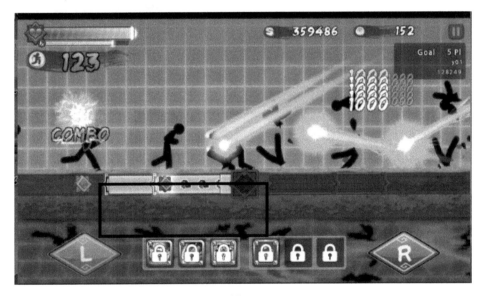

图 1.4

　　左端的敌人进入了攻击范围，左端攻击条就变亮，显现为蓝色。右端已经没有敌人，所以是黑色的。这种显眼的、绝对型的标识用来帮助玩家判断距离。

　　除上述例子外，《魔兽世界》的技能攻击距离提示也是类似的设计方法。

- 出现渐变的标识。

一是出现在地形障碍上，如颜色渐渐变为红色。

二是出现在地形或者界面上，地形产生颜色渐变是一种方式，界面上的固定标线也是一种方式，如图 1.5 所示。

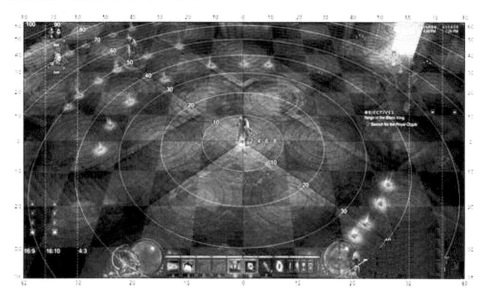

图 1.5

3．估计时间

距离÷速度=时间的估算是完全依靠大脑进行处理的，每个人都有自己处理这些算式的效率，但对于游戏而言，因为不可能出现多种不同的情况，所以久而久之玩家也能产生经验，让这一计算所需要花费的时间越来越短。因此，这里包含了一个变化因素，那就是经验的作用。变化因素是两面性的，玩家需要积累经验让自己玩得越来越好，游戏也不可能提供无尽的变化，但是也不希望让游戏内容过多重复，玩家仅通过经验就可以通过游戏的挑战，这也会让玩家感到无聊。那么如何影响它呢？角色移动的速度并不恒定，除逐步提高速度外，还可以有以下这些方式。

（1）玩家乘坐的是一架有故障的飞机，它可能时快时慢。这种变化是即时的、未知的速度变化，并且不是随时间的积累而有规律的变化。

（2）自身速度是被玩家即时影响的一个控制属性，如"1、2、3 木头人"。

（3）速度会同时被外界因素影响，如：

● 黑洞、风、沼泽地等地形；

- 锁链、三棱钉、缓速术等敌方影响。

速度作为一个因素是有许多种设计方式的，那么对于最终的估计时间，如何增强或减弱玩家对它的处理能力呢？作为一个纯粹靠大脑运算的步骤，要通过外界进行帮助，只能通过五感的方式对玩家进行帮助，如使用视觉上的方式，或者使用音效、游戏手柄的震动等方式对玩家进行提示和帮助。

如果让玩家难以专注，则其思考效率就会变低。既然是需要大脑参与的运算，就可以从这一角度去设计，从而提高玩家所面临的挑战难度。

4．在合适的时间跳跃

从看到地形障碍到跳起的这段时间，就是允许玩家反应的时间段。由于游戏是一直进行的，所以中间的时间段除了用于预估外，也是玩家预备的时间段。

在《爱丽丝快跑》这款跑酷游戏中，玩家的操作结果只有跳与不跳的区别，"跳跃"这个动作中间并没有过渡。在现实生活中，人们做的各种行动实际上都会有很长的控制过程和不同的结果。例如，在打羽毛球时，可以控制击中时的力度、角度，从而让羽毛球的飞行路线和落点有所不同。而且，在击中羽毛球之前的一整个引拍的过程中，除力量的大小外，击打的角度也逐步获得调整，导致最终击出的球更符合人们想要的飞行弧线。

但在游戏中的玩家就无法对角色进行这么精细的操作了，而且在游戏中也并不适合这么做。假如在游戏中引入真实的预备动作（调整肌肉力量、调整身体姿态……），那么通常带来的是游戏节奏的变慢和操作快感的减少。因为在现实生活中，这些对身体的控制往往只在一瞬间，而要在游戏中展现这一瞬间的控制，就变成了另一个挑战。另外，在现实中对身体的调整是多点同时行动的，而在游戏世界中，玩家仅有有限的几个操作方式。这些身体的调整是潜意识的，无须每个操作都要集中注意力去执行，如果要转化成一个个需要控制的因素，则别说在游戏中，在现实中也是一件很困难的事情。

如果一定要引入这些变化，那么最好还是保持一样的操作方式，并通过其他的辅助手段来改变单一的操作结果，如按下跳跃键越久，就跳得越高。

除操作方式外，"合适的时间"也是挑战的关键因素。如果跳跃的高度固定且没有"按得越久跳得越高"这样的设定，那么地形障碍的长度导致合适的跳跃的时间范围也会变得更小，也就提高了对玩家能力的挑战。如果地形障碍刚好比角色跳跃长度短一点，那么对于跳跃位置和时机的要求就非常高，如果场景还会不受控制地不停向前移动，那么就会对跳跃时间点有更严苛的要求。要求非常精准的操作对于玩家是很困难的，所以这种太过严苛的要求最后都会让玩家感到很大的压力。

如图 1.6 所示的《洛克人》系列中，有很多地方对于跳跃的操作有很高的要求，而且一旦失败，角色直接死亡，玩家必须从头开始。这种体验对于一般的玩家而言是很不友好的（在此处必须补充一点，虽然难度高对于大部分的玩家而言确实是很差的体验，但也有一定的玩家群体，他们就是喜欢这种高难度的游戏，特别是当他们能够通关时，会有更大的成就感）。

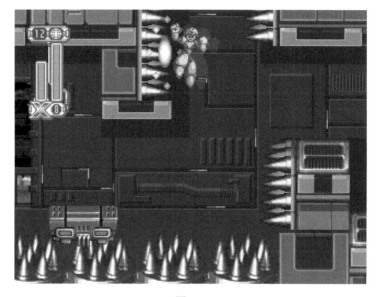

图 1.6

所以，提供一定的补救手段实际是对整个游戏体验的优化，即使地形障碍没有变，但跳跃后还可以再度调节跳跃的高度或长度，那么就可以弥补和调整前一个操作所导致的结果，从而在一定程度上减少玩家的操作难度。游戏是致力于让玩家在自己的能力范围内体验到挑战乐趣。

如何在这一步对玩家进行帮助呢？"帮助"的方式如下。

- "子弹时间"。
- 缩短深渊的长度。
- 掉下深渊并不会立刻死亡，如有"滑墙"这样的操作。
- 设计"角色的落点距离踏板一定范围内时，会自动修正为踩到踏板"这类暗中协助的方式。

可以提高挑战的方式如下。

- 移动踏板。
- 连续跳跃。
- 会毁塌的踏板。
- 玩家角色靠近时才显现的踏板。
- 长短变化的踏板。
- 外界有风、子弹等影响跳跃的因素。
- 需要借助外界的环境因素进行跳跃/行动，如蘑菇台、荡绳、加速架。

有时，"按下"这个动作也是一个挑战。按下一次是简单的，但快速按下多次，或者按照一定的时机要求按下多次都是非常有挑战性的。如图 1.7 所示的《劲乐团》，玩家需要在每个音乐砖块掉落到横线上前按下对应的按键，如图 1.7 所示的片段还是砖块比较少的情况，在《劲乐团》中一些难度比较高的曲目中，1 秒内按下十几次按键是很普遍的情况。

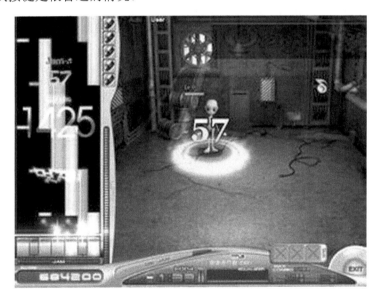

图 1.7

通过以上例子可以知道，仅是一个按下跳跃的操作，就需要手脑协同。对于其中的每一步，都可以变化出许多的花样，以达到各种目的。所以，不需要抄袭其他人的游戏，只要分解出游戏的核心挑战，对其中的步骤使用不同的设计方式，就能产生很丰富的变化。

再次强调这类游戏的核心：致力于让玩家在他的能力范围内体验到挑战的

乐趣。

　　能力范围是第一点，普通人的能力极限在短时间内是基本固定的。不要轻易触碰玩家的极限，因为他未必时刻都能达到巅峰状态。

1.1.2　难度调整——RLD

　　合理化关卡设计（Rational Level Design，RLD）是外国游戏公司的一种设计模式。在笔者看来，这只是一种量化方法，而不是设计思想，其核心在于设计游戏挑战时，有一定的方式帮助设计师调整其中的参数变化，从而让整个关卡的难度变化过程更符合玩家需求，如图 1.8 所示。

图 1.8

　　其中，d_1 和 d_2 代表游戏角色掉下去就会死亡的深渊，p_1 和 p_2 代表角色可以站立和移动的平台，不同长度的 d_1/d_2、p_1/p_2 会导致玩家的通过率和操作有所改变。那么，如何设定每个 d 和 p 的长度呢？首先需要设定某几个通过率是这一段关卡的难度档次。例如，认定通过率为 10% 时，这段关卡对于玩家是非常难的挑战，而 40% 是比较难的挑战。接着尝试有哪几种 d 和 p 的长度组合模式会让通过率为 10%，哪几种组合会让通过率提升为 60%，哪几种组合会是 80%。

　　由此达到两个目标，一是发现哪些因素能够及如何改变最终的通过率；二是如何合理地在关卡中排布这些难度组合，以让这个关卡达到想要的难度。

　　量化难度是非常有用的方法，它能够帮助设计丰富多样的关卡，包括设计一套良好的随机生成关卡规则。但 RLD 的一个缺点在于，对于许多游戏而言，影响其难度的因素要么非常多，要么非常难以量化。前面的内容中就列举了很多通过改变游戏要素从而改变游戏难度的设计方法，其所导致的最终通过率的变化并不是很简单就能够量化的。它们的变化规律是怎样的，现在既没有这方面的研究，也极难收集同一个因素在各种不同情况下的变化。例如，在一个 FPS 游戏中的某个区域里，已经放置了三个使用冲锋枪的敌人，这时如果再放置一个使用霰弹枪的敌人，通过率会改变多少呢？假设原来的通过率是 50%，那么增加一个之后呢？会变成 30% 吗？这些无法预测。每种改变都要依靠玩家实际进行测试才能得知其变化率，然后再进行安排。

也有先知型的做法，那就是根据人类各方面的极限指标和一般人在普通状态下的指标，来指导设计师进行难度设计。

在继续讨论之前，先简略罗列一下游戏中会用到的一些人类指标。

1. 反应能力

人类的神经传输速度为 400km/s。

人脑能自动处理一些习以为常的行为，如走路或缩手等，这些无须经过大脑思考的反应用时约为 0.1s。那些需要经过思考的反应会需要更多的时间，一般要多出 100ms。

运动员的极限反应时间是 0.1s，这是由神经中电位信号的传输速度和人体的神经长度共同决定的。

20～30 岁的普通人，反应时间的范围是 0.2～0.4s。

40～45 岁男性的反应时间在 0.59～0.49s 为合格，0.43s 以内为优秀；同样年龄段的女性达到 0.61～0.52s 为合格，0.44s 以内为优秀。

2. 人眼

- 人眼分辨率的最小细节折合 0.59′。
- 人眼的视野大概为向外 95°、向内 60°、向上 60°、向下 75°。
- 人眼看到低于 24 帧的物体时会有明显的卡顿感。
- 人眼最高可以分辨 75 帧的高速度物体。
- 人眼的视点为 2° 的圆形区域。

人们以为看到了周围的情况，但其实非常多的部分都是自行联想补充的。另外，人们更关注集中注意的地方，也就是视点的地方，而忽略了其他部分的情况。人眼能感知的色彩一般认为在 32～48 位之间。而色彩的分辨能力，在不同的区间也有不同，一般而言，色饱和度越高，人眼辨析力会越弱。

3. 专注力

一项研究发现，人类的专注力在过去十几年内大幅下降，专注时间从 2000 年的 12s 大幅缩短到现在的 8s，比金鱼的 9s 还短。但这是完全专注的情况，现实生活中的很多情况并不需要百分之百的专注力。

对于那些需要全神贯注从事某项工作的人，如卡车司机、发电厂操作人员及飞机驾驶员来说，12h 是极限。

1 岁孩子注意力集中的时长是 15s，5 岁孩子能达到 15min。正常情况下，一

个人的专注力时长在 1h 之内。

4．声音

人耳的感知声音频率范围为 20Hz～20kHz。

频率（物理现象）和音高（心理现象）之间并不是线性关系。在频率很低时，频率只要增加一点，就能引起音高的显著提升。比如，钢琴上最低的两个音的频率仅有 1.6Hz 的差别，而最高的两个音之间的差别达到 235Hz。

人的听力范围也随着年龄的增加而缩小，一是自然选择，因为正常的人类生活中不需要听到那么宽的音频范围；二是人耳中绒毛细胞的老化，所以小孩能够听到一些成年人听不到的声音。

另外，一些低于 20Hz 的次声波，虽然不能被人听到，但可以被感知到，甚至影响人的生理功能。比如，某个频率的次声波会使人的心跳加速、感觉身体冷，如果更强烈，就会出现幻听和幻视、心律不齐等更严重的情况。很多时候一些人声称体验到灵异现象，其实是由次声波引起的。

分贝作为声音响度的一个度量单位，人类对它的感受见表 1.1。

表 1.1

分 贝 数	类 比 物
180 160	火箭发射（45m 远）
140	喷气式飞机（24m 远起飞） 此时耳朵会有痛的感觉
120	响雷 双引擎飞机
100	地铁站内 长时间处在此环境中，会造成听力损失
80	嘈杂的汽车内部
60	正常谈话
50	正常
40	安静的办公室
30	安静的房间
20	低语（1.5m）
0	绝对听力阈值（1kHz 声音）

这些人类的极限数据，大部分在游戏设计中都不会用到，使用较多的是反应

时间。0.1s 是极限值，但不要期待正常人能够做到。在有各种干扰因素的情况下，在大部分游戏中 0.2s 就可以视为极限了。玩家觉得很有挑战的反应时间是 0.3s 左右，有点难度的为 0.5s，略微需要注意的是 0.8s，容易的在 1s 以上。

另外，在瞬时决策方面，不要让玩家同时关注超过 3 个目标，即 3 个是极限。这就影响了同时要求玩家操作的事项数，一般情况下操作事项为 2 个就好。高度专注的持续时间是一个波动比较大的范围，受到任务难度和玩家自身状态的影响。这是体力和精力的投入比例，它自身不是一个生理指标，而是可以提高其他的生理指标。极高的专注可以让时间的流逝变慢，有一次，李小龙跟一个高手对打，打赢了之后，问他的妻子用了多久，回答是一分多钟，但他自己感觉仿佛过了二十分钟。高度专注的持续时间很短，而有休息间隔的高度专注可以持续更长的时间。比如汽车拉力赛，赛车的速度很快，但是赛车手可以保持专注达 5 个多小时，因为并不是时时刻刻需要保持高度专注。所以游戏也要给玩家提供休息的机会，或者说让玩家达到极高的专注度之后，就把难度下降一小段时间。

虽然这些指标是一定的范围而不是确切的某个数值，而且会受到很多情况的影响，但在设计时，这些就是重要的参考值。比如制作 STG 游戏，敌机一次出动多少架？每架可以是多少血值？间隔多久可以出动下一批飞机序列？最短的间隔是多少？什么样的敌机类型和子弹类型会让玩家基本无法躲避？人类指标可以辅助设定这些细节数值。

除此之外，还有很多游戏有策略和思考的成分。这就需要通过多项数据去列式估算。比如，一个敌人的射击命中率是 70%，如果有阻挡，敌人的命中率会下降为多少？如果有两个敌人，他们与玩家处于多大的夹角，会导致玩家所处的掩体的阻挡效果下降多少？由此去列式和估值，再去设计敌人的 AI。这些可以做估测，但也要以实测的数据为准，并且经常为了达到某个通过率或某些效果，还要去调整敌人的其他参数。

实际上，先验性的设计估值也很有局限性，而且实际设计时，先验性和后觉性的方法经常是混合在一起使用的。所以不要去纠结这是 RLD 还是"Apriority Level Design"（先验性设计），去用就好了。

着眼于这两者的缺陷，其根源在于获得的数据已经是一个结果、一个操作之后的结果。如果能够建立一套更精细的人类模型数据，比如不是去记录每个跳台组合中玩家的通过率，而是去采集玩家面对不同跳台时的反应情况：在距离跳台边缘多远处开始跳跃，跳跃的时间点，与角色移动速度的关系；射击时准心的移

动轨迹，射击的时间点及当时准心与敌人的位置；等等。由此去建立一套不同档次的反应力、精准度等模型数据。在此之后，便无须真人来做初步测试，而是直接用这套模型测试，便可以得到一个近似的结果。这样一个系统在除了游戏设计之外的很多领域也会有巨大的作用。

1.1.3 设定挑战的难度

处于玩家能力范围内的挑战，让他们感到有难度但又不至于困难到无法完成时，最容易让他们产生心流。鉴于玩家有限的生理能力，以及当时所处的情境并不适合于全神贯注于眼前的挑战，在做设计时，应该降低挑战难度，比如让挑战都变成可知的，让玩家有较宽松的反应时间，从而把挑战的点放在操作之外的其他地方，如玩家的策略上。

每个玩家的能力范围是不同的，不同时刻的能力也是不同的，如何去设计挑战的难度？实际上，一些游戏中的关卡难度递进，有时并不是真正的操作难度递进，而仅是怪物数量的上升，但对于玩家操作的要求并没有改变。比如，国内的大部分手机网游就是这种情况，产生难度的方式就是提高怪物数量，玩家在战斗中的操作没有变化，整个游戏的核心变成了收集材料、规划时间，也就是将游戏难度的变化转变为战斗外的准备。这种难度点和乐趣点的变化，也能够让玩家产生心流，但是爽快感和挑战性就没有了。

另一种情况则要求玩家更好地掌握游戏中的规则或者角色的技能，这些是真正的操作难度的改变，然而挑战难度的改变也应该是有节制的。再用跑酷类游戏来说明，在没有其他规则时，最基础的跑酷就仅有前面所述的几个能力挑战点，那么最简单地增加难度的方式就是提高玩家或者屏幕的移动速度，从而加快整个游戏的节奏。于是留给玩家的反应时间逐渐变短，最后反应时间越来越接近于0.1s，同时操作精度要求也越来越高，那么最后玩家几乎是不可能通关的。

难度的递进是良好的设计，但是无限递进是不对的。无论是否以高难度为设计方向，游戏都不应该无限地变得更难。

那么如何是好呢？这就需要把握好心流！

一个人的精力完全投入某种活动上的状态就是心流，它产生时会带来高度的兴奋及充实感。产生心流需要一定的条件：一是参与者自身的能力程度，比如读书时的理解速度、竞技类体育运动时的技巧能力、玩游戏时的操作能力等；二是这种活动对参与者的挑战程度，挑战的难度刚好和能力上限差距不大，必须专注，

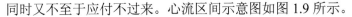

同时又不至于应付不过来。心流区间示意图如图 1.9 所示。

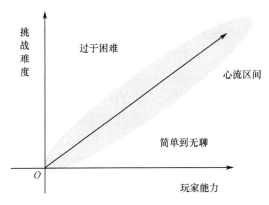

图 1.9

不同的人有不同的能力程度，而要想让他们产生心流，就要让挑战难度一直处在他们的能力上限附近。不同人的能力差距，甚至熟练与否，都会导致他们的表现有明显的差距，那么如何设定挑战的难度就是关键。

1.1.4　找到玩家能力的上限

一般的游戏都会有一个难度递增的过程，一开始的低难度作为游戏教程，所以初期的关卡都不会很难，大多数是功能删减后的简单挑战。然而即使功能介绍完毕，正式进入关卡时，也不能要求玩家立刻掌握刚刚学到的所有技巧，所以难度也不应该立刻提高，同样需要一个渐进的过程。

当逐渐增加难度后，玩家在某个地方遇到挫折。一般这个地方就是玩家当前能力的一个基准点，可以把其当成玩家当前的上限。这一般也是玩家"死亡"的地方，但对于某些规则下的游戏而言，也可以是多次被击中之类的地方。随着对游戏的不断熟悉，玩家的能力肯定会超过这个水准，在此讨论如何判定玩家不同时刻的能力上限点。

以跑酷类游戏为例。

- 记录玩家失控时的速度及时间。
- 记录玩家是为了得到一个特殊的道具而失败，还是处于普通的通关路径中，但不能应付挑战而失败。

设定一个数据池，用来记录这些数据。取最新且有效的几次数据，比如玩家最

近的 5 次、10 次游戏过程的数据，并取其平均值，作为玩家当前的能力上限指标。

设定"有效数据"的要求。

- 舍弃与现有平均值相差太多的数据。
- 超出数据池容量的，用新增的数据替代旧数据。
- 保留最高值。

对于偶尔远远高出平均值的数据，可以作为一个二级数据池的数据保存起来，也可以舍弃。因为玩家有可能在玩了别的游戏后，再回来玩我们的游戏，于是能力大减，也有可能是借给高手玩了一次，让这次的数据表现得很优秀。

以更复杂的游戏为例，比如《CS》，除了对射击能力有要求外，还有很多策略成分在其中，玩家需要去思考如何与其他的队员配合，使用怎样的战术去营救人质或者安装炸弹。但即使是这样的游戏，也可以记录下导致玩家"死亡"的各种数据。例如：

- 玩家开场多久之后被击杀。
- 被何种枪械杀死。
- 是否被快速爆头杀死。
- 在被攻击期间，视野内是否有这个攻击者。
- 在被攻击期间，是否有开枪反击，是否对对方造成了伤害。
- 使用何种枪械，一局中造成了多少伤害。

由此判断出玩家的"死因"和他们的操作能力、策略的成熟程度。

如果再加上其他玩家的表现，就可以去判断这个玩家对整个团队的贡献度、对战术的掌握程度等，从而得到一个更完整的能力水平的评估。接着对比玩家的能力水平与我们设定的游戏中人类可以达到的最高水平的距离，由此来判断他们的水准，而这段差距就是玩家可以进步的空间。

1.1.5 设定挑战难度

挑战难度必须紧贴玩家的能力。

如果是为了追求快速达到玩家心流的游戏设计，在游戏中，挑战难度，要尽快地上升到玩家能力极限附近。比如赛车类游戏中，赛车的速度都是很快就达到顶点的。假设不是几秒的加速，而是更真实的几十秒的加速过程，但这种缓慢的速度距离玩家能把控的速度极限还很远，那么玩家在这一过程中也就很难有刺激感。

许多游戏中有打千层塔之类的设定，随着玩家一层层地爬高，遇到的怪物难度也越来越高，越来越接近于玩家的极限。然而在达到极限的过程中，其实玩家面临的情况跟上述的赛车是一样的——没有刺激感。如果爬塔过程需要花费的时间比较长，这一整段没有刺激感的体验就很容易就让玩家产生消极情绪。这些前置过程太长，会变成一种时间的消耗，如果是点卡游戏，那么确实是达到了目的，即使体验不好，但它一样消耗了玩家的时间，从而让游戏厂商获利；但也可以在免费游戏中，把它作为一种时间上的惩罚，并且允许玩家购买道具直接通过。

如图 1.10 所示是《仙剑奇侠传》手游版的"锁妖塔"系统，使用一定的宝石，就可以直接到达玩家打过的最高层数。

图 1.10

其实这些都是消极的设计，而且玩家不得不接受，或者需要使用金钱去弥补这种消极。但如果追求游戏的爽快感，可以有下述做法。

如图 1.11 所示，《暗黑 3》的"大秘境"系统是一个层数很多、每层都很耗时的游戏玩法。暴雪公司通过以下两种方式让玩家更快达到他们能力上限的层数。

- 可以使用一个 0 层的大秘境石头，只要在几十秒内打过某个难度的小怪物，即可视为通过了这层。
- 若玩家完成最开始设定层数的挑战，或者在某层大秘境中完成该层所花费的时间短于一定的时间，就可连续跳过数层。比如，其层的总挑战时间是 15min，如果剩余 10min 以上，那么玩家可以直接跳过 10 层；如果剩余 5～10min，则可以跳过 2～9 层。

图 1.11

通过这两种方式，玩家到达适合他们的层数的时间就短了很多。

但这种无刺激感的游戏内容是如此无趣，即使暴雪公司已经用了这样的设定去减少这段时间，还是有很多玩家建议直接取消这个打层的设定，改为选层（在新版本的《暗黑3》中，设计师们也确实这么做了）。

如果是一些比较简单、没有那么庞大的游戏，如跑酷类游戏，难度的变化都仅在一局比赛之中，那么就要更快！无论是跑酷类游戏的卷屏速度，还是赛车游戏中车辆的加速，都要迅速达到玩家的能力极限范围。如果不是一次失误就"死亡"的规则，那么当游戏角色受到伤害或者阻碍，从而降低速度时，也要让其快速回到合适的速度。对于一些速度或时间对通关时的评分或奖励品有影响的游戏，修改奖励品的类型、获得的条件，就可以继续保持原有的设计。

这个难度快速爬升的阶段，要有多快呢？可以是 5s、3min，也可以是即刻达到！

有一定爬升时间的情况，需要根据游戏自身的节奏而定，以下讨论即刻到达的方式。如图 1.12 所示是一款快节奏的游戏《一击必杀》，操作方式是当敌人进入左右攻击范围时，点击对应方向的按键。请看图 1.12 的左上角，"SPEED 109%"就是这局的游戏节奏。它会随着玩家的连续击杀而上涨，范围从 100% 到 200%。它的作用是决定怪物出现的速度、怪物的移动速度，这也就是对玩家的难度压力。这是一个不会随着当局游戏的结束或者重新开始游戏而消失的数值，它会作为一个全局变量一直保存着。每次进入关卡，这个数值都会产生作用，这就是即刻达到的一种方式。

图 1.12

那么到达能力极限之后呢？

以跑酷类游戏为例，图 1.13 所示的竖条就是在测试游戏中出现障碍物的情况，前期障碍物比较分散，后期出现的频率逐步提高。这种障碍物的出现方式，到了游戏后期，整个难度就会变得固定，难以长期让玩家产生心流。

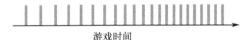

游戏时间

图 1.13

如图 1.14 所示的两条曲线是中端玩家的情绪过程，深色的是他的情绪，有非常明显的波动，同时紧张度也在不断波动中，此时游戏给予玩家的是非常好的体验。但是当这些玩家成为高级玩家时，紧张度已经掉到下面，于是玩家就出现了无聊的体验，这时的游戏体验就变得没那么有趣了。玩家在游戏中是会成长的，而固定的难度难以满足玩家的体验要求。

当游戏刺激度降低时，应怎么去补救呢？一直保持在固定的高难度位置，并不能一直让玩家保持在"心流"之中，可是难度再提高的话，就会超过玩家的能力极限，玩家玩不过就会产生挫败感。即使难度总是贴合玩家的能力，也会有一个问题，即玩家是难以很长时间一直保持高度紧张的专注度的。激素的分泌让人进入专注，但消耗那么多能量的高度集中，迅捷地完成平时难以完成的任务，也会让人容易疲劳，极高的专注度是有时限的，而且我们对于玩家能力上限的预估，也不可能是精准的。

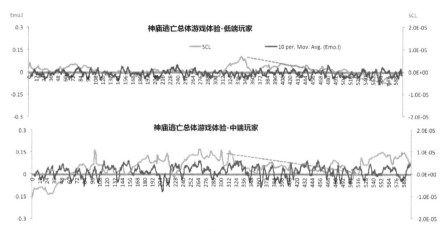

图 1.14

应该怎么做呢？来回浮动，在接近预定的难度点后，一波一波上下地浮动难度，去拨动玩家的心，如图 1.15 所示。

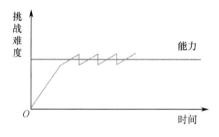

图 1.15

但鉴于玩家自身状态的波动性、注意力的集中程度，以及估算玩家能力的系统性误差等原因，玩家能力极限值范围应如图 1.16 所示。

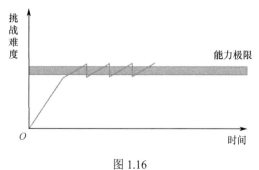

图 1.16

这个范围有多大呢？玩家能力极限的变动范围有多大呢？

这就不好说了，然而假设在玩家身体状态良好的情况下，也许是 10% 的波动，也就是说，玩家大概一直处于其 90%～100% 的能力之间，根据游戏而定。比如在 STG 类游戏中，预估玩家的能力能够达到 80%～100%。那么给出的难度波动就要上下超过这个值，根据游戏节奏，在一段时间内往返变动。

但除了往返波动外，还要缓缓地往上升，要给玩家压力。压力是利润的来源之一，而且缓缓上升也是提供玩家上升的空间，让他们不会在这一难度区间玩到乏味，如图 1.17 所示。

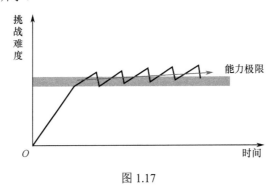

图 1.17

这里有个考虑点：是否应该照顾能力差的玩家呢？

是的，但可以在其他游戏挑战之外的地方进行弥补，在游戏中，让玩家产生心流才是最重要的。

在许多游戏中，难度只有上升，而没有下降的时候，除非游戏角色被击中或者死亡。应该提供一些手段，让玩家在正常通关的过程中，或者在动态难度很高的时候，让难度下降一些。

这是很重要的，即使不是动态难度变化，而是单一的线性难度上升，也很有必要了解到什么时候应该慢下来。让玩家依靠自己的实力，而不是通过道具获得的无敌时间去通关。

怎样判断应该下降游戏难度了呢？

一是根据前面介绍的统计方法，大概知道玩家的能力上限后，依据这个上限进行调整。这种方式是最好的，因为是隐蔽的，玩家无法直接发觉游戏的难度降低了，会觉得自己玩得很好。如果让玩家通过自主的方式，或者把难度降低得很明显，那么玩家会有一种隐性的受挫感，就是觉得自己的能力不济，所以游戏系统才会把难度下调。

先讨论一下普通的方式。

- 如果游戏中有多条分叉路线，进入简单路线时，就会自动降低难度。
- 游戏中有特殊的道具，仅出现一定的时间，或者出现在特殊的岔路上，当玩家获得时，就会降低游戏的难度。

再来讨论隐蔽的方式。隐蔽，简单来讲就是不被玩家发现，同时也是不受玩家控制的。

- 难度调整不会太大，不至于被玩家察觉。
- 当玩家事后或者通过其他方式发现了这些规则时，不会因为规则的缺陷反而被玩家利用。

如果不是用统计的方式，要在单局中发现玩家快要控制不住局面的情况，就只能从他的表现去判断，比如失误率、每个操作偏离理想点是否越来越远、用到了多少系统提供的补助规则等。比如在跑酷游戏中，假设玩家面临一段 10 个深渊的连跳，如果在速度慢的时候，玩家能够做到都是在接近踏板边缘跳跃，然后正好跳到下一个踏板的合适位置，也就是操作良好；当速度越来越快的时候，玩家已经有好几个踏板都超过边缘，利用了系统的补助距离才能起跳。

游戏难度终归会触碰到玩家的极限，有的游戏快，有的游戏慢，有的游戏是触碰到了玩家的生理极限，有的则是让玩家到达了他当前的数值极限。对于那些碰到的是数值极限的，不在这里讨论。而对于生理极限，游戏所设计的难度不应超过玩家个人的生理极限太多，这种不可能做到的事情是不友好的。

也可以用一些规则让玩家全程需要保持高度集中，但并不是全程都达到他们的能力上限。比如在《劲乐团》中，一首歌中仅有某几段比较有挑战性。但是玩家面对的是从头到尾都必须保持的命中率，不然也会失败。这样既要求玩家全程专注，又不会让他们感到无趣、无所谓。

另外还可以用操作方式、游戏规则去调动玩家，而不是只有难度这一个调节器。

1.1.6 贴合和帮助玩家提升能力

要让玩家能流畅地玩下去，除了给出适合的难度之外，还可以做进一步的设计，就是帮助他"进步"。

当一个人不擅长某项活动，或者某项活动中的某部分时，只要对这项活动还保持着兴趣，他就还会想着更深入地参与。会导致他放弃的原因之一是一直无法进步，此时如果一直没有人帮助，他自己也领悟不到要点，那么就会开始放弃。如果这时有人提示他诀窍是什么，告诉他应该怎么做，或者创造合适的机会给他练习，让他自行锻炼，那么一般情况下，玩家肯定会有所提升，而当他跨过这个难点后，肯定会想更多地参与游戏，见证自己实力的提升。这便保持和提高了他的参与度和投入度。

所以要想玩家更积极地投入游戏世界，就应该设计一些方式去帮助玩家提高！在游戏中如何设计帮助的系统呢？

前面讲过，玩家的能力提升包含两个方面：一个是角色的能力提升；另一个是玩家自身能力的提升。

1. 角色的能力提升

（1）新能力的获得。

当玩家获得新能力时，一般而言是无法立刻熟练使用新能力的，那么就要提供一些训练关卡，帮助他熟悉。玩家获得能力后，立刻进入"教程房间"，或者出现一个简单的目标给他练习。当玩家掌握使用方法之后，就可以让新能力所对应的游戏内容融入正常的游戏关卡之中了。这里要注意应该提供一个由简入繁的过程，就像马里奥之父宫本茂的设计思路：先出现一个锤子龟，让玩家学会怎么对付，之后再同时出现多只锤子龟和蘑菇，让玩家真正面对需要他们面对的难度。

还可以提供一些特殊的训练关卡，一方面作为进阶的使用方式的教学，另一方面也作为奖励和挑战，提供给玩家。对一个技能设计得越深，就能提供越深层的策略效用，自然可以让游戏更有深度，但同时也要给玩家提供进阶使用方式的教学，不然玩家可能连这种使用方式都不知道。

以前的玩家玩游戏遇到难关时，都会去查攻略，去论坛讨论、请教，再尝试千百遍。现在的玩家已经非常快餐化，寻求更快速和频繁的兴奋点，所以要在游戏中直接就让玩家知道，这个技能还有这样的玩法。

（2）数值性提高。

增加怪物的数量是很多玩家都非常厌恶的方式，但也是一个有效的工具，可帮助设计创造心流和情绪波动。数值性提高对于整体游戏的情绪历程的影响在"节奏控制"的内容中有详细的探讨，对于成长线的影响，在第 4 章将有很多讨论，不再赘述。这里只讲一个核心要点：数值性提高要让玩家有盼头，要仔细考虑所需的提升空间、提升速度及提升之后的效果。

2. 玩家自身能力的提升

玩家自身能力的提升包含以下两种。

（1）玩家的生理能力。

生理能力的提升是非常困难的，一般情况下，能够提升的只是玩家的专注程度。但即使玩家更专注了，也经常会遇到失败的情况，假设已经达到了他的能力上限，这时能够怎么做？

如果是单机游戏，在不影响设计需要的前提下，可以通过"动态难度调整"，让难度略微下降。如果这是多人对战游戏呢？不可能降低其他玩家的难度，那么可以通过修改匹配规则，让这个玩家在输了太多次之后，匹配到一个略微弱势的对手。

这是否影响公平竞技呢？一定程度上可以做一些优化，比如当系统需要匹配给玩家一个 3000 分的对手时，如果匹配的是一个刚从 3300 分掉下来的对手，或者一个刚从 2800 分升上来的对手，哪个会更强呢？一般而言，后者可能稍微弱一点。所以站在这个角度讲，并不是以影响公平竞技的方式去调整，而是调整匹配对手预期的能力值，以此来帮助这名玩家。

如果是由玩家自行选择难度的单机游戏呢？当他失败太多次之后，可以弹出对话框，友好地询问是否要降低难度。但绝对不要每"死"一次就询问一次，本来失败就已经让玩家很烦了，还要再被刺痛一次，就让玩家更厌恶了。

除了调整难度外，还有其他办法协助玩家提高他们各方面的能力。前面在谈到如何快速达到玩家的水准时，记录有玩家各方面的数据。很多游戏仅把这些数据放在一个面板上，作为一堆数值反馈给玩家，然而还可以更进一步。

比如每次考试结束，教师都把成绩发给每个学生，如果这时教师走过来跟学生分析这次考试，哪部分得分比较高，哪部分得分比较低，哪部分内容更容易通过学习而产生明显的进步，比如选择题的总得分少了，只得到了总分 40 分中的 25 分，而阅读题的得分还可以，拿到了 40 分中的 36 分。这样学生就会明白很多，而且还会心存感激。

也许在现实中，教师对学生的关注属于获得的额外资源，所以学生会更容易感激。但即使是一个计算机系统，如果这样去帮玩家做出这些分析，也会是一样有效的。这比现在的很多游戏中，毫无情绪波动地拿出许多数据直接展示给玩家要好得多。

（2）玩家对游戏的操作能力。

如果游戏中有足够的游戏玩法和内容，玩家只是对于游戏的理解还不够，所以导致他们不能熟练地使用各种技能，那么此时应该让他自行探索，还是一步步讲解呢？

设计师秉承的思路应该是"师傅领进门，修行在个人"，游戏过程中只要起个头，帮他第一次就够了，但可以在游戏中提供攻略查询的便捷方式。

在游戏内容的设计上，如何去帮助玩家呢？假设一个跑酷游戏，里面有冰属性的关卡、火属性的关卡、风属性的关卡，某个玩家对于冰和风属性关卡处理得很好，但对于火属性关卡老是搞不定，这时应该怎么办？给他压力，不停地出现火关卡？或者为了使他玩得更畅快，就故意减少火属性关卡？以何种标准去衡量这两种设计呢？应从不同玩家的特性入手。这里有两类玩家：一类是因为熟练程度不够所以火关卡总是无法通关；另一类是真的难以通过火关卡。怎么去设计接下来出现的关卡呢？

在此笔者给出一个参考的思路：鉴于现在的用户获取难度已经很高，而且很贵，每个用户对于我们都是重要的。因此，既然这个玩家已经是我们的用户了，那么就要尽量留住他，对于实在难以通过火属性关卡的玩家，就减少出现火属性关卡出现的频率。而对于这两类玩家都一致的设计思路就是：把火属性关卡作为针对他而存在的奖励关卡，用更高的奖励去吸引他挑战。

以上这些都是针对短时挑战的设计规则，但在实际设计中，应该按照更长时间的情绪历程去指导和控制这些短时挑战的关卡难度，这些更高层次的设计思路将在第 3 章讨论。

1.1.7 玩法倾向

笔者看来，目前市面上的 ACT、ARPG、FPS、MOBA 类游戏及各种各样需要快速操作的游戏，它们的设计都可以概括为以下两种类型。

第一种类型是 QTE（Quick Time Event），即快速反应操作（Event 的意思是"事件"，译成"操作"是为了强调需要玩家各种肢体动作参与的含义），也就是以考验玩家瞬时反应力为主的游戏玩法设计。比如，《波斯王子》、《CS》、《暗黑血统》、《鬼泣》等游戏，它们都强调玩家能够快速地做出正确反应，执行正确操作，从而战胜敌人。如图 1.18 所示，游戏角色 Death 同时面对这么多敌人，需要在躲避它们攻击的同时击杀它们。

第二种类型是记忆操作型为主的玩法设计，也分为两类。一类是记忆内容偏向于玩家自身；另一类是记忆内容偏向于敌人。比如《黑暗之魂》的战斗设计，实际并不算是 QTE，玩家做的是记住 BOSS 的出招规则和顺序，在 BOSS 的攻击间隙中穿插进行攻击，当然还是需要快速操作的。但由于游戏中没有即时解除"攻击硬直"或者立刻更改招式的设定，进行一次攻击之后，就必须等动作播完后才

能进行另外的动作，所以这类玩法的核心其实是记忆 BOSS 的出招，在其空隙去攻击。如图 1.19 所示的情况，游戏角色在 BOSS 攻击完后，开始准备攻击。同理，《玛丽奥》的一些关卡中，由于敌人或者炮弹出现和移动得太快，基本不是依靠反应力就能躲过去的，玩家也是通过多次失败，记住敌人出现的规律来通过这些关卡。

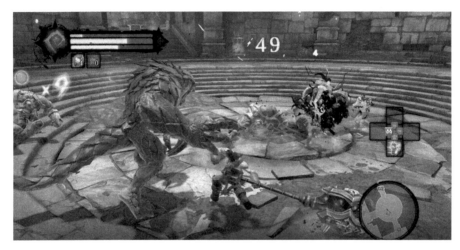

图 1.18

图 1.19

另一类则是依靠玩家对自身角色的操作记忆来形成更好的表现，如《劲乐团》及很多格斗类游戏。可以这样讲，这些游戏有对快速操作的要求，但当把握到了某个时机之后，接下来要做的其实是一连串的固定操作，如《拳皇》里每个角色的 combo 连招。这是每个拳皇玩家都需要去练习的东西，而且如果 combo 系统对于伤害输出有很显著的效用，那么这些记忆性操作就会更重要。

再以《劲乐团》为例，这种音游类游戏对于快速操作的要求是很高的，但到了高水平之后，一是玩家的反应力和专注力有限，二是游戏设计中自然就会出现很多相似的、有规律的音块，如阶梯状、双击阶梯、长条配阶梯等音块序列。如果每次都靠即时反应，则是容易出错的；但如果靠记忆并且好好练习对应的手法，再来对付这些音块序列，全部命中的概率就会高很多。

延伸一下，这其实与现实中的技艺学习是一致的，巴赫十二平均律的第一首《C 大调前奏曲》是一首三四级水平的钢琴曲，如果交给一个六七级的钢琴手来弹奏，他能够直接视奏，但对于一个才刚刚到三四级的新手而言，就需要去记忆和练习。所以如果游戏中有更多规则型的操作，以玩家的能力更难以完成挑战，那么就会越偏向于记忆型挑战。

那么这两种类型各自有何特色呢？

针对刺激感和乐趣而言，笔者更倾向于 QTE。因为记忆型挑战一来让玩家无法即时反应，他明明看到了敌人的刀斧打过来，却无法做任何操作去躲避，仅仅因为他刚刚按下了重攻击键。这个在现实中讲得通也讲不通，现实中出拳，受到力量和惯性的制约，确实会遇到明明看到了对方的反击，但是已经太晚了，没办法改变拳向。但游戏是讲究乐趣的，现实中的很多具体细节是可以省略去的，而且当变成了记忆型的挑战，玩家"死"过好几回，终于摸清了敌人的打法时，他面对的就是一连贯的机械式流水线操作：在避开敌人第一击之后，翻滚到他的身旁，进行一次轻攻击，再次翻滚到敌人原身后的位置避开他的第二次攻击，这时可以使用重攻击……这样就不太有意思了，有时感觉这都像是在被游戏玩，而不是在玩游戏。

游戏应该是即时性的刺激，而且有即时性的反馈给玩家，这样才让玩家有刺激感。如果是为了让玩家等待，并且在等待中产生焦虑和期待的情绪，那么其实QTE 也一样能够达成。比如，BOSS 的某招攻击范围比较大，但是前摇时间也较长，看到时一定要立刻避开，在避开的过程中，玩家一样充满了焦虑和期待。

但反过来讲，也确实会有那些快速反应能力比较差的玩家，在游戏提高了难度之后就打不过了。或者说对于普通的大部分玩家而言，仅在 QTE 下工夫也是不够的。玩家的反应力难以有一条足够明显、足够长的成长线，能通过游戏把它展现出来，并且让玩家能够体验得到，还要能支持很长的成长线设计。人的极限反应时间就是 0.1s，平时在非常专注的情况下，一般人能达到 0.2s 左右；普通略微专注时，是 0.3s 以上。玩家不会有从 5s 的反应时间开始，逐步达到 0.0001s 这样的进步过程。所以也需要提供一定的自记忆型操作来帮助玩家通过更高的挑战。

总而言之，仅从"爽"的角度去看待，笔者倾向于把动作类、反应类游戏设计偏向于 QTE，再根据内容补充一些自身记忆的部分。

1.1.8 攻击方式

1. 设计符合角色特色的攻击方式

游戏行业发展至今，已经有了很多惯用的、攻击敌人的方式，以下简要罗列一下。

- 近战、远程。
- 即时释放、吟唱、引导。
- 指向性的，即指向某个方向或者位置，这类技能一般可能带有一段技能的释放时间或者投射物的飞行时间；导向性的，即有某个可选择的目标。
- 伤害单体、多体、区域、全屏、全地图等不同范围。
- 一次性和持续性的。
- 作用于目标或地形。

以上这么多的元素，可以组合出非常丰富的攻击模式，也就意味着可以组合出丰富的怪物类型。但对于老玩家而言，这样组合而成的新怪物很可能与他在别的游戏中见过的怪物设计大同小异。因为上述元素如何组合都超越不了人类实际所处的世界，人类生活在三维空间，居于其中的三维生物，其生活和活动方式也是三维的，所以点线面的技能作用范围、一次或多次性伤害、召唤、"dot"等，最终都会限制在三维之中。

可以尝试增加新的维度，一些现实中人类无法控制，但可以在游戏中实现的维度概念，比如控制时间。这不仅包括时间流速的快慢，还可以有更进一步的设计，如冻结某块区域的时间，让其变成过去或未来的时间切片。比如，和敌人战斗的过程中，在某个位置投掷一把刀并把时间流固定，之后控制其他部分的时间回溯，回溯到敌人正好处在那个位置的时候停止，于是敌人身上就中了这把刀。

比如控制物质，一个物体的存在与否、质量大小、密度、反光与否等都是其物质表现的方面。比如动能，包括物体的移动速度，也包括分子的移动速度，分子的移动速度也就是温度的物理概念，那么也就能够产生绝对零度。

这些都可以给玩家带来耳目一新的体验，但也肯定会带来游戏的复杂程度。无论怎么解释这些新的游戏概念，怎么去设计游戏关卡，最终都会让玩家面对新的思考范畴。比如，玩家可以用时间回溯的方式攻击敌人，那么他的每次移动都要仔细考虑其在所有时间轨迹上的位置，只是尝试着思考一下，就觉得会对玩家思考力和记忆力的一大挑战。所以设计全新的维度，也很容易会因为其复杂度而让很多玩家无法适应。很多能想到的游戏玩法，即使有它独特的乐趣，但依旧不适合真正去制作的原因，就是它的复杂度会带不来对等的、足够多的乐趣。对理解和熟练使用游戏机制的最低操作和思维要求影响了可以容纳的玩家群体，而其能够带来的乐趣则影响了玩家最后对其的评价。如果没把握展现好它们，那么这些玩法设计就是不可取的。

无论如何组合这些元素，组合出的种类肯定是有限的，所以如何展现就很重要。比如设计一个蜘蛛关卡，其中的怪物们应该拥有怎样的技能、怎样的攻击模式？不一定要在攻击模式上创新，还可以在怪物的整体 AI 上创新。比如小蜘蛛依旧拥有"邪恶之咬"这种针对单体、产生一点额外伤害的、非常常见的技能，而中型蜘蛛拥有"喷网"技能，大型蜘蛛拥有"裂地猛击"技能。如果它们各自为战，那就和玩家以前玩过的多个游戏中的蜘蛛关卡一样。但如果它们会配合作战，那么玩家应对起来需要考虑的策略性就上升了一个大台阶，体验也就完全不同。

以下做一个示例性的职业设计，主要展现设计的思维过程。

首先考虑一个形象，这是一个怎样的角色？持盾的战士、放箭的游侠，还是制杖的铁匠？再考虑他的性格倾向，鲁莽还是阴险；然后思考他的攻击方式；最后形成一系列感觉适合他的技能。

比如阴险的持盾战士，那么他适合拥有如下的技能。

- 闪光盾击，产生一定范围内的致盲效果。
- 盾牌倒刺，格挡时反弹伤害。
- 带毒匕首，格挡后可以投出带毒匕首麻痹敌人。
- 衰弱格挡，多次格挡对手后会让对手力竭，攻击力下降。
- 威吓，使战士的生命力、防御力提高，持续 10s，之后降低 5s。

一般在设计某个职业时，很容易就联想到这些职业在其他游戏中的一些招牌技能，比如一想到法师，就想到《魔兽世界》法师的"大火球"、"水元素"、"奥术冲击"。但做设计时，实际不应该以技能为基础去思考。假设法师有个范围型的伤害技能——暴风雪，弓箭手有个范围型的伤害技能——冲击箭，战士也有个范围型的伤害技能——旋风斩，那么实际玩起来这三者就没有什么体验的区别。为了做出区别，就不得不去调整每个技能的数值，如法师的暴风雪相对于其他职业攻击范围更大，但是伤害更小；弓箭手的冲击箭产生条状的伤害范围，而战士的旋风斩就变成扇形的。继续调整其他的数值，然后让这三个技能产生更大的区别。但是最终玩家的体验不能有很大的区别，他会这么去操作：怪物多就使用范围技能，怪物少就使用单体技能。三个职业其实是完全一样的操作思路和手法。这就是症结所在，站在技能的角度去设计一个职业，实际设计出来的职业很难真正产生其独有的特色，在数值上做出的调整并不总能使玩家产生不同的操作思路。而且数值调整的作用是有限的，比如一个角色拥有一个技能，被攻击时会恢复一定的生命值，那么这个恢复的生命值应该是固定值、百分比，还是兼而有之？所占的比例又应该是多少？每次都必定回复还是有概率，还是有技能冷却时间（以下简称CD）？进行调整时就得考虑，如果这是固定值，那么可能导致这个技能在初期效用高，后期效用低；如果是百分比，而且游戏中可以更换更强的装备，那么这个百分比效用的技能就等于在促使玩家使用更多增加生命的装备。这些都是数值调整会产生的后果和困境。

正确的思路是从一个职业的体验开始的，接着思考其操作模式，最后才是具体的技能设计。例如，一个近战型职业，那就先思考想要创造一个怎样的形象和怎样的操作体验，可以是一个战斗节奏快、对单体攻击能力强、拥有各种快速移动能力的，一位游侠般的形象。再比如同样的近战职业，但是强调其强悍的形象，如一个挥舞着巨大的重剑、身材魁梧、动作沉重有力的形象。那么接下来其操作模式直接关乎的就是这个角色的能量系统，在很多的游戏中，只有一种能量系统，就是魔法值，在这种情况下要去创造多种的操作模式，就只能依靠技能自身的其他属性去控制，如CD，而依靠这些属性去控制所能产生的变化其实是有限的，因为 CD 本身是衡量一个技能自身强度及与其他技能进行伤害平衡调整时很关键的一个数值，所以它自身也因受到很多束缚而不能随意使用。但如果扩展角色使用的能量系统，如使用怒气、集中值、符文等作为新的能量系统，就会大大地方便我们去设计各种各样的操作模式。设想一下需要的体验，比如一个越战越勇的职业角色，那么可以设计一个符合这一特性的能量系统，如剑气值，这个角色一开始的剑气值维持在0～10，随着他使用各种技能，剑气值会逐步增加，而剑气值越高，角色的伤害力就越高。但是简单式的越战越勇会比较单调，那么再设计一些技能来消耗剑气值，并造成大量的伤害或强大的控制效果，以此来促使这一能量系统能够循环往复。如果依旧使用魔法值，那么为了越战越勇，就必须让很多个技能都获得一个可叠加的 BUFF（游戏术语：增益效果），并且强力大招的释放条件就变成了需要消耗一定的 BUFF 层数。而与此同时又必须区分这个 BUFF 与其他 BUFF 是不属于同一种类的，以使它们不至于被敌人驱除。而最后魔法值对于这个职业就变得不重要了。

　　通过上述的例子可以看出，如果真的坚持只使用一种能量系统，那么用比较复杂的方式也可以达成想要的控制模式，只是可能会变得太过复杂而导致玩家的理解成本大幅上升，而新的能量系统还会有另一个优点，就是一般而言会更符合某个职业的世界观背景设定。但无论怎样，这两种做法都不是关键点，关键点是能够创造出新的操作模式。比如，希望刺客的操作过程是来回骚扰，那么可以让他拥有"隐身"的能力，从背后攻击敌人时伤害会提高，并设计他使用完一套连招之后能量就刚好用光，必须隐身离开，等待机会再次进行攻击；或者是能够快速移动到敌人身旁或身后，拥有大量的招架技能，不能够隐身但是缠斗能力非常强。由此就导向了不同的能力系统及技能设计，而最后虽然看到这个职业拥有与其他职业相似的一些技能，如"对单体目标造成 150%+30 点伤害"，但是他所拥有的其他技能及这些技能的释放条件、限制条件都会导向与其他职业完全不同的打法，这才是技能设计的核心。

　　上述说明介绍了可以由此进行设计的技能类型。下面再讨论"有副作用"的技能设计。

　　当一个技能拥有明显的效用和副作用时，就会促使玩家非常谨慎地去使用，并且同时调动玩家两个方面的情绪：趋利和避害。这样的技能对于整个战局也会导致更多的变化。设想这样的场景，在竞技类的 FPS 游戏《守望先锋》中，某个英雄的大招不仅会产生攻击效果，同时会产生疲惫或者脆弱效果，使得使用者受到的伤害增加、移动速度减慢等。这会导致玩家怎样去看待这个技能呢？如果是只有攻击性、收益性的技能，则当一个游戏角色释放这样的技能时，敌方的思考就变成了"这个放大招的英雄很危险，快避开"。但如果我方人数够多，有足够的把握打死他，那么可以快速集中火力消灭他。大部分情况下，玩家的情绪变化是避开—恢复原来的战况。而如果这个英雄的大招同时对他有副作用，玩家在避开时，心中时刻都在期待着敌人的大招结束，进入副作用的阶段，此时的情绪变化则会是避开—反击！那么玩家心中会一直保持期待，心态会更积极，也就促使竞技状态更为激烈。

从发动者方来审视，当没有副作用时，他的想法是尽快使用大招杀死敌人，心态就是进攻—恢复；当有副作用时，情绪则是进攻—躲避。毫无疑问，心理变化丰富了很多，而且有更大的落差，这些就是刺激度。好比玩《吃豆人》，通常总是追着吃豆人的怪物，也有需要躲避变大的吃豆人的时候，而吃豆人在变大时，玩家也获得了情绪的释放，并进入更刺激的状态。

那么再回过头来考虑当大招有副作用时，玩家准备使用它的心理变化。在正向作用不至于强到一次性消灭所有敌人，或者副作用弱到没有明显作用的情况下，玩家就会对大招的释放思考更多。释放大招会要求玩家有更好的走位，考虑释放时的位置，虚弱时的躲避路线。那么玩家就需要去把握整个战场的地形、目标点的行进路线、队伍如何布防等。简而言之，整个游戏就变得更有策略深度。同时，由于大招有副作用，其效用自然也要提高，那么此时对于整个团队能否对释放大招的英雄做出良好的支持，让他的大招最优化，掩护他虚弱时撤退也会变得关键，这就促成了更多的团队配合。

但上述的效用都是"更"，如果游戏本身的节奏已经很快，比如《守望先锋》，那么这点"更"就没有必要了。但如果是一些中速或者慢速的游戏，这点"更"就可以成为一条很好的"鲶鱼"，搅混整个池子。

以下是由上述技能设计思想扩展的其他方面的设计讨论，对于技能的设计也是有影响的，读者可参考阅读。

对于现在大部分游戏的设计，无论是技能、系统还是其他方面，都会以"给"的心态去设计。就像教育小孩的方法：用奖励的方式去促使小孩愿意做一件事情，而不是用惩罚的方式去禁止。当然，这是有效的，但没设计好奖励方式时，导致的问题就是小孩子变得太功利。"我这次考试拿了100分，为什么没有东西给我？""你不给我东西，我就不去做事了。""这东西我不要，所以这事情我不做。""给得少了，我不做。"这种情况已经相当普遍，因为现在所处的是一个物资充沛的时代。大部分家庭并不会面临食物短缺的情况，一般都能提供给孩子们足够的物质所需，那么对于已经习以为常的获得，孩子们就不会珍惜，于是一些家长不得不给出更高档的物质奖励。这样的负面后果和事例相信读者都看到了很多，这里就不再展开。不过到这里，读者会不会也觉得这种情况很像现在的游戏呢？

展开一点来讲，"获取""占有"是人类重要的本能之一，这些本能都能有效地驱使人去做各种事情。而另一个人类强大的本能则是"恐惧"。"获取"的方式就如上述教育孩子时的奖励，这种设计方式现在的游戏行业已经研究并使用了很多年，而"恐惧"则值得我们去研究。

　　玩家的行为要承担风险，比如《捕鱼达人》中发射的每发炮弹都是需要消耗金币的。也可以在玩法系统中需要承担风险，比如一次部队巡逻的成功率和人手损失率。还可以是更高层面的设计，比如生存类游戏中，玩家在游戏中的每分钟都会有一些东西被扣除，如体力、饱食度之类。这些都是已经有过的游戏设计了，但这种让玩家害怕失去的设计思想还可以应用于更多不同的方面，比如《智龙迷城会》在玩家连续挑战失败之后，让玩家选择是使用宝石复活，还是失去至今为止的所有战利品。

　　此外，还可以考虑对落后的恐惧，怎样让玩家害怕落后呢？比如一些公告式的东西，能够让所有玩家看到某个人的失败。还可以使用一些表面上是奖励，然而实际是软性地暗示"大 R"（鲸鱼型付费用户）："你落后了"。比如一些服务器级别的成就，类似于第一个建立城堡、工会，第一个战胜某个首领级怪物，第一个开拓了某片区域，同时给出足够的奖励。或者给不同梯度的玩家发放不同类型的每日奖励，给中等和落后的玩家发放基础资源和加速道具；给中上等的玩家发放特殊的强化道具，有助于他们提升实力，但要提高在玩家中的名次还是需要充值的。还可以创造一些特殊的福利，比如港口占有率为前几名的，可以获得额外的货物，并把他们的雕像或者船只的模型放在码头中，让所有玩家都可以清晰地看到这一切，对于那些没有获得的大 R 玩家，他们就会眼红并想竞争。

　　再来讨论角色的职业设计，除了职业自身的鲜明特色外，还要去考虑它们在整个团队中担任的角色和担负起的功能。比如《WOW》的小团队，其中玩家担任的角色分别是 T（Tank，伤害承受者）、Healer（治疗者）、DPS（伤害输出者）；或者在《激战 2》中，每个角色都可以造成大量伤害，会承受 BOSS 的技能，拥有回血的手段，也就是可以负担起 T 或者 Healer、DPS 的角色。其实说到底，就是因为一般 BOSS 只有一个，那么在它与玩家战斗的过程中，究竟要攻击哪个目标呢？是第一个命中它的玩家，是仇恨值最高的玩家，还是随机的？这总需要一个判断的规则，而这个规则也就影响了如何设计整个职业队伍。其一是 T、Healer 和 DPS 的这种设计方式，让角色的特色更明显，但同时一个角色玩久之后，玩家会感到疲乏无趣。其二是由于对其中一些角色的需求，当需要组成一个小队时，就容易缺这些职业的队友，如缺 T 或 Healer。其三就是角色分明后，角色的短板会变得更明显，T 承受不住、Healer 的治疗量不够、DPS 的伤害不足都更容易出现，而且其他人的角色特色难以帮助这些玩家补足短板。而如果是另外一种模式，即大家没有明确的角色之分，那么这时玩家要组成团

队进行战斗，就会容易很多。

同时，非常突出的职业区别也容易导致这种情况，一些战斗对于某些职业会过于简单，而对另一些职业则难如登天，这点也是需要注意的。

设计技能时必须考虑的一个要素就是所有怪物的技能区别。比如，一般很多怪物都是进行点攻击或小范围的攻击，如果此时有些敌人进行大范围攻击，就会很有对比性。对比性对于创造特色是非常重要的一环。

2．攻击的类型

前面讲的都是如何直接对敌人造成伤害，当然也有很多作用方式并不产生伤害，而是有特殊的效用，如图 1.20 所示。

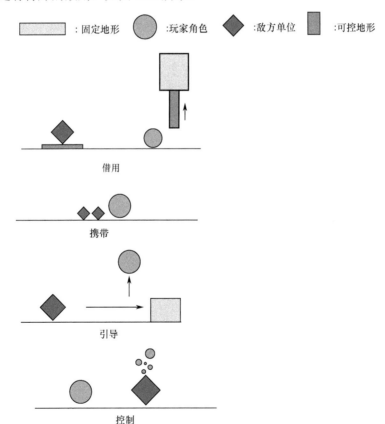

图 1.20

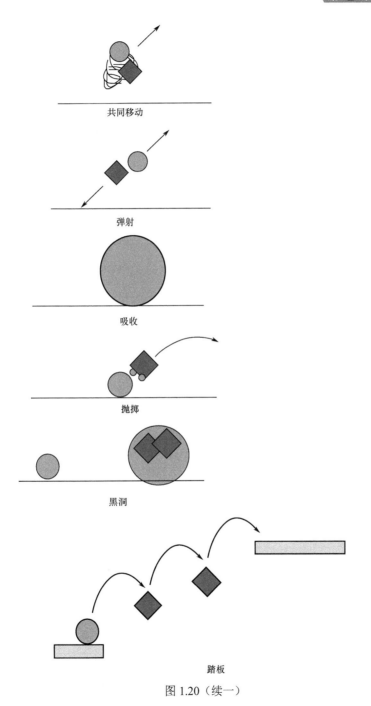

共同移动

弹射

吸收

抛掷

黑洞

踏板

图 1.20（续一）

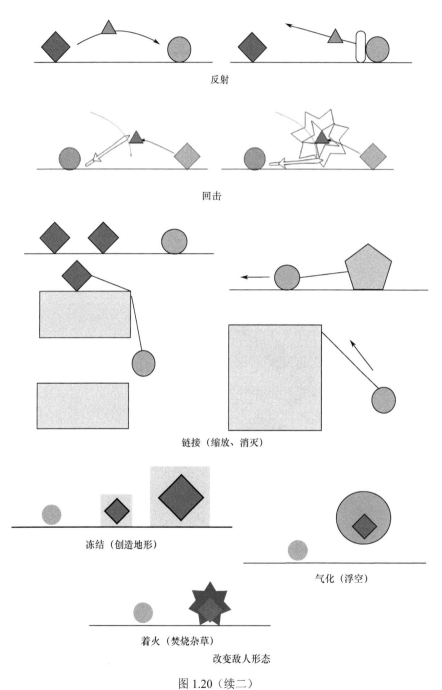

反射

回击

链接（缩放、消灭）

冻结（创造地形）

气化（浮空）

着火（焚烧杂草）

改变敌人形态

图 1.20（续二）

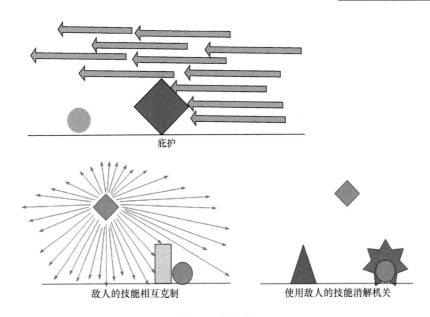

庇护

敌人的技能相互克制　　　　　　使用敌人的技能消解机关

图 1.20（续三）

　　将其中的任一种作用方式进行扩充，都可以让它成为游戏的主要特色。比如扩充"链接"这种方式，让玩家能够逐步提升它不同的方面，如攻击力、作用范围、收缩速度、最长长度、光水火风属性的伤害、物理弹性的表现等，就能够扩展出几条成长线和收集线，并设计出不同的敌人特性和关卡内容。

　　也可以使用其他方式做扩充，比如"吸收"，依据不同敌人吸收之后有不同的效果，这种方式可以参考《星之卡比》。

　　以上给出了这么多示例，一些是不太常见的作用方式，但它们也逐渐不再新奇，因为新游戏有那么多，这些想法肯定会被逐渐实践。但这也不意味着以后就没有有趣的游戏可以设计了，因为重要的还是游戏中的设计思想和设计细节，让游戏变得好玩不仅只是形式。当然，几年之后，以前的爆款可能又会再度流行。

3. BOSS 设计

　　针对单人游戏的 BOSS 设计，可以按以下几点逐步考虑。

　　先考虑需要完成的功用，再考虑其形象特色及具体的设计。

　　比如以下的功用需求。

- 作为让玩家熟练新技能的强力沙包。

- 需要玩家熟练掌握之前的多个技能的强力沙包。
- 实际对玩家能力和角色数值有考验的挑战。

形象特色设计已经在前面做过示例，这里就不再展开了，以下接着讨论具体设计的一些情况。

对于多人合作对抗的 BOSS，在进行具体设计时，除了符合形象外，不应从它自身的角度去考虑应该拥有什么技能，而应从玩家需要怎样去应对的角度去设计 BOSS 技能。考虑在 BOSS 这样的技能序列下，玩家需要怎样躲闪或合作，是否还包含一定的地形影响，最终导致玩家需要怎样移动、操作。另外，角色自身已经包含了一定的职业职责，一些作为某个团队角色需要去承担的职责，比如 DPS 要操作好自己的技能循环；让自己的伤害最大化，T 和 Healer 要合理而且不间断地使用各自的技能，担负起吸引 BOSS 攻击以及治疗队员的职责。或者角色之间并没有特殊的职业区分，只是需要每个人负责不同的部分，比如一个玩家去收集左上角的水之元素，另一个玩家去收集右下角的火之元素……考虑玩家基于这种情况下要如何去面对 BOSS 的技能，以此为基准点再去考虑这些 BOSS 技能产生的影响。

让战斗的过程有分工，适合于不同职业和角色的分工，以强化它们的角色特色，比如需要治疗技能才能快速通过的机关，并且完成后会给全部队员一个大型的恢复 BUFF。但如果玩家已经有很多事情要去做，那么设计时就要考虑BOSS 技能对他的影响。每次 BOSS 的技能释放都会打断玩家现有的技能循环，需要他移动、释放技能或者进行其他有针对性的操作，所以不能太频繁，不然必定会对某些职业不友好，以及安排好这些事项会打乱玩家节奏的 BOSS 技能，不要只有一些角色的操作异常频繁，而其他角色无所事事，最好是交替地针对某部分玩家。

从一个大型 MMOGAME 的角度来考虑，如果某个团队副本的 BOSS 太适合某个职业，导致其有着超出其他职业的表现，那么这样的设计允许吗？允许！在一定程度上，甚至要促成这样的情况，完全的平衡其实是对游戏性的削弱。对抗某个 BOSS 时，甚至在某个版本中，某些职业特别强大，但只要不超出太多，不至于打击其他职业玩家的信心，就都是可以的，同时这也会促使玩家产生想要去玩这个职业的兴趣。

设计游戏中的 BOSS 或者说一个世界中的大反派时，有造神和去神两种思路。假设玩家所体验的世界中，既没有神秘感，也没有远超于他的存在，他就是这个世界中最强的，而且"玩家角色"还是一个成千上万的团体，这就是一种去神的做法。但当一个世界再也没有挑战性，再也没有不可得到之物，再也没有未知之事时，会是多么无趣的一种情况。

所以基于"造神"这种思路进行 BOSS 设计时，可以这么做：设计一个 BOSS，其实玩家自身的力量是无法打败它的，需要用很多种方式去削弱它，才能对它造成伤害，最终击败它。这样的设计就会显得 BOSS 更强大，而打败更强大的敌人也让玩家感觉更好。

1.1.9 创造爽快感

当玩家做出超出他能力的事情，或者退一步讲，做出超出他普通状态下的能力的事情时，就会感觉很爽快。

这是由"强大"而产生的爽快感，其包含两种类型：一种是游戏或其他载体中，玩家代入的角色突然变得更强；另一种是玩家确实做出了超越自身能力的事情。

第一种类型包含两种情况。

一是角色自身的成长，许多热血漫画都有这样的剧情设定。比如《火影忍者》中，鸣人打中忍、上忍、三忍、佩恩、带土等越来越强的敌人，自身的能力一直不停地提升。当玩家代入这个角色时，自身也就感觉好"爽"。这种套路同样见于很多网络"爽"文，主角从一个一无所知的小人物，连续遇到各种概率极低几乎不可能发生的奇遇，战斗力不断提升，一路过关斩将，无所不能。当细细品味时，这些小说的思想内涵是很浅的，但当读者代入进去时，就感觉仿佛是自己在不停地变强，大步地不断超越着自我，感觉相当爽快。

二是改变了玩家认知的"强大"。想想以前的游戏中，玩家能干什么？在最初的网络游戏《UO》中也就是放放魔法、砍砍怪，一个敌人一个敌人地击杀；后来，《无双》系列的出现，告诉玩家还可以成片地打怪。笔者作为一位玩家，一开始看到时，心中并不是很接受，但是玩起来之后，确实感觉到爽。再比如潜入类游戏，一开始角色都是靠走的，后来角色掌握了瞬移、跳斩、远程锁链等匪夷所思的技巧。ACT 类游戏的战斗先是接近，之后才开始打，后来角色学会了冲锋、拖拽敌人、黑洞吸取……

还有很多类似的例子，这些既是游戏设计的进步，也是因为这些东西符合让玩家更爽快的需求，所以才出现并传播。

简而言之，都是角色变得更强，无论是他在其所处的世界中逐步变强，还是

各种新的作品中出现更强的角色。

第二种类型是超越玩家实际能力的情况。不得不先说明,"爽"的关键产生因素是对比!无论是与现实中的玩家对比,还是游戏中普通状态和特殊状态的对比。我们知道子弹时间是有现实依据的,就是当时人处于高度专注时,反应能力和体能都会大幅度提高,从而让人能够做出一些超越平常能力的事情,如闪避敌人攻击、精准打击、快速决策等。但这种状态是极难出现的,所以在游戏中出现时,比如子弹时间、刺杀模式、时间停滞出现时,多少人心中会浮现一句话:"哇,好厉害!"而这样的游戏规则就可以用来产生对比,这既是体验上的不同,同时也对游戏节奏的控制和设计有所帮助。

除了"时间减缓",还有很多其他方式,如透视、辅助瞄准头部、加速、完全格挡等。但"时间减缓"是适用性更好的方法,因为上述所列的这些方式,要么产生的实际效果不如"时间减缓",要么会让玩家感觉是在作弊,要么则可能会超出玩家的操作能力,如"时间加速"这种方式。表现时间减缓可以让实际时间的流动速度变为原来的 30%,但表现时间加速,然后一直上玩家处于时间加速的情况,即使只是增加 1 倍,也很可能会导致玩家非常难以操作。这与原来的游戏节奏有关,假设原来是节奏比较慢的 ACT 类游戏,如 2s 的操作间隔,这几乎是老爷爷级别的 ACT 游戏了,但此时缩短玩家的技能冷却时间到 1s,玩家的效率真的就会提高 1 倍?未必,镜头的摆放和目标锁定方式、角色攻击方式都会影响它的效果,而对于某些摄像机跟随规则设计不好的游戏,这点加速就更起不了效果,而且会让人更厌恶其摄像机的跟随方式。而对于另外一些俯视视角或上帝视角的游戏,有时加速的效果也可能变成一个类似于大技能的效果而已,这些都是因为玩家的处理速度跟不上。

简而言之,"爽"就是更强、更快、更准,这与现实中的情况有关,也与游戏中表现出来的普通状态有关。当玩家的角色大部分时间都是在地上爬,突然能够跑一段,或突然能够拉住敌人并快速移动过去,这种对比就会让他们感到爽快。同样,任何更有效的手段都可以成为对比,如快速刺杀对比击杀、爆头射杀对比普通射击、"combo"后的 BUFF 叠加。

如果玩家无法做出快速反应,则可以让系统自动去完成一些快速的动作,从而帮助角色进行快速移动和打击敌人,让玩家感觉爽。

比如设计如图 1.21 所示的跑酷类游戏。

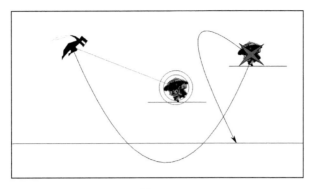

图 1.21

不是固定在某个位置等敌人过来，仅有跳跃或获得道具这些常见的操作，而是整个屏幕杀敌，并且依靠杀敌也可以向前移动，由此完成跑酷游戏不停向前移动这一核心。结合点击、划动、跳跃及各种功能键，去组合出各种杀敌的招式，以此让玩家获得更快节奏的游戏体验、更华丽的界面效果和对比于其他跑酷类游戏更"强"的角色表现。

然而，一些设计师会以为"强"就是角色能力的全部表现，但对于整个游戏而言，更应该用"有效"这个词来思考。强大是相对于敌人的，而有效则包含了强大及总体的节奏、角色能力的效率、各种获得的效率等其他方面的考虑。假设在游戏中，原来角色击杀一个敌人需要 3 次普通攻击，共 3s，现在角色可以使用一次华丽的刺杀一击杀死敌人，但这个动作也是持续 3s，甚至有些设计师为了使动作更帅，会让这个动作的时长更长、光效更华丽。总之，这个技能是更强的，因为一击就可以杀敌了，不需要更多的操作，但对于游戏整体而言，这个技能真的更好吗？如果这是一个竞速游戏，就算不上更好了。或者是站在整体游戏节奏的角度看，这个技能也不能带来更高的效率，也就无法带来更紧张的游戏体验。

当各种技能、操作结束后，产生一个特别有效的作用，如把敌人全部击杀，那么这种高效就会转化为"爽"！有时甚至只需要结果的高效就足以让玩家感觉爽，如许许多多游戏中的终极技能。

但如果没有这个高效的结果，比如进入了时间减缓模式，但同时玩家的攻击力也下降了 50%，依旧难以击败敌人。或者玩家连续暴击对方，但每一击都只是比普通击中多增加 1% 的伤害；比如放了一个冷却时间 5min、吟唱 10s 的大技能，光效特别华丽，但结果只比普通招式的伤害高 10 点。这时玩家爽么？不爽！他甚至

会觉得被骗了。无论玩家是否付出了更多的操作成本或策略成本，无论视觉的对比多么强烈，但如果没有良好的结果，那么他都不会产生爽的感觉。

1.2 冷策略类

本节讨论另一种完全不同的游戏乐趣：策略性。这是两大主要挑战，即"热刺激"和"冷策略"中的第二个。前面所讲的挑战性和操作都属于即时性，是对感官的刺激，而策略没有那么直接，它不要求有太多的操作，针对的是大脑、思维的刺激，因此称之为"冷策略"。广义来讲，任何不要求玩家的反应和操作能力，而是要求玩家做出选择、决策的互动内容，都属于策略。

这有两个分水岭，第一个分水岭是游戏与工具的区别，即目的的区别。一个是为了乐趣，另一个是为了解决实际问题。大家不认为解决人类的各种难题算是一个游戏，比如计算机视觉应该如何实现、真菌菌株的生长与其 DNA 的关系。但可以把某些科学的问题给定一些参数，包装为一个寻求最优解的游戏，扔给玩家。比如 SARS 的传播，我们内定或根据实际设定一些参数：潜伏的时间、传染的条件、表现的症状和治愈的方式……然后让玩家以阻止其扩展或治愈为目标，提供生物性、政治性之类的手段，让玩家去解决。这里的区别之一是大家已经掌握了这个问题的大部分情况，二是确实用了游戏的方式将其包装起来。

第二个分水岭是严肃游戏与普通游戏的区别，以拟真和学习为目的或以乐趣为主。对于设计严肃游戏，应以这样的思路去看待：比如一些书籍并不对内容的实用性做出有效的说明，直接就抛出各种定理和公式；而课后习题也是一样的，列出包含了许多数据的问题，然后要求学生用公式去套，从而实现对公式的理解。由此"循序渐进"地学到期末，学生依然对这些东西有什么实际作用一知半解。最终就让这些科目沦为了记忆力和逻辑思维能力的测试工具。而游戏不会这样，游戏都是直接展现各种实际情况的，让玩家自己去分析，找寻一个解决方案。也许这其中包含了图论、最优值求解、空间思维等，但最终都是表现为一个个在游戏中具体而有乐趣的目标。所以要做出吸引人的严肃游戏和教育类游戏，就要把乐趣、成就感等作为游戏目标，再去包装想要放入其中的知识点。

策略游戏的乐趣在哪里呢？无论底层是怎样的逻辑结构，无论包装为怎样的类型，它首先在于：
- 玩家愿意挑战这个问题。

- 解出来的效果显著。

这是大脑思维的乐趣，与小脑和身体的挑战形式不同，但都需要肯定的结果，这样归纳有点广泛，但这两个最基础的原则，会化为各种设计规则。

比如愿意挑战这个题目，就意味着：

（1）问题不会太过简单。

- 提供一定的多样性、分支可供选择。
- 用限制信息或需要逻辑思考使得答案不会一目了然。
- 情况不会一成不变，差别不大。

（2）问题不会太过复杂。

- 不会超过一般人的记忆力，所以数据量和规则不能太多。7 个是底线，东西太多那就做好归类，类别层级不要超过 3 层。
- 不要超过一般人的思维能力，设计一些需要智商为 140 的人才能解出来的问题是很少有人能玩得过的。

题目包装得好，让玩家有去探寻的兴趣。

第一是多样性。丰富的多样性提供的是游戏体验的不同，不是需要思考的策略选择。只有当其各自有不同的优劣，玩家需要去选择时，才会产生策略。假设弓、枪、刀、剑、拳都产生 1 点伤害，并且无距离等任何差距时，这些多样性是没有意义的。进一步讲，战斗方式和作战效果相当接近的职业，他们也是不包含意义的。

第二是有效性。无论是对于一整局的游戏，还是一小段历程而言，一部分系统产生效果。其效果有多好，直接就是爽的程度的区别。效果影响到平衡，但如果一开始就考虑这种情况，站在这个基础上去做平衡，也是完全可取的。比如重新设计《泡泡龙》，同时消 4 个会爆炸，消多接触点周围的其他球，如果消 5 个会大爆炸，那么基于这种新的效能，每个关卡设计更多需要消掉的泡泡，最终展现出来的关卡也不会变得太简单，但会变得更有策略性。再放开一点，考虑模拟经营或者贸易类，增加一些风险性行为或需要收集好信息，在特定的时间窗口才能买卖的产品。如果成功的获利是一般商品的 10 倍，当玩家做到时，大家觉得他们心中会不会产生很爽的感觉？

虽然核心是这两点，但其变化却非常多。

作为设计者，首先就需要去设定"策略"的范畴，作用的点和方式，之后才是如何表现、包装的。以下仔细探讨其中的细节。

1.2.1　游戏过程中不同部分的策略点

当想做一个关于战争的策略游戏时，心中立刻想到"要做的应该是一个 RTS 游戏"。那么这时就已经不对了，此时思维已经放进 RTS 中了，它的许多规则、先例、玩家情况都会涌入脑中，在做进一步思考时陷于它的各种形式之中。

首先应该去想要表现战争中的哪些方面，战争中的兵力调配是策略，那么战争前的实力积累难道就不是吗？调整整个城市的劳动力分配，让他们转向军工，但日常生活不至于乱套，这难道不是策略吗？如何联结同盟，甚至如何联结整个银河系的种族来共同对抗侵略者，运用各种外交手段或设定非直接的战斗目标，这难道不是策略吗？都是。

分清要制作的是这场对抗中哪一部分内容，再来决定如何设计。分为以下 3 部分的内容。

- 获得实力优势。
- 如何组合最佳。
- 如何用当前组合获得最佳结果。

这就是对抗外、对抗前、对抗中的内容。

针对不同的部分，就会产生不同的玩法类型，比如《大航海时代》，游戏的主体是如何获得更多的资源，包括货币、港口、装备和 NPC，小部分是战斗和分配 NPC。比如许多的卡牌类游戏，其核心是第二部分：组合最佳。他们的实力优势获得已经变成一种线性的积累过程，不包含很深的策略和思考成分。更大型的 RTS 游戏就会包含很多策略成分，比如《魔兽争霸 3》《星际争霸》之类，就囊括了上述 3 个方面的内容。

每一个方面都有其独特的乐趣和影响，以下逐个讲解。

1．获得实力优势

很多游戏都包含成长线，但单纯的成长线并不包含策略性。如果玩家在这个区域/这个玩法系统，跟在那个区域/那个玩法系统，每小时获得的经验是一样的。或者玩家每天都能获得一定数量的各种门票，反正必须用光它们，那么这样的规则是不包含策略性的。

稍微进阶一点的情况是，在一个开放世界，刷不同的怪物获得的经验的效率不同，那么这算是一个选择性，拥有一点策略性。但有时这更像是一种信息，而不是需要思考的策略。有策略性的实力获得方式，应该是那些会确切被玩家影响的成长途径，比如《大航海时代》这种贸易类游戏，比如《模拟城市》这种经营类游戏，比如角色扮演游戏中花费主角时间去攻略女主角之后获得的好感度的不同，比如在《武林群侠传》中，每日做不同事情从而获得不同的能力增长。

例子有很多，但可以更深层次地概括其本质：资源可再生，玩家无绝对消耗，如《大航海时代》；资源可再生，玩家有绝对消耗，如《武林群侠传》；资源不可再生，玩家有绝对的消耗，如 RTS 游戏中的矿产。基本上，每一种都比前一种让玩家产生更大的迫切性，以及需要更深的策略思考。

资源可再生，玩家无绝对消耗，这等于会有无限的产出，几乎所有的 MMORPG 都属于这一类。它的策略性在于如何更有效率地获得资源：买卖何种商品，打何种怪，生产何种产品。那么相对于产出，必须设计好的就是消耗的方式。让玩家的消耗转向于各种成长线去提升实力，或者是成为某种门票，或者是一些无实质效用的奖励内容。由于这里的策略点在于玩家如何去选择，所以设计师要做的就是如何让最高效的获得方式不易知道、不易达到。可以设计更多的获得方式，或者让某些获得方式需要代价才能使用。

绝对消耗的意思是受到剧情的限制而有个开启的时间点，或者某些特殊的数量限制。让游戏从玩家无绝对消耗变成有绝对消耗的一个简单方法就是加上"限制"。加上时间的限制让它变成竞赛，或者加上可拥有物的上限，让它变成一个最优组合的求解过程。这让游戏从一个不太有压迫性的积累过程，变成一个有压迫性的最优、最速解的求解过程。

如果资源不可再生，那么如何最高效地采集会成为重点，因为越高效采集所需的资源就可以正向反馈地让己方的优势再滚雪球地进一步扩大。如果还要让对抗更激烈，那就加上竞争，与其他的势力或与其他玩家间的竞争等，这都能让求解这个最优解变得更复杂。

可以把上述的策略对抗包装为各种情况，比如在《龙腾世纪》中，如何在剧情后期，让所有伙伴的好感度达到最高？《龙腾世纪》就包装为各种任务事件、各种战斗。比如如何提升自己角色的每条属性都到满值？如何在一个赛季中更快速地达到更高的巅峰等级？其核心都在于如何发现这个最优解法，并且使自己能按其策略逐步做到。

一些游戏中的成长线与它们的主要玩法是紧密结合在一起的，更有甚者，玩法成为成长线的附庸。所以对于一些游戏而言，这两者是可以合并的，但设计师心中也要明确成长线与策略性的不同，并能够有针对性地去设计这两者。

2. 实力的组合最佳

这是在即将战斗前，能力已经不能再继续提升时，考虑如何选定出战单位，

学习合适的技能搭配，也就是凑好自己手上的牌，制定最佳对战策略，准备开打时的策略思考。大部分战前的准备都属于这一步，大部分没有战斗中操作的游戏，其策略性也都是达到这一程度而已。以 RPG 类游戏为例，其策略点表现为如下两个方面：战斗流派和能力配点。

（1）战斗流派。

战斗流派在大部分的游戏中，基本就是：强攻型、防御型、dot 型、控制型、召唤型，以及作为角色和怪物基准的平均型。

其中防御型和控制型必然会拖长战斗的时间，从而拖慢游戏节奏。所以对于防御型，设置防御上限是必要的，特别是伤害计算有破防顾虑的减法公式的游戏。控制型，比如《梦幻西游》的盘丝洞角色，她们的强控技能的效果非常显著，直接让对手几个回合无法使用高效的行动，处于被打的状况。此时，如果她们的命中率高，其他玩家就很难对抗她们，而如果她们的命中率低，那么这个门派就展现不出她们的特色，也就是不好玩了。而如果整个游戏都是围绕控制为核心的，那么战斗就会拖很久，比如打一场战斗持续几十分钟。此时拼的是概率和数值，而不是策略。

拼概率当然也不是全无乐趣的，但既然这里讨论的是策略性，那么如何修改？

比如给被控制方提供反击的手段，给强控附带限制条件，或者消耗特殊的能量值才可以释放控制技能，这也让控制技能的释放时机更具策略性，并且由于不能一直释放，所以其效果和命中率也可以设计得更高。缺点则在于，这个角色没有控制技能可以释放时，那么他跟别的角色也就差不多了。另一点则是限制控制技能的效用，比如不是完全控制，玩家还是有行动可以执行的。

要追求游戏节奏，还是职业特色，仁者见仁，智者见智。只要不陷入刻意为了制造不同而不同的想法就好，比如这样钻牛角尖：设定一个新的职业，他的技能以纯随机为特色，依据自身的属性会随机为各种攻击伤害或者给敌方上DEBUFF（负面效果），或者技能都是打断型的，阻止敌人使用技能，然后附加一定的伤害。这样的职业特色是鲜明了，但总体而言，这拖慢了整体游戏的节奏，并且不会让游戏更有意思。

回合制游戏每个回合只能执行一个行动，那么这个行动的价值就太高。价值高是其一，可操作的行动太少也导致了策略性下降。所以后来出现了各种回合制的改进模式，比如 ATB 类回合制。其在回合制的基础上，允许每个单位都能够独立行动，而决定它们先后顺序的，比如"速度值"或"驱动"之类的属性，就是ATB 的基础，由某个属性决定的出手速度的先后和出手次数的多少，而不是每个回合所有人都能出手一次。比如跑过同一条时间槽时，依据某个属性点的数值不同，而产生快慢的差别，从而导致出手快的单位行动 2 次，慢的单位才行动 1 次。

这一类依据人物的某个属性而决定速度，也可以依据某个条件而决定时间槽消耗，称为 CTB（Conditional Turn-based Battle）。比如在《圣女之歌 2》中，依据技能而产生不同的时间槽消耗。

图 1.22 所示，图的下方就是时间槽和行动条，每个人物可以选择使用时间槽消耗不等的各种技能。只要我们愿意，以任何一种属性来决定出击快慢都是可以的。比如依据"专注值"来决定时间槽的消耗，而"专注值"会因为多次出手以及被攻击而下降。

图 1.22

如果再扩宽一点讲，许多有 GCD（技能公共冷却时间）设定的 MMORPG 也可以称为回合制。这种游戏只是在释放技能的同时，还允许玩家操作角色进行没有 CD 的移动。

如果再进一步讲，不是用 GCD 去控制技能的释放，而是用"体力槽"去控制行动的释放，那就成了《黑魂》。如果用动作的"前后摇"时间去控制，那么就成

了横板格斗类。试试《侍魂》这款游戏，抓敌人的"后摇"和"硬直"对其是相当的重要。

简而言之，限制更少的游戏类型更真实有趣。节奏慢可以促进社交，但这是充分而非必要的条件。最基础的回合制游戏所谓强调其策略性，实则由于其行动有限，策略性反而不如后来的游戏类型。更优秀的回合制游戏当然也有，围棋也是回合制的。但围棋提供的行动选择，以及其导致的策略总数，又岂是大部分回合制游戏所能比拟的呢？许多回合制游戏一个角色也就那么几个招式，无非就是保护队友与否，大招能不能命中，基本都是看攻击效果怎样。当然，把上述套到许多 MMORPG 游戏中也是一样的。最终就让这些游戏变成拼数值的游戏，而并不具有很多策略性在其中。

策略点还在于实施策略之后产生了效果，与游戏节奏没有直接关系。换而言之，高防提供一种战斗策略，高攻击力低生命值也提供了一种策略，也可以进一步设计这些战斗策略，让其有特色，而且保持原有的游戏节奏，比如让高防御职业的表现形式是防御反击而不是纯粹的抗打能力。策略点在于防御属性的有效性，以及当时防御的有效性，如何表现，可以有很多新的方式。

一些游戏中的基础作战行为都有一定的限制条件，比如卡牌游戏中出牌的"费用"，RTS 游戏中兵力的补充速度，战旗游戏中出战的单位数量等，加限制条件对于策略或刺激都是非常有效的，能够让玩家需要思考的程度、需要好好操作的程度剧增。而且可以产生一个新的策略思考点：战斗前期比较强大或后期比较强大的不同搭配方式。

（2）能力配点。

人物属性点以及其他能力系统的搭配，基本上是一个寻求最优解的问题，只是大部分玩家都不会实际去列式计算，他们只会通过一个大概的印象去判断，这也就反过来要求设计师对于一些策略要求不太深的游戏，在设计各种属性、战术策略时，要让它们的效果明显可见。假设设计了两个英雄，他们的属性分别是攻击力 100、防御力 90，攻击力 90、防御力 100。在这种情况下，如果不配合能够大幅放大伤害结果的战斗公式，那么这一点数值区别玩家就很难感受得到。

可以设计不同的数值体系，比如强调累加效果，从而让角色有特色更明显的数值体系。比如《RO》，随着 INT 点数的增加，其增加的 MATK 也会越来越多。还可以是衰减型的数值公式，强调平衡。累加效果受到总属性点的控制，肯定也会有能力上限，但肯定比被衰减控制的数值体系要增长得快。衰减控制了不同职业间、不同的属性间的差异度，拿《WOW》的法师跟神圣牧师去比较，拿防御战士跟盗贼去比较，他们共有的属性也不一定会有巨大的差别，反而其职业内部不同派系的属性差异可能还大于与其他职业的差异。这是因为把他们的特色区别放在了职业技能。而数值衰减，只是一个控制他们属性点的有效手段。

所有的数值设计都有一个绝对最优值和当前最优值的区别，也就是玩家目前能达到的最优值。好比一件加 20%暴击率的武器对盗贼职业非常有用，但在没有其他装备支持的情况下，玩家并不能急着去使用这件武器，他们不应该去堆暴击率和暴击伤害，而应该去堆攻击强度和急速。

装备设计中的另一环是分档次，让玩家在不同时期追求不同档次的装备。设计得狡诈一点就是让相隔的套装强调的属性不同，必须凑够一定数量才能发挥最高效果，那么玩家就必须很拼命地去凑齐一整套的套装，才能产生明显的战斗力提升。从另一个角度讲，这也有正面的意义，就是玩家需要变换输出手法，而换手法就意味着新的游戏体验。

动态最优值和配装，也是策略性的一个点，需要玩家去思考，并且能够产生实际有效的结果，但也就要求玩家对游戏有更深入的了解。所以更好的情况就是能够通过一些方式，更为明显地展示出最优解，比如"T12"的套装效果就是额外增加 20%某个技能的伤害，那么就要让玩家很清楚这个套装是针对这个技能的。

说到底，能力配点还是由战斗流派影响的，它影响了玩家在战斗时可使用的策略，为了支撑这些策略，也就影响了在实力积累阶段，玩家应该向着哪个方向努力。

3. 战斗中取得最佳结果

战斗过程基本是产生决策树和剪枝的过程，以及考验每个玩家自身的操作能力。对于一般人而言，这棵树并不明显，有些人脑子处理不过来，就只会有一个模糊的优先顺序。有些玩家思维能力更强一点，能够估算到后面几个行动应该怎么做，估算出如果对方怎么做，他就应该怎么应对。但是人的脑力终归有限，所以如果能够找到套路，使用固定连续的几个招式而产生良好的效果，那么熟记这些套路，就可以大大减少玩家所需的思考时间，好比那些围棋棋谱、武术套路。不过人脑的能力终归还是有限的，即使有很多套路可以用，但是如果套路的数量也很多，人类也会考虑不过来，所以最终人类还是败给了 ALPHA GO，它可以记忆的比人类多，剪枝速度也快。

那么如何打败 ALPHA GO？要设定怎样的游戏规则，人类才能做到十场至少赢一场？

很简单，跟它玩抛硬币即可，至少有 50%的胜率。除此之外还有没有呢？比如一些牌类游戏中，一开始大家都不知道对方什么牌，策略制定只能靠记牌和概率。接着玩家开始熟悉牌友的出牌习惯，于是开始猜对方的出牌策略。再接着玩家反猜对方猜测他们的出牌策略。这些例子的内涵就是，即使是面对 ALPHA GO 这样绝对强大的对手，当信息不充分导致输赢全得靠猜测或只能依靠概率进行预判时，即使是处理速度远不如它的人类，也能拥有更高的胜率，也就是提高了能力较低的玩家打败能力高的玩家的概率。

概率性是第一个武器，信息不充分是第二个，那么第三个就是减少战斗中能够进行的操作，如果所有的职业都只有两个技能，那么无论是高手还是新手，他们可采用的战术都是极少的，那么高手也没办法通过他们的技巧对新手产生绝对的压制。

如果想要的是游戏有更深的策略性，那么可取的就仅有概率性和信息不充分，如果维度再大一点，除了角色之间的战斗外，还包含了空间和场景，那么《孙子兵法》里的许多计谋就开始用得上。比如卡视角、控制距离这些手段就可以用得上，当人数较多时，分角色特长形成战术配合也可以出现。当面对的是多个单位时，单一目标的击杀或死亡并不是决定总体成败的关键，而是要连续达到多个目标才能影响这场战斗的成败。这也是常看到的各种丢卒保车，牺牲一个小队以获得更大的胜利之类的决策。这时考虑的是如何分配兵力、设定目标、使用战术等，反过来也要求设计师去设计包含这些内容的大型战斗给玩家。

如果战局还受到周围环境影响，比如有地形影响、可操作的互动物，那么争夺或保护这些互动物也会成为一个策略点。假如期望玩家会自动分组并且有战术配合地去争夺战场的胜利，但战场却是狭窄地形，这时要期待他们自行产生战术就很难了。那么扩大一下战场，除了主要目标之外，在地图上设定一些有用的争夺点，玩家自然考虑就会分流一部分人去抢夺。而当胜利条件不仅限于击败敌方所有人时，那么策略也会出现许多新的方向。当双方的对抗升级为战役级别，不只是十来个人对某个地盘进行争抢，那么一些更大的战略安排就会需要了。玩家就会需要有人成为一个战场的指挥官，每个小队完成特定的目标，这些都将极大地增加战斗过程中的策略深度。

有些时候，玩家就是不管任何主要目标和争夺点，他们就是要在战场中互相"厮杀"。这也是乐趣，策略之外的乐趣，我们可以让这些活动就仅包含这些乐趣，也可以刻意增加几个加农炮这样的互动物，射程覆盖战场中间，从而让玩家不能无脑地厮杀。是否这么做，就由设计师去决定了。

以上谈的都不是具体的策略设计，而是比较大且泛的概括。核心点是要明晰玩法是要针对一整场对抗的哪一部分，再去思考其可能的设计方式。假设现在制作一个模拟经营类游戏，它包含"优势获得"和"组合最佳"两个方面，如果这时打算扩展主体玩法，那么就应先考虑要扩展的是哪个方面，是新的策略阶段，还是旧有阶段中增加新的内容。比如增加一个同样名为"商战"的系统，但它可以是即时性的拍卖行性质的内容，也就是属于第三个阶段的内容，也可以不包含即时的操作，那么依旧只属于第二个阶段的内容。

如果游戏的策略玩法不是战斗，而是其他内容呢？其他类型也有其策略阶段，也是通过同样的思路去考虑。请一直记住，站在增加了什么策略点的角度去思考，而不是增加了什么内容和规则的角度去思考，规则和内容不一定会增加策略点。

1.2.2　策略的作用对象和设计方式

策略的效用表现为削弱对方和增强自身。对于那些比如密码、难题等，纯粹挑战脑力的内容，归之为谜题，而不归入策略。策略不是一次性的，能通过或者不能通过的区别，而是有效能范围，有对抗时间，有变化过程，可采取多于一种解法的问题。当面对选择时，这就是策略的开始。

比如要达到以下的效用。

（1）削弱对方。

- 提高对方的操作要求。
- 限制对方操作的效能。
- 增加对方的消耗。
- 伤害对方。

（2）增强自身。

- 降低对自身实际能力的要求。
- 提升自己操作的效能。
- 减少自己的消耗。
- 回复自身。

下面详细讲解。

1．削弱对方

（1）提高对方的操作要求。

人类有自身能力的极限，比如反应力、可视范围、力量上限、关节弯曲角度等，所以对于外界的信息获取能力和改变能力是有限的。而这里要做的就是进一步限制敌方的能力，比如减少对方的反应时间，减少对方的精准度，遮挡对方的视野等。

- 蹲点暗算。
- 污泥喷吐遮挡视野。
- 烟幕弹遮挡区域视野。
- 泥沼地减速。
- 遁入掩体减少命中率。
- 增加需要躲避的子弹。

查看游戏有多少特殊状态，能够使用怎样的 DEBUFF，以及场地的影响因素等，然后逐个去考虑如何使用。

（2）限制对方操作的效能。

减弱他们的伤害能力、移动速度等直接的自身属性或计算后的数值。

- 减少他们的伤害。
- 减少他们的贸易获得。
- 减少他们吃到的能量体的特技增加量。
- 减少他们的操作得分。

（3）增加消耗。

如果游戏中有各种操作成本，那么提高它们的成本，如果没有成本，延长前后摇也是一种变相的手段。

- 吸取魔法。
- 提高卡牌费用。
- 增大技能消耗。

（4）伤害对方。

既然讲到伤害对方，那必然涉及胜败条件。胜败条件有太多种设定方式，但无论胜败条件如何，一般都可以归为一个多样性手段的能效问题。

这更多的是玩家如何控制自身角色的问题，比如使用 AAB 技能能够在 3s 内打出 40 点伤害，或者使用 ABB 能够在 4s 内打出 60 点伤害。

2．增强自身

增强自身的情况与对敌的情况类似，设计的方式反过来就是了，比如提供一个望远镜帮角色瞄准等。

以上产生的都是单一的策略效用，但单个点是比较难让玩家感受到不同的，因为这只是他们做的许多操作中的一个而已。除非这个操作的效能超高，一个可以顶几个其他的操作，要不然就得按照一个思路不停地设计下去，用多个操作产生的策略效用的倾向产生一个套路，才能形成一个特色，并被玩家感知。

1.2.3 策略的数值设计和各自的特性

本节讨论各种策略包含的数学问题，以及如何设计策略难度。数学中的许多定理和算法，一般都不会用到，经常需要去面对的是以下这些内容。

1. 最优数值

首先是面对不变的敌人或者情景，而玩家要做的事情就是如何最优化拥有的资源或者技能搭配，让自己拥有最大的伤害能力。比如在 MMOGAME 中，玩家的技能循环，如何搭配拥有的装备。比如一个 110 级的法师，他的技能有 N 个，常用的有 A 个，如何使用这些技能？他的人物属性有 M 个，哪几个是在提升的过程中应该优先考虑的？提升到多少开始收益减少？达到怎样的条件后，会对技能循环产生影响？

在设计之初就得去做一套模拟数值，在某一个等级，玩家如何搭配拥有的装备能有最大收益。那么对于玩家的问题就在于：（1）玩家要发现最优的技能循环，像《WOW》这样的游戏，每个职业的手法是需要玩家认认真真地去研究的。（2）如何获得那些最适合他们的装备，从而提升伤害能力；或者在塔防类游戏中，如何排布防御塔，才能够用有限的资源建造出能击杀所有敌人的防御阵地。（3）提升自身的最佳路线，比如在生产经营类游戏中，应该先升级科技产出更高级的产品，还是量产眼前的产品。

在玩家尝试的过程中，这些问题就是乐趣，也是策略点，即我们需要去思考和设计的游戏内容。

这些最优值的求解，不同的游戏有不同的模型，以下先拿伤害的计算公式来做探讨。伤害公式大体而言分为两种，加减法公式和乘除法公式。

（1）加减法公式，公式如下。

$$DMG = ATK - eDEF$$

即：伤害=攻击-敌方防御

加减算法是最基础的算法，但它的一个最直接的缺点就是，如果两个角色互相攻击，而一个角色因为防御力高，另一个角色的攻击力无法击破他的防御，那么每次攻击都无法对对方造成伤害，这样的话，这个攻击力不足的玩家就必然打不过防御力高的玩家了，即使其他的等级或者其他属性值很高。或者攻防差不多时，比如攻击力是 10 000，但对方的防御力是 9950，如此巨大的攻击力，却只打出 50 点伤害，也是让玩家侧目。

改进办法之一就是加大攻击与防御的差距，从基础值到成长率，从一开始就设计出差距比较大的攻击力和防御力。不过如果两者差距太大，防御这个属性就没有意义了，而如果差距太小，则对于等级差别大的两个单位的对战，还是会击破不了对方的防御。

这是减法公式固有的缺陷，能做的就是调整数值避免这种情况，或者是加上新的限定条件。

最直接的限定条件是依据等级而对最后的 DMG 产生一个修正，比如：

$$DMG = (ATK - eDEF)*(1 + (eLV - LV)/20)$$

若 eLV − LV < −3，取−3；若 eLV−LV>20，取 20

伤害 ＝ （攻击力−敌方防御力）*（1 +（敌人等级−我方等级）/20）

若敌人的等级−我方的等级<−3，取−3；若敌人的等级−我方的等级>20，取 20

即：对于低等级的目标，造成的伤害减少，对于高等级的目标，造成的伤害增加。也可以把由等级影响的这个乘子放到 ATK 之后，而不是它们的差之后，这样就更容易破防。然而一般并不会这么去做，甚至实际上并不会使用这样一条公式，我们鼓励高等级碾压低等级，那么玩家才会有升级的动力。而且一般也不会造成低级玩家打高级玩家时伤害会增加的情况，这样一条减法算式，就等于是鼓励低等级玩家去打高等级玩家，并且鼓励高等级玩家多投入点数在防御力上。所以最多只会做高等级打低等级时的伤害削减，以至于低等级打高等级的不破防，效率低，那么就让它效率低。

即：修改判断：

若 eLV−LV < −3，取−3；若 eLV−LV>0，取 0

因为玩家不希望战斗是一成不变的，那么结果最好有一些波动，可以修改这个公式，在最后加上波动。

$$DMG = (ATK - eDEF)*(1 + (eLV-LV)/20) * random(0.9,1.1)$$

很多程序语言中的 random 函数实际上还是一个略带正态的平均分布，但最后它的期望值还是 1，所以表现出来就是玩家的伤害偶尔是 10 点，偶尔是 9 点，偶尔是 11 点，在 100%处左右波动。

也可以扩大 random 的范围，比如 0.6～1.4，那么波动范围就更大了，但这么剧烈的过山车式波动范围一般是不太好的，除非就是想要制作这么一个特色的职业或技能。根据数值的规模，来衡量能够让玩家感到不同的幅值，以及想要玩家达到的心跳程度，来确定这个波动的幅值。可以在伤害公式中引入 random，也可以在武器的攻击力中引入 random 范围，比如一把巨剑，攻击力是 19～100，一把匕首，攻击力是31～46，都会产生一样的效果。

产生波动的另一个重要方式就是暴击，比如15%的概率暴击，产生150%的伤害。

$$DMG = (ATK-eDEF)*(1 + (eLV-LV)/20) * random(0.9,1.1) * CRIR$$

若 $random(0,1)≤0.15, CRIR = 150\%$，否则 $CRIR = 100\%$

式中，CRI为暴击率；CRIR为暴击伤害倍率。

现在的游戏，为了让玩家有更多的追求，暴击率和暴击伤害这两个属性都提供给玩家追求。比如在《暗黑破坏神3》中，玩家可以拥有60%的暴击率，500%的暴击伤害。

那么还可不可以再进一步扩展一下呢？可以，如图1.23所示。

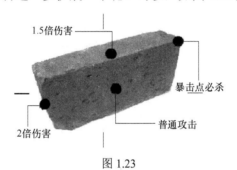

图 1.23

设立几种不同暴击伤害的暴击种类，然后对应不同的暴击率。以前许多《War3》的地图中，就经常有这种2倍暴击、10倍暴击、100倍暴击的设定。这也是一种办法，不过设定过多时，玩家心中实际产生波动的也只是那个差距最大的100倍暴击，其他倍数的暴击，玩家内心已经将它们当成了固有的一个伤害力。

这顺便引出来另一个问题，就是判断一个攻击是否为暴击时，就会需要用到一次判断。那么有多个暴击需要判断时，就要用多个判断吗？不，根据各自的概率，放到一次random里就好。不过由于它们的效能不一样，所以这只是省略了一步，第二步还是要做分支判断的。

如果它们的效能一样，就可以放在一起，比如其他的防御属性：格挡、招架、躲闪、虚化、免疫等。它们都是直接导致攻击无效，那么放在一起去判断就好。比如random(0,1)中，躲闪0%～15%，招架15%～30%，格挡30%～45%，虚化45%～60%，免疫60%～75%。Roll点不超过75%，玩家就无法造成伤害，这就是数值上的"圆桌理论"。

再进一步丰富这条公式，考虑到有时会有一些额外的附加情况，比如种族值、

天赋加成、职业加成等，那么看效果是加还是乘，以及预期是怎样的能效，再决定放在哪里。比如：

$$DMG = ((ATK-eDEF)*(1 + (eLV-LV)/20)+exDMG) * random(0.9,1.1) * CRIR * (1+race+job+buff)$$

式中，exDMG 为附加伤害，没有时取 0；race 为种族加成，没有时取 0；job 为职业加成，没有时取 0；buff 为短时增强效果，没有时取 0。

各种需要的其他属性、技能 buff、道具效果再逐一加上去，那么就形成一条基础的伤害公式。

（2）乘法公式。

乘法公式使用某个属性去衡量攻击能产生的效能比，比如：

$$DMG = ATK*(ATK/eDEF)$$

即：伤害等于攻击力乘以我方攻击力与对方防御力的一个比例，示例见表 1.2。

表 1.2

DMG	ATK	eDEF	DMG	ATK	eDEF
83.33	50	30	125	200	320
31.25	50	80	6250	10000	16000
62.5	100	160	1000	10000	100000

由于是一个比例，所以不会出现不破防的情况，假设 ATK=10000、eDEF=16000，DMG 就等于 6250；假设 ATK=10000、eDEF=100000，DMG 还有 1000。这个公式的主体就在于效能比的这个概念，但一般不会如上式这样，用这么简单的 ATK/eDEF 作为比例，应依据想要的目的，对这个算式进行修改。

ATK/eDEF 的问题在于 ATK 的效能太高，为了保持同等的比例，eDEF 的数值增长要比 ATK 快很多。有时如果要达到比较高的减伤比例，eDEF 的增长速度会变得过快。另外，ATK/eDEF 不具有现实的意义，ATK 已经在前面作为一个变量加入了计算，在这里计算的我方 ATK 与敌方 eDEF 的比例，只有在更高层的设计中，平衡了整个伤害系统中 ATK 与 eDEF 的占比，那么两者间的比例才有意义。

有什么比例是有意义的呢？

防御自身与 100% 的比例，最简单的是：1-eDEF/100。那么想要减伤多少就多少的 eDEF。稍微进一步，如果觉得 eDEF 的数值上限太小，可以将 eDEF 乘上一个小的系数：1-0.03*eDEF/100。

这是一条线性减少的函数，而且还必须设置当其计算结果小于 0 时，设为 0。如果在这个函数不小于 0 的部分，也就是减伤线性增加的部分，伤害的变化情况与现实中人们的认知相比，是比较符合的。

如果再进一步讲，比如模拟另一种现实的情况：防御效果的提升一开始容易，后面则变得非常困难，那么就会运用到衰减函数。

不详细讲解了，下面直接给结果：

$$减伤 = a*x / (b+x)$$

式中，a、b 是常数。

再对这个式子进行变形：

$$减伤 = a/(1+b/x)$$

上式的含义是，当 x 逐步增大，趋向于无穷大时，b/x 趋向于 0，也就是整个函数趋向于 $a/1 = a$。

实际的含义就是，减伤率无限趋向于 a。数据演示见表 1.3。

表 1.3

a	b	a	b	a	b
0.8	20	0.6	20	0.8	150
减伤	eDEF	减伤	eDEF	减伤	eDEF
0.038095	1	0.028571	1	0.005298	1
0.266667	10	0.2	10	0.05	10
0.4	20	0.3	20	0.094118	20
0.48	30	0.36	30	0.133333	30
0.533333	40	0.4	40	0.168421	40
0.571429	50	0.428571	50	0.2	50
0.6	60	0.45	60	0.228571	60
0.622222	70	0.466667	70	0.254545	70
0.64	80	0.48	80	0.278261	80
0.654545	90	0.490909	90	0.3	90
0.666667	100	0.5	100	0.32	100
0.676923	110	0.507692	110	0.338462	110
0.685714	120	0.514286	120	0.355556	120
0.693333	130	0.52	130	0.371429	130
0.7	140	0.525	140	0.386207	140
0.705882	150	0.529412	150	0.4	150

（续表）

a	b	a	b	a	b
0.711111	160	0.533333	160	0.412903	160
0.715789	170	0.536842	170	0.425	170
0.72	180	0.54	180	0.436364	180
0.72381	190	0.542857	190	0.447059	190
0.727273	200	0.545455	200	0.457143	200
0.730435	210	0.547826	210	0.466667	210
0.733333	220	0.55	220	0.475676	220
0.736	230	0.552	230	0.484211	230
0.738462	240	0.553846	240	0.492308	240
0.740741	250	0.555556	250	0.5	250
0.742857	260	0.557143	260	0.507317	260
0.744828	270	0.558621	270	0.514286	270
0.746667	280	0.56	280	0.52093	280
0.748387	290	0.56129	290	0.527273	290
0.75	300	0.5625	300	0.533333	300

如第 1 段数据和图 1.24 中的曲线 1 所示，最终减伤趋近于 a 为 0.8。如果更改 a 为 0.6，那么如第 2 段数据和曲线 2 所示，最终会趋近于 0.6。而在这其中，引入参数 b 的作用，是用来控制曲线的平滑程度，如果 b 与 x 的比值越大，整条曲线就会越趋近于直线，如第 3 段数据和曲线 3 所示。

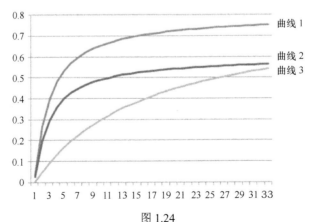

图 1.24

那么使用这个公式，就可以快速有效地控制减伤的比例，以及前期、后期的增长速度。也就是又想让它衰减，又想让它前期接近于线性增长。

这是一条衰减的公式，不仅用于减伤，任何需要使用衰减的地方都可以以此为基础去设计。

除了与防御力自身挂钩外，还可以将它与其他的属性挂钩，比如等级。

减伤= eDEF/(a*eLV+b)

减伤= 敌方的防御力 / (a*敌方的等级+b)

即：此时玩家的减伤是他所拥有的防御力与设计师预设的他在该等级可以达到的最高防御力的一个比值。

这也是一条线性的函数，并且有一个预设上限，因为敌人的 eDEF 不会超过设定的数值上限。但这个公式的一个缺点就是，当一个角色升级时，其等级升高了，但防御力还没提升上去，就会经历原等级的怪物对他造成的伤害反而更高的情况。

可以进行如下改动：

减伤= eDEF/(a*LV+b)

即：分母是由玩家的等级决定的，那么情况变成当角色升级了，即使攻击力还没有增加，都会直接打得敌人更痛。这两种做法都会在升级时产生数值的突变，特别是在等级数值大、eDEF 高于分母，或者其比例达到某个值时，会突变得更明显。这是肯定的，这是一个二元一次函数，所以 LV 的增长肯定会让 eDEF 的效用产生变化。但对比这两种情况，攻击敌人造成更多伤害的这种方式，肯定比被打得更疼要让玩家感觉更舒服些。

原公式中的一个问题是，如果 a*LV 不够大，那么 eDEF 的数值空间就会小，但如果够大，那就会弹跳。实际上，如果仔细调整它们的系数和范围，那么，弹跳的问题是可以解决的。至于需要判断一个上限的问题，这就不是这个公式能够调整的了。

如果非要改，也不是做不到。考虑一下要达到的目标：有上限，而且不用设置判断；伤害结果不会有明显的弹跳，而且容纳比较大的数值范围。

第一点要求很接近衰减公式，先作为一个因素加进来。同时大家知道衰减公式中的 x 应由 eDEF 去替代，那么就剩下 b 留给 LV。

$$\frac{a}{1+\frac{\textcircled{b}}{\textcircled{x}}} \begin{array}{l} \longrightarrow g(\text{LV}) \\ \longrightarrow f(\text{DEF}) \end{array}$$

先使用简单的方式，设 f(eDEF)=a*eDEF+b，a=1，b=0，即 f(eDEF) = eDEF。

同理，设 $g(LV) = LV$，见表 1.4。

表 1.4

a	$g(LV)$	$g(LV)$	$g(LV)$	$g(LV)$	$g(LV)$	$g(LV)$
0.8	10	20	21	250	260	600
DEF	y	y	y	y	y	y
1	0.072727	0.038095	0.036364	0.003187	0.003065	0.001331
10	0.4	0.266667	0.258065	0.030769	0.02963	0.013115
20	0.533333	0.4	0.390244	0.059259	0.057143	0.025806
30	0.6	0.48	0.470588	0.085714	0.082759	0.038095
40	0.64	0.533333	0.52459	0.110345	0.106667	0.05
50	0.666667	0.571429	0.56338	0.133333	0.129032	0.061538
60	0.685714	0.6	0.592593	0.154839	0.15	0.072727
70	0.7	0.622222	0.615385	0.175	0.169697	0.083582
80	0.711111	0.64	0.633663	0.193939	0.188235	0.094118
90	0.72	0.654545	0.648649	0.211765	0.205714	0.104348
100	0.727273	0.666667	0.661157	0.228571	0.222222	0.114286
110	0.733333	0.676923	0.671756	0.244444	0.237838	0.123944
120	0.738462	0.685714	0.680851	0.259459	0.252632	0.133333
130	0.742857	0.693333	0.688742	0.273684	0.266667	0.142466
140	0.746667	0.7	0.695652	0.287179	0.28	0.151351
150	0.75	0.705882	0.701754	0.3	0.292683	0.16
160	0.752941	0.711111	0.707182	0.312195	0.304762	0.168421
170	0.755556	0.715789	0.712042	0.32381	0.316279	0.176623
180	0.757895	0.72	0.716418	0.334884	0.327273	0.184615
190	0.76	0.72381	0.720379	0.345455	0.337778	0.192405
200	0.761905	0.727273	0.723982	0.355556	0.347826	0.2
250	0.769231	0.740741	0.738007	0.4	0.392157	0.235294
300	0.774194	0.75	0.747664	0.436364	0.428571	0.266667
350	0.777778	0.756757	0.754717	0.466667	0.459016	0.294737
400	0.780488	0.761905	0.760095	0.492308	0.484848	0.32
450	0.782609	0.765957	0.764331	0.514286	0.507042	0.342857
500	0.784314	0.769231	0.767754	0.533333	0.526316	0.363636

代入公式和数据，我们发现实测结果基本满足预设：有上限，不会弹跳（第一段，以及第二、第三段某 eDEF，等级+1 时，对结果影响不大）。

但是发现减伤的比例上涨得太快,也就是 eDEF 的效用太高。

可以在 $f(eDEF)$ 中削弱 eDEF 的效用,也可以在 $g(LV)$ 中提高 LV 的效用。$g(LV)$ 是控制曲线倾斜率的,那么先从修改 $g(LV)$ 入手,比如先提高 10 倍,$g(LV) = 10*LV$。

从第四、第五段看得确实达到效果了。再与第六段数据比较,也可以看出其效果合适。

还可以继续处理,直到更合适为止,但作为一次完整思路的演示,就到这里了。熟练掌握好 4 种增长类型的曲线:线性增长、衰减增长、指数式和分段式,具体包含哪几种的公式构成,再由具体的设计需求去定。比如通过数值设计,让同一角色在不同的数值水平下,有不同的最优技能序列这样的目的。

2. 设计不同特性的敌人

简化一下战斗的数值模型:

设我方攻击力为 a_1,生存能力为 s_1;敌方的攻击为 a_2,生存能力为 s_2。

设我方被敌人击杀所需的攻击次数:

$$s_1/a_2 = n_1$$

同理,敌方的生存回合为:

$$s_2/a_1 = n_2$$

当 a_1 更大,也就是游戏容纳更多的攻击力成长,那么就要去做同样长的怪物生存能力成长线,来对应玩家攻击力 a_1 的成长。可以做很多不同的数值和系统,多方面地去提升 a_1,比如细分为更多的属性:攻击力、暴击率、暴击伤害、属性伤害(物理攻击力、远程攻击力、法术攻击、冰属性、火风地光冰暗等)、护甲穿刺;攻击速度、施法速度、弹射、附加伤害、命中率等。对于生存能力也会细分为更多的属性:血量、防御力、属性抗性、格挡、招架、闪避、绝对伤害减少等。

多种属性有其设计的意义,能够丰富游戏性,让一些职业更具特色,或者给游戏增加变数,让总体体验更好。但在这个公式里,其实都是对 n 的改变。

在此先探讨,对于攻击能力、生存能力的两种设计思路。

(1)n_1 保持比较小。

对于许多类型的游戏,人物的能力会一直提升,无论有没有"满级"、"停级"这样的设定,即使角色等级有上限,他的装备、天赋、星座等,会让角色拥有另外非常大的成长空间。

而玩家面对的怪物们则会随着玩家伤害能力的提升,而出现更新、更强的怪物来阻挠玩家统治世界。这些有难度的怪物有的放在了主线的关卡中,有的放在了特殊的挑战关卡中,比如"无尽之塔"这类系统。玩家需要考虑的就是对怪物

造成更高的伤害，但这时怪物攻击玩家的情况是怎样的呢？

这就是 n_1 不同的区别了，n_1 如果一直保持比较小，也就是怪物能够很快地"击败"玩家，那么玩家就需要一直保持专注，保持较少地被怪物攻击到。这种思路不仅对"刷刷刷"类型的游戏如此，而且对于所有游戏都能够促使玩家保持专注，不敢掉以轻心。

比如在《DLUE—黎明之光》，玩家即使能力提升到最高，可以很容易地击杀僵尸，但因为有耐力值的设定，以及人物的生存能力并没有提升多少，所以僵尸对于玩家一直都会是个威胁。设计者们更是做出了一种超级僵尸，移动快，能够远程攻击，伤害高，来保持增强对玩家的威胁。比如《维克多弗兰》，这是一个ARPG 游戏，玩家在其中即使到了游戏的后期，最普通的小怪的一次攻击也能扣除玩家 $1/10 \sim 1/7$ 的血量，精英怪的攻击更可以达到 $1/3$ 的血量。其实恐怖类游戏对这种心理给出了最好的阐述，因为玩家角色会"死亡"，所以玩家才有一个害怕的本质基础。

因此，n_1 小是一种可以一直保持玩家紧张的数值设计方式，那么有几种方式可以保持 N_1 小呢？

- 让玩家的生存能力小，而且提升不高。
- 当前怪物的攻击能力和玩家的生存能力的提升一直是接近的。

这两种区别在于，当玩家玩到游戏的后期，如果是第二种情况，那么玩家回头去面对游戏前半段的怪物，由于那些怪物的攻击能力低，玩家的 s_1 对于它们就显得非常高了，怪物需要很长的时间才能"杀死"玩家角色。同时玩家的攻击力又高，那么就造成了碾压式的虐怪了。虐怪好不好呢？当然有其爽快的一面，不然《无双》系列就不会有那么多人买单了。

但虐怪真的好吗？笔者觉得还是有一定成就感的挑战比纯粹的碾压要更好。能够击败敌人，但也要小心它们的攻击，不是无须认真操作的碾压，这样才保持了整场体验的紧张度。这可以通过减少生存能力的提升空间来达到；也可以通过自动压缩玩家等级去匹配这样的规则，如《激战 2》；还可以强制提升所有地区的怪物攻击能力，来修改第二种做法下的怪物能力，就像《上古卷轴 4》所做的。

对比这两种方法，除非再增加额外的规则，否则《激战 2》的方式会更好一些。《上古卷轴 4》里所有敌人的难度是随着玩家的能力而变化的，当玩家变得更强时，敌人也会相应地变得更强。比如"野狼"这样的敌人在一开始时很难杀死，但当游戏过了一半，玩家变得强大得多时还是很难以将其杀死。这种设计剥夺了玩家升级的动力，因为他们永远不会感觉到自己真正变得强大。而《激战 2》的规则是：

每个区域有它的适用等级范围，如果玩家的等级不足时，就不进行调整。如果玩家的等级超过区域的范围时，就会把玩家的等级调整回适合的范围。但并不是所有数值下降，玩家的属性依据他的等级和该区域的适用等级计算出一个能力比值，进而由此调整玩家的所有能力，同时依据玩家的装备品质，还会有一定的额外加成。这就让玩家能够确确实实地感到自己变强，但是又较好地保持了怪物的挑战性。

那么 n_1 要达到多小才能让玩家保持紧张度呢？

考虑的关键点在于进行一场战斗所需的时间。依据不同的游戏规则进行考虑，如果这是一个回合制游戏，每一局播放单位动画都需要接近二十几秒，再假设每次战斗完成后，玩家会自动补满血。

那么 n_1 是 3 左右，会比较合适，如果节奏更慢，n_1 就可以更大。

如果是一个 FPS，非暴击伤害，n_1 在 5 左右。

如果是一个 ARPG，小怪物在 5 秒以内，中怪物在 10 秒以内。怪物越多，越属于割草式的游戏，所需秒数更少。

以上给出了一些非常粗略的参考，自行定位的游戏节奏是多快，难度是多高，会非常大地影响 n_1 的设定。

（2）n_1 比较大。

如果是操作较困难的游戏，比如是通过鼠标点击进行移动的 ARPG，而且玩家角色没有能够快速移动或免疫伤害的技能，无论这是因为游戏所处设备平台而导致难以进行良好操作的缘故，还是因为设计规则导致的，总之玩家角色被敌人攻击，是一个家常便饭般的事情，那么 n_1 就不可以太小。

这类游戏即使压缩了让生存能力提升的空间，但由于 n_1 比较高，所以怪物还是要打多次才能"打败"玩家，由此带来的紧张感是不如上一种情况的。

这种方式所适合的游戏，所要去达到的目标，就不是那些强调快捷操作和紧张感的游戏，它更适合于操作不方便、节奏慢的游戏，或者放给某些关卡中要让玩家放松的情况，或者是角色极难死亡，但追求正面奖励能够更高的游戏，比如《索尼克》。

不过即使是这种方式，也可以让游戏保有一定的紧张感。

思路就是在与敌人的对抗中，让玩家需要快速判断和取舍，比如在战斗中引入不同特性的怪物，在一群近战怪物之外，还有一些远程怪物对玩家进行攻击，从而让玩家需要取舍和思考如何战斗。还可以用一些特殊的怪物来产生危机感，比如法师怪、机械怪。它们可以释放一些技能，并让玩家清晰地看到威胁即将来

临，比如法师怪会有咏唱过程，并且攻击的位置会用光圈标识出来，而玩家一旦被这样的技能击中，就会受到巨大的伤害。实际上，只是表达出危险即将来临，在整个过程中，玩家的紧张感都会提高并且一直增加。比如怪物的吟唱不是 3 秒，而是更长的 5 秒，如果玩家不能迅速击杀怪物，在整个 5 秒之中，玩家就会经历越来越紧张的过程。

当然这种做法也适用于 n_1 比较小的情况，但是 n_1 小时玩家太容易"死"，反而不好让怪物做更多的表现，不然游戏难度就会变得太高。

3．设计不同特性的角色

对数值公式做一个扩展，攻击能力变为 ATK 和 ASP（攻击速度），生存能力从只有一项，变为 HP 和 DEF 两项。那么公式就变为：

$$n = HP/((ATK-DEF)*asp)$$

假设有这样的几个单位互相攻击：

A　HP 1000　ATK 100　DEF 0　ASP 1
(ASP 为 1，表示每秒进行 1 次攻击）

B　HP 900　ATK 50　DEF 10　ASP 2
(ASP 为 2，表示每秒进行 2 次攻击）

当 A 和 B 对打时，可以计算出：

$$n_1 = 1000/((50-0)*2) = 10$$
$$n_2 = 900/((100-10)*1) = 10$$

也就表示 A、B 两者是势均力敌的。

如果此时有一个新的单位出现，它的防御力高，而血量少。比如：

C　HP 600　ATK 100　DEF 40　ASP 1

那么 A 和 C 对打：

$$n_1 = 1000/((100-0)*1) = 10$$
$$n_2 = 600/((100-40)*1) = 10$$

B 和 C 对打：

$$n_1 = 900/((100-10)*1) = 10$$
$$n_2 = 600/((50-40)*2) = 30$$

也就是 A、C 平手，但 B 将打不过 C。这是因为 C 的 DEF 效能对于 B 而言，大幅削弱了其高攻速低攻击带来的攻击能力。

可以再修改一下 ABC 的数值，见表 1.5。

表 1.5

	HP	DEF	ATK	ASP
A	1000	0	90	1
B	900	10	50	2
C	600	40	80	1

攻击结果：   A->B   A->C

击败所需回合： 11.25   12

                 B->A   B->C

                 10   30

                 C->A   C->B

                 12.5   12.85714

此时的情况就变成：A 打不过 B，B 打不过 C，C 则打不过 A。那么这就是一个策略点，让玩家思考，自己的角色最合适与怎样的敌人战斗，以己之长，攻敌之短。

还可以引入离散性来讨论这个问题，引入出手先后来讨论，也可以引入治疗来讨论，每一个都会让这场战斗产生更多的情况。

对于某些情况，一场战斗是有优势解的（优势解：难以确定最优解时，参与者预估可以获得更多优势的策略做法），比如当玩家知道下一波进攻的敌人是一大群移动快，但是血量少、防御低的僵尸，那么可以多选用散射型的植物。但在某些情况下，战斗过程中就产生了变化，比如玩家采用了大后期强无敌的策略安排，但在是一开局就被虫族的小狗们摧毁了基地，不得不打出 GG。那么玩家就需要依据敌人的变化而改变既定战术，这就是下面的讨论——总体策略。

1.2.4　序列树和博弈

当一些问题并不是一次性解决的，而是由多步操作完成的，并且每一步操作有不同选择且都会对结果产生不同的影响时，就包含了更深的策略性。

这是一个非常广阔的话题，包括多步骤的最优策略，也包括信息和操作结果难以知晓的多步骤最优策略。比如下象棋，或者另一种情况：女朋友问你，她今天好不好看？

第二种情况：结果不明显的问题类型，对于其中的策略做法，笔者称之为模糊影响，由此与相对确定性的最优策略区分。

1．博弈

当这些问题只是针对一个人时，可以称为策略序列树，如果涵盖了两个人或多个人，就成了博弈论。

在博弈论中，最优的策略组合称为均衡。经过了数学证明的均衡一共有四种，分别是纳什均衡、子博弈纳什均衡、贝叶斯纳什均衡、完美贝叶斯纳什均衡。前面所讲的序列树、决策树，实际上也是属于均衡的一种，即子博弈纳什均衡。

请自行查看具体的定义和概念，这里做一些简介。简而言之，它们是逐层递进的，所描述的分别如下。

- 纳什均衡：单次，信息透明的博弈中的最优策略组合。
- 子博弈纳什均衡：多次，信息透明。
- 贝叶斯纳什均衡：单次，信息不透明。
- 完美贝叶斯纳什均衡：多次，信息不透明。

举个贝叶斯纳什均衡的例子。

如果有两个企业 A 和 B，A 已经处于市场中，B 如果打算进入市场，那么它必须预估 A 是否做出阻挠，以及它自身最终的获利情况。如果两种情况分别是 A 不阻挠的话，获利预计是 100W，如果 A 阻挠，那么获利为-20W。B 不知道 A 的阻挠成本和阻挠的概率，那么对于 B 而言，要怎么做？

设 A 阻挠的概率为 x，那么 B 的获利预期就是：

$$100*(1-x)-20*x$$

如果要预期获利，也就是要公式大于零，可以解得 $x < 5/6$，约为 83.3%。意即，只要 A 阻挠的意愿低于 83.3%，就预期获利，换而言之，此时的 B 选择进入市场是更好的策略。

在这里我们看到 B 做的所有决策，都是基于它对自身了解的信息，而后做的策略选择。它并不知道 A 阻挠与否，以及阻挠成本。但是，通过一次交手之后，比如看到 A 没有阻挠它，那么就可以假设 A 不阻挠的原因是它的阻挠成本大于它的预期获利。这样 B 就可以猜到 A 在当次不阻挠，是因为它的阻挠成本高，从而判断出 A 的情况。如果阻挠与否的行为不是一次性的，而是今年会有一次阻挠与否的情况，明年、后年等又可能进行阻挠的多次行为。那么也许 A 这次不阻挠是因为这次的阻挠成本高于预期获利，但是下一次就未必了，如果经过多次交手，那么 B 就可以预估出 A 的大致阻挠概率。如果有一个基准物，比如市场份额或者 A 的某次阻挠成本，那么就可以预估出 A 公司的大致情况。

多次交手试探的这个例子，就属于完美贝叶斯纳什均衡的范畴。

由于这几种纳什均衡对人类经济行为的指导意义，所以它们成为了经济学的理论基础，促成了许多经济学理论的发现和设定。但是近些年来，人们也逐步发现了它们的一些不全面的地方。主要在于两个方面，一个是心理学上的，心理学家们发现在很多时候，人们下决定是不理智的，即使是受过高等教育，非常理性的人群，他们做的许多决定，都受到各种心理效应的影响。这在《怪诞心理学》中有许多详细的例子和讨论，如锚定作用，仅在大脑里想过几遍 800，就会比想过几遍 10，让人们对一个原价大概 100 元左右的任何商品产生更高的估价。即使 800 和 10 这两个数字与这件商品没有任何关系。

另一个方面是，最复杂的精练贝叶斯纳什均衡，在策略上来讲也是有漏洞的。比如人们可以在某次子博弈中故意不做出最佳的纳什均衡，从而影响对手对己方情况的判断。虽然这种情况不会总是出现，它只会是精练贝叶斯纳什均衡的一个子集，但大家看到我国古代那么多的兵书战事中，不就经常出现这种混淆对手判断，甚至牺牲一小部分军队从而取得更大胜利的计谋么。所有的纳什均衡都要求所有参与者是完全理性的，并且智商超群，能够找到属于他们的最优策略组合，而实际上并不是所有人都能够找到他们的最优策略。

比如海盗分金的问题。假设有 5 个海盗，抢到了 100 个金币，他们按顺序提议如何分配这 100 个金币，剩下的所有人一起表决，如果多数反对，提议者就会被扔进海里。请问第一个海盗能拿到多少个金币？这是一个简单的推论过程，假设剩下最后的 4 号和 5 号海盗时，4 号知道，无论他提议什么，5 号都会反对，然后把他扔进海里。所以无论 3 号提议什么，4 号都必须答应，所以 3 号可以提：3-100、4-0、5-0；同理一步一步推上来可以得到 1 号的提议：1-98、2-0、3-1、4-0、5-1。但是如果其中有人不是完全理性的，或者有部分人私下定了其他协议呢？比如 2 号私下跟其他人说，无论 1 号提议什么，我都比他提议的多给你们 1 个金币；或者 3 号与 4 号结盟，而其他人不知道。在这几种情况下，1 号就死定了。

所以现实中的精练贝叶斯纳什均衡是很难求解的，其指导意义有限。但作为游戏设计师，不需要去建立这些模型然后求解出最优策略合集，我们是设计问题的人，以上讲的几种情况，反而是我们的工具。

2．模糊影响

当女朋友问今晚吃什么的时候？或者她穿这件衣服怎么样的时候？会不会感到很难回答？因为很有可能无论怎么回答，都是错的。不应该把关注点放在这个问题的答案上，而是放在总体的引导上，引导向让她开心的方向。

比如与另一个人交谈，他说一句话之后，我们有无限种回答方式，那么应该怎么回答呢？此时没有一个标准答案，任何回答都是将他对我们的看法和印象引向某一个方向，或者说在某一些方面上增加多少权值分数。这就是与确定性的博弈不同，结果难以量化，并有多种可能性的问题。

再以女朋友问答的问题作为例子。

今晚吃什么？

潮汕菜？

不想吃海鲜。

四川面馆？

太远了。

麻辣烫？

不喜欢那里的装潢。

那想不想吃甜的？

我脚有点痛，换一个。

那去吃斋菜？

我穿着红色的衣服，你让我去吃斋菜？

那牛排如何啊？

你以为我上次喜欢，这次我就也喜欢？

那去吃寿司吧。

等等，我接个电话。……不吃寿司了，换一个。

那吃泰国料理吧？

刚刚妈跟我说不要吃卡路里太高的东西。

那吃韩国泡菜去？！

啊，那边车子多好吵！不去了。

上面的情况会不会让你也感到很无语？但为什么女孩子的心思那么难猜，她们的思路包含了什么？

（1）影响因素多，可操作行为多。

影响因素多，而且一开始并不知道包含了这么多种情况，参与者不得不逐个去尝试。假设《泡泡龙》发射的每一个球，既受发射力度影响，又受风力影响，还会在一定时间后变色，那么每一次发射都会让玩家思考很久。

同理，如果对某个事件可以采取的对应方法太多，一开始也会让人不知所措，直到试出来可用的方法为止。作为游戏开发者，多样性这一点未必总能做到，因为很可能没有那么多的制作预算，但有一种多样性可以适用于许多情况，就是范围式的数值。比如《愤怒的小鸟》中，玩家是在一定范围内，任意角度都可以发射，而不是只有其中固定的 4 个或者 3 个角度，然后按上、下按钮切换，如图 1.25 所示。

图 1.25

同理还有力度、移动距离、跳跃高度等，在现实情况中也是连续的，所以更细致地在游戏中创造这些操作范围，也会让游戏表现得更真实和生动，而且也肯定比有限的几个操作点包含更多的可能性。

影响因素可以有很多，可以设计许多丰富多彩、独具特色的规则，但实际问题不是在于能想到什么样的规则并加进去，而是游戏规则应该为了某些策略点或乐趣而存在，它不应该为了复杂而复杂。经常发生的情况是设计了更多的规则和内容，但并没有带来新的策略点，仅仅只是增加了玩家的学习成本和操作复杂度。所以更多时候要做的是简化游戏的策略深度，最简单的情况下，让玩家有某个策略点去猜就可以了，比如投硬币有 50% 的概率是正面，只要结果够重要，这次猜测对于玩家就够重要了。或者规则相同，但操作可能性变多，同样是在不增加复杂度的同时，增加了多样性。

（2）同一行为会产生不同结果。

概率性可以造成很大的波动，可以让许多本来一方实力远超过对方，几乎稳赢对方的情况产生逆转。

概率所影响的程度越大，理性人的控制程度越低，所以要把控好，让其产生乐趣而不是混乱。同时，也可以让一些概率出现的助益效果，变成可具有操作性的，那么它也就变为了策略思考中的一个环节。比如一些触发型 BUFF，每次攻击有 30%的概率，使某个技能变为可用，那么何时使用这个技能就变成策略思考的一环。或者是产生一些持续性的效果，比如使接下来 5 秒的伤害提高 100%，使接下来 5 秒内移动速度提高 100%，使某个技能的伤害提高 100%，这些都会促使玩家接下来去做一些放大 BUFF 效果的操作。

这些是正向的，还可以是包含负面效果的，以及同时包含正、反的效果。比如悬崖前的这个加速装置，可能让玩家获得不同的加速效果，从而在飞跃后进入不同的赛道。再比如吃到某个道具，有 20%的概率获得 100%加速 3 秒，60%的概率获得 40%的加速效果 5 秒，40%的概率获得 20%的加速效果 10 秒。它的概率期望是有益的，但玩家不知道会随机到哪一种效果。再进一步讲，使用附带副作用的 BUFF 也是产生策略非常有效的方式，比如加速了但控制变难了；伤害提高，但移动速度减慢，或者消耗自身的血量，产生额外的伤害。这让玩家在做一些对自己产生有益效果的操作时，也受到了削弱，从而也就提供了对手反击的机会。一个经典的例子是《跳棋》，在许多别的游戏中也有出彩的运用，在玩家攀爬得更高时，也是在帮助对手更快地前进。

（3）突发事件多且影响大。

在骑自行车的过程中，其实整个过程中都有各种新的"突发"事件，比如碾过小石头、蚊子飞过、远处的汽车移动，但这些都不足以影响人们骑自行车。如果变成许多只鸟撞向骑手，那么影响就大得多了。放在游戏中就像是落在玩家旁边的炮弹，这种不由玩家自身和对手控制的突发变化。如果它们可预测，那么还是归属于多样性，等于增加复杂度；如果它们不可预测，或者即使可预测，但规则太复杂或时间不够，导致玩家处理不过来，就属于突发的不可控事件。

需要让这些突然出现的情况所产生的影响力足够大，大到可能打乱玩家原来的计划。炸弹是一个方式，对打时突然刷出来的精英怪、爆炸的火山、突然出现的风力效果，有许多方式可供使用。这里的策略点是，突然改变原有策略模型中的变量数。

以上讲了几种做法：操作的方法和结果多样性、操作的空间、概率性、带副作用、改变模型基础，但是策略并不全盘等于乐趣，比如为何《魔兽争霸 3》中引入了英雄系统，《星际争霸》中也有技能系统？这些已经不是策略层面的问题了，而是与玩家的喜好相关。玩家更喜欢，也更容易代入某个英雄角色，而不是十几辆坦克。而且玩家们喜欢强大，而不是平均。

前面女朋友的例子适用于以她为主的进攻，玩家只能被动防守。这类策略问题有其适用的设计范围，但如果是两个人互相影响，比如现实中跟某个新朋友第一次接触，我们在形成对他的印象，他也在形成对我们的印象，并且双方都会因为已经形成的印象而调整下一句对话。这种完美贝叶斯纳什均衡，如何去影响对方的判断呢？这就涉及心理学上的策略了，这些内容放在第 2 章中去探讨。

1.2.5　平衡和制衡

1. 平衡

有些时候，设计师会想要设计"绝对平衡"的游戏对抗，比如游戏双方都有同样多的棋子，并且没有先手、后手的区别，可以同时进行操作。除了棋类，其他的游戏类型也很注重平衡，比如 RTS、ACT、RPG。

以《魔兽世界》为例，针对其 PVE（Player Vs Environment）部分，一般会希望每个职业和其中的每一系列相同作用的天赋都是能够产生一致的效用的。比如一个法师的"DPS"（每秒输出伤害）和术士的"DPS"，在装备和操作者能力相当的情况下，能打出一样的水准。但实际这是极难做到的，因为每个职业都有其需求的输出环境，所以 BOSS 的同一个技能，其效果对于不同职业也就不同了。比如 BOSS 吐几个在身边萦绕的毒云，对于近战职业，也许他们就没位置站了，但远程职业就没有太大关系。在《魔兽世界—军团再临》版本初期，"翡翠梦魇"团本中的情况，由于有着许多双目标的 BOSS 战斗，所以在很长一段时间内，这个版本的暗影牧师一直占据着 DPS 总榜的第一名。但是同样一个版本，BOSS 不一样时就不一样了，比如前几个 BOSS 也有惩戒排第一的。如果追求绝对一致的平衡，让所有职业的伤害量一样多，这会对 BOSS 设计造成多大的影响呢？那时，每当设计出一个会影响到近战职业的 BOSS 技能，就得对应地去设计一个会影响到远程职业的技能，并且还要确保它们的出现概率差不多。这会让设计出来的 BOSS 很快就产生雷同，也会让玩家觉得，其实哪个职业都差不多。这也是《魔兽世界》中曾经出现的情况，所有职业都有着差不多的技能。在 PVP 中，每个职业跟别的职业对打时，所拥有的招式和效果都差不多。也许有人会说："这才是由玩家自身的操作水平决定胜败啊。"但这样的话，还要设计那么多职业干什么？玩家又为什么要去体验不同的职业呢？因此后来玩家们集体在论坛上抱怨这种情况，也证明了这才是真正的无趣，才是会"杀死"一个游戏的东西，而不是简单的不平衡。

再进一步来看看平衡的必要性。

在《魔兽世界—军团再临》初期，装备都还没有开放时，3个布甲职业：法师、术士和牧师，无论治疗还是DPS，都相对于其他职业差很多。但直到玩家把等级练满并且拥有了一定的装备等级之后，大家才发现这一情况。然而他们是不会轻易放弃这款游戏的，绝大部分普通人受限于时间和资源，也受限于心理因素，他们会继续玩下去，并且会去练一个目前强大的职业。那么对于厂商而言，这就意味着一个新的角色，并且玩家需要重新走一遍各条成长线，也就是获得更多的营收。

然而总有些不去重练的玩家，这对于他们而言有什么作用呢？带来了情绪，参与某些活动或事情最无趣的就是全程都是平淡的，无论活动的结果和过程如何，但只要让参与者有情绪参与其中，他们的积极性就容易调动起来，对这段活动的印象也更深。处于弱势的职业虽然会抱怨，但他们的抱怨被不是这个职业的玩家看到，这些玩家又会感到庆幸，那么整个游戏中的玩家就都有了情绪。而另一点是期待，弱势的职业会期待着新的游戏版本，期待他们的职业会变强。

所以对平衡应持有的态度是：平衡不是平均，乐趣才是第一的！职业特色、角色特色才是第一的！之后才是确保每个职业的能力大致处于一个接近的区间。

以下给出创造"平衡"的数值模型的搭建过程。

以旧的回合制游戏中的角色升级系统作为例子，假设玩家每升一级，系统会给玩家的所有一级属性都加1点，这些一级属性包括：力量、体力、耐力、魔力、精神、敏捷。除了系统默认加的1点之外，还会有一定的额外点数由玩家自行分配。

为简化模型，将与物理攻击对应的魔法攻击合并为一起看待，将敏捷导致的游戏策略也忽略，讨论攻防体的平衡。

这是一个减法的伤害公式：

$$n = eHP /(ATK - eDEF)$$

假设攻击力为a_0，每加1点力量增加x点攻击力，防御力为b_0，每加1点耐力增加y点防御力，血量为c_0，每加1点体力增加z点血量，魔防为d_0，每加1点精神增加d点魔防（一会这个属性会合并掉）。

假设想要的目标是，体力的价值与耐力、精神的价值平衡。

以平均加到耐力和精神上，以及全加到体质上来计算。设定以被打的生存回合数相同作为平衡的标准。

设t为总的每级可加属性点，m为模板的攻击人物加的力量点数，加到体质上的属性点记为k，耐力i，精神j。

可列式如下：

$$i = j \qquad t \geq 0$$
$$i + j + k = t \quad 0 \leq i \leq t/2$$

合并两式可得：$k = t - 2*i$

代入计算回合数的式子：

$$\frac{c_0 + (t - 2*i + 1)*z*\text{LV}}{a_0 - b_0 + (m+1)*\text{LV}*x - (i+1)*\text{LV}*y}$$

当 LV 越来越高，或者趋向于无穷大时，基础值的影响越来越小，若直接无视 a_0，b_0，c_0，上式化为：

$$\frac{(t - 2*i + 1)*z*\text{LV}}{(m+1)*\text{LV}*x - (i+1)*\text{LV}*y}$$

$$= \frac{(t - 2*i + 1)*z}{(m+1)*x - (i+1)*y}$$

$$= \frac{z*t + z - 2*z*i}{(m+1)*x - y - y*i}$$

想要让 i 无论如何分配，上式皆可等同，则上下必须成一定的比例，即：

$$2*z = p*y \tag{1.1}$$

$$z*t + z = p*((m+1)*x - y) \tag{1.2}$$

p 是所成的比例。由式（1.1）得：$p = 2*z/y$，代入式（1.2）得：

$$z*t + z = 2*z/y*((m+1)*(x-y))$$

$$y = \frac{2*(m+1)*x}{t+3}$$

由此式可以分析得到，y 与 x 成正比，且与在力量上投入的点数 m 成正比。

也就是模板的攻击力越高，耐力转化的防御力 y 就必须越高。

那么由此式，设定一些基本参数后，即可得到符合原先目标的 x 与 y 的取值。比如以下的几种模型。

玩家有 5 点属性点可以投入，模板的 m 投入为 4 点，代入可得：

$$y = 5/4 * x$$

若设定 x 为 2，那么可得 $y=2.5$。

若设 $t=4$，$m=4$：

$$y = 10/7 * x$$

若设定的 x 为 2，那么可得 $y=2.857$。

若设 $t=1$，$m=1$：

$$y = x$$

设 x 为 2，那么可得 $y=2$。这种是每级只有 1 点属性可加的情况。

上面还有好几个变量需要自行取值，那是因为 t 和 m 就是由设计师设定的，而 x 作为 y 的基准，y 和 x 的比例才是保证两个属性价值平衡的关键。

用以下的数据进行演示，如图 1.26 所示。

n	c_0	a_0	b_0	t	m	x	y
5	50	10	0	5	3	2	2

分配方式

模板

体质	力量	精神
2	3	0

耐力

体质	力量	精神
1	0	2

体质

体质	力量	精神
5	0	0

LV	HP	ATK	DEF
1	65	18	2
2	80	26	4
3	95	34	6
4	110	42	8
5	125	50	10
6	140	58	12

HP	ATK	DEF	被模板攻击
60	12	6	5
70	14	12	5
80	16	18	5
90	18	24	5
100	20	30	5
110	22	36	5

HP	ATK	DEF	被模板攻击
80	12	2	5
110	14	4	5
140	16	6	5
170	18	8	5
200	20	10	5
230	22	12	5

图 1.26

可以看出，被打的回合是一直如预期的 n 一样的。

这里的意义在于：设定好一个模板的 $(m+1)*x$，可以用这个目标作为职业间的基准，也可以将其定为怪物的基准。当要设计一个怪物时，其伤害即可用模板来界定，或者可以通过模板来界定各种挑战玩法的难度。这个模板也是装备系统中各种属性的基础比例，是技能、宠物等系统中可供参考的平衡的标准。

再进一步讲，上式还是个体之内属性点的平衡，如果是与其他个体间的属性平衡，比如是防御能力与其他人的攻击力之间的平衡，那么怎么设计？首先设定一个标准，一个攻防平衡的标准，这个标准应该为挨打的回合数 n。意思就是假设原来两个一样等级一样加点的角色，各自升了 5 级之后，一个全部加力量，一个全部加了体力，那么他们再对打，还是能够维持和之前一样的对抗情况。假设升级前 A 击败 B 时，B 也同时击败 A，那么升级之后，也保持一样的相互同击杀对方。

以此思路为基准，基于之前的推导再进一步演算，同理可推论到如下的式子：

$$n = \frac{(t - 2*i + 1)*z}{(m+1)*x - (i+1)*y} \tag{1.3}$$

设 $t=5$、$m=4$，由上一命题的讨论，可得：

$$y = 5/4 * x$$

将 t、m、y 代入式（1.3），得：

$$n = \frac{(6 - 2 * i) * z}{5 * x - (i + 1) * 5/4 * x}$$

$$= \frac{8 * z}{5 * x}$$

即只要设定战斗持续几回合的 n 数，就可得到 x 和 z 的比值。

比如，设 $n = 5$，就可得到：$x = 8/25 * z$

由此，即可得到 x、y、z 三者间的比值。

实际上，由上面的式（1.1）得，要想成比例，它们所成的比例 p，就是 n，即：

$$n = \frac{2 * z}{y} = \frac{(t + 1) * z}{(m + 1) * x - y}$$

可得：$z = \frac{n * y}{2}$。

那么此时再设定想要的 z 或者 x、y 值，即可得到确切数值。比如 $x=2$，那么可算得 $y=2.5$、$z=6.25$。

而这 3 个值，就是满足预期的目标，无论玩家选择加体耐属性还是力量属性，最终他们互相攻击的情况与之前保持一致。用数据演示如图 1.27 所示。

由数据和图 1.28 可见，除了最初的几级受到基础值的影响比较大之外，后期他们击败对方的回合数逐渐趋于稳定，收敛于 3 和 4。看他们的回合数比例，也是变化不大，趋近于 0.74 左右。

再进一步考虑这个模型，5 力加点的角色打 3 力 2 体加点的角色，击败对方需要 2.4 回合，被击败是 1.3 回合，即高力量的投入确实带来了更快的击杀速度，但同时自己的被击杀速度也加快了。3 力 2 体去打 1 力 1 耐 1 精 2 体，分别是 6 点和 11.98，即血耐打不过模板。但如果玩家在对抗之间猜对了对方的加点方式，并且使用了克制的加点，比如 3 力 2 体打 1 力 3 耐 1 精 0 体的，分别是无穷大对 11.98，那么他们就能够取得明显的优势。

因为拿力量作为攻击力的计算，而防御力却分为了两种，所以耐力和精力要是均衡加的，效用自然比不上攻击力。但要是玩家也加到同样的物理防御力的一边，就毫无疑问地打得过模板加点了。

这种不破防的情况怎么办？交给 5 力去打。还可以把模板的力量投入点调整一下，比如从 3 变成 2，那么情况就更好了。还有各种情况，大家可以去试试。

n	c_0	a_0	b_0	t	m	x	y	z
8	50	10	3.75	5	3	2	2	8

分配方式

全力加点				血耐		
力量	体质	精神		力量	体质	精神
5	0	0		1	2	1

LV	HP	ATK	DEF	打血耐	被打	HP	ATK	DEF	回合数比例
1	58	22	5.75	5.193	7.03	74	14	7.75	0.738657
2	66	34	7.75	4.404	6.439	98	18	11.8	0.684031
3	74	46	9.75	4.033	6.041	122	22	15.8	0.667635
4	82	58	11.75	3.817	5.754	146	26	19.8	0.663319
5	90	70	13.75	3.676	5.538	170	30	23.8	0.663664
6	98	82	15.75	3.576	5.37	194	34	27.8	0.665946
7	106	94	17.75	3.502	5.235	218	38	31.8	0.669016
8	114	106	19.75	3.445	5.124	242	42	35.8	0.672348
9	122	118	21.75	3.399	5.031	266	46	39.8	0.675693
10	130	130	23.75	3.362	4.952	290	50	43.8	0.67893
11	138	142	25.75	3.332	4.885	314	54	47.8	0.682005
12	146	154	27.75	3.306	4.826	338	58	51.8	0.684898
13	154	166	29.75	3.283	4.775	362	62	55.8	0.687605
14	162	178	31.75	3.264	4.73	386	66	59.8	0.690131
15	170	190	33.75	3.248	4.69	410	70	63.8	0.692487
16	178	202	35.75	3.233	4.654	434	74	67.8	0.694683
17	186	214	37.75	3.22	4.621	458	78	71.8	0.696733
18	194	226	39.75	3.208	4.592	482	82	75.8	0.698647
19	202	238	41.75	3.197	4.565	506	86	79.8	0.700436
20	210	250	43.75	3.188	4.541	530	90	83.8	0.702112
25	250	310	53.75	3.152	4.444	650	110	104	0.709091
30	290	370	63.75	3.127	4.377	770	130	124	0.714336
35	330	430	73.75	3.109	4.328	890	150	144	0.718407
40	370	490	83.75	3.096	4.29	1010	170	164	0.721653
45	410	550	93.75	3.085	4.26	1130	190	184	0.724299
50	450	610	103.8	3.077	4.235	1250	210	204	0.726496
55	490	670	113.8	3.07	4.215	1370	230	224	0.728348
60	530	730	123.8	3.064	4.198	1490	250	244	0.729932
70	610	850	143.8	3.055	4.171	1730	290	284	0.732494
80	690	970	163.8	3.048	4.15	1970	330	324	0.734477
90	770	1090	183.8	3.043	4.134	2210	370	364	0.736057
100	850	1210	203.8	3.039	4.121	2450	410	404	0.737346
120	1010	1450	243.8	3.032	4.102	2930	490	484	0.739321
140	1170	1690	283.8	3.028	4.087	3410	570	564	0.740763
160	1330	1930	323.8	3.024	4.077	3890	650	644	0.741862
180	1490	2170	363.8	3.022	4.068	4370	730	724	0.742727
200	1650	2410	403.8	3.019	4.062	4850	810	804	0.743426

图 1.27

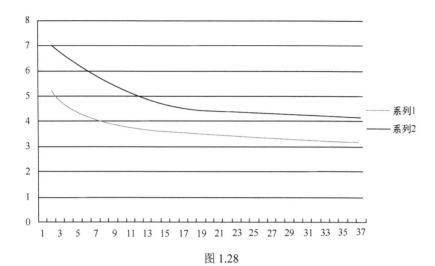

图 1.28

总而言之，各种符合人们正常认知的情况，这个模型基本都能满足。之前提到过让不同的角色加点最后达到互相克制的平衡，这个模型就是它的一个子集了。

除此之外，通过设计模板以及以上的平衡比例，还达到了以下这些意义。

- 即使面对一个全防加点的角色，不会出现某个职业完全没有方法能至少破他的防御。可以通过调整基础系数，让各种极端加点不会出现无解的情况。
- 对于极端加点的角色，其增强的优势确实有，但其劣势也会非常突出。那么如何取舍将由玩家、团队决定，而不是因为数值的不平衡导致将全部点数投入到某一项中就肯定会是最优的。
- 相同职业内，属性配点的不同导致玩法的明显区别。

一开始做游戏时，行业中还没有职业模板这个概念，后来有了模板，但平衡还是一个调出来、试出来的情况，这里提供的这种模型，让平衡也可以更多地靠"算"出来。

同理，还有乘除法公式的平衡模型。按照上面提到的衡量标准，相信读者也能建立自己的模型，这里就不赘述了。

2．制衡

对于许多成长性特别强的游戏而言，埋了很长的成长线在其中，从而达到收费的目的。这些游戏中经常会出现一个大 R 玩家的实力远远超过其他玩家的情况，比如某游戏中发生过这样的事情，一个玩家去攻城，他站在那里，上千个玩家围着他打了一两个小时，最后他只是减少了 1/10 的血量。

就算不举这个极端的例子，也经常在各种游戏中见到一个大 R 玩家独力对抗十几甚至二十个人的情况，或者一个服务器中排行榜的前几名长期不变的情况，或者一个服务器的资源全部被一个大工会占据的情况。

对于这些相差太大的情况，应该考虑的就不仅是普通玩家们无法达到的"平衡"，而是"制衡"。必须设计一些规则，去让这些第一名有可能被打败。

这既是玩法上的，也是与实际体验息息相关的。让非 R 们有机会翻身，让他们显得重要，而且对于付钱的大 R，他们也需要敌手才会感到有趣，而且也需要更大的格局，来让他们付费更多。

可以按照以下两点展开，思考各种可能的设计方式。

首要点是实力比、个人间的对比、团体间的对比，只有在它们不是天差地别到不可能的情况下，才有可能设计一些有效的制衡。

第一就是胜负的条件、提供制衡的方式、双方之外的其他影响因素。

个人间的实力比与成长线的长度有关，也与游戏分了多少"R 挡"有关。大 R 们想要的是绝对的碾压，而这绝对的碾压也是相对性的。如果这是一个只能够单 P 的游戏，那么他只要比与他对战的中 R 强 20%，就可以碾压。

如果是可以多人对战的游戏，看战斗的规模，只要让他同时面对 2 个中 R 时能够确定性地取得胜利，这也是碾压。如果战斗规模过大，一个角色可能面临更多人的同时攻击，那么为了给大 R 这种碾压感，他的实力阈值也就要跟着水涨船高。所以考虑好能够给到他碾压感的程度，让他觉得付的钱值，达到所需的实力提升，就够了。

同时设置各种概率性或者专门克制型的阵容，或者其他的策略方式，让实力不如对方的局势下，也有赢的可能性。比如每次反弹"蓝眼白龙"（来自《游戏王》的一张经典卡牌）的攻击，都能让人感觉特别爽快。这些都是让一个玩家的超前和强大拥有限度，不会出现完全无脑式的碾压。

第二是把个人放入团体中，让个人的作用变得有限，集团和组合的作用才是主要的。可以设计需要多人共同完成的目标，设计同时出现的多个目标，设计多人组成的阵法、战术。反过来还可以对个人设限，比如每个玩家每天只能捐献金钱的额度，这时一个工会，以及工会中的个人要想更强大，要想有更高的科技等级，就需要招收更多的玩家进入工会。

还有一个思路是：一个玩家的强大需要其他玩家的支持。从战斗内到战斗外的支持都可以进行设计，比如玩家的军队经过盟友的国土范围时，可以增加 30%

的行军速度，或者增加 30%的伤害力。比如在一个 RPG 中，队友可以给玩家加
BUFF，战斗力提高 20%，装备的制作需要其他玩家的帮助，捕捉宠物需要其他职
业的玩家，因为他们的职业更擅长，而其他的职业则非常困难，比如《魔力宝贝》
中的驯兽师。

这实际也相当于加长了玩家的成长线，并且其中的一部分内容是无法被他们
自己掌控的。设计师经常期望玩家能够社交，甚至期望大 R 能带着非 R 消费，这
是可以好好设计的内容。

当一个玩家或者团队绝对强大时，可以怎么做？

首先限制他们的获得物，让后来的人有机会赶上来！比如某些活动中的第一、
二名的奖励实际差不多，前 X 名都可以得到同样的奖励，或者前 X 名得到的并不
是实质性有利于提升实力的奖励，而是荣誉、头衔之类的东西。或者是设计同时
存在多个奖励目标，比如有多个矿区，但一个工会只能占领一个，这也是一种方
法，确保资源不会被一个人或集团独占。

其次是"强大"的时效性，比如玩家获得的 3 级商品的科技图是有时限性的，
如果几天内不使用，过后就消失了。而每天/每几天都会有概率刷出新的高级科技
图，能够给抢到的人带来明显的提升。同时时限性也可以放给需要各种条件才能
获得的持续几天的长时 BUFF。

最后是胜负条件，让绝对实力只是其中的一环。比如战斗的目标是抢旗，那
么击杀了再多敌人都不是关键的；或者出现玩家之外的影响物，比如战场中的道
标，祝福塔等，这实际也算是策略性的一部分，借此达到削减绝对实力的效用。

制衡是一个设计师有所忽略，但是相当重要的问题，当游戏成长起来之后，
面对着那么多服务器的游戏氛围老化，面对着大 R 们付费之后就无人能敌并且无
事可做，面对着工会等玩家团体的势力固化等问题。制衡就是一个除了出新内容、
新版本之外，一开始就可以好好设计的部分。

1.2.6　示例玩法

谈及玩法，这是一个相当大的话题，有如此多的游戏分类，如此多的平台和
设备。但玩法并不是无穷无尽的，除了用分游戏类型的方式去区分它们外，还可
以依靠一些更基础、更本质的设计点来区分、设计它们。但在开始设计前，要先
弄清楚自己设计的是怎样的策略点，之后再去设计对应的内容。

以下从小型的游戏开始做设计示例，讲述思路和原则，并逐步讲解到更大型

的游戏，讨论如何从增加游戏策略点的角度去新增游戏系统，进而表现为改变了游戏类型。

1.《球球大作战》

《球球大作战》最近很火，玩家人数越来越多，甚至还举行了大型的赛事。它的界面如图 1.29 所示。

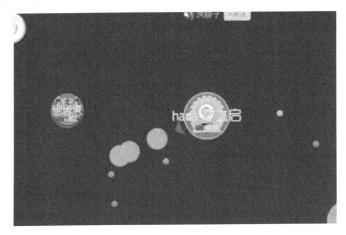

图 1.29

玩家控制一个球体，吃一些小型的饲料，吃得越多，体积会变得越大。增大之后，可以吃所有比自己体积小的饲料和其他玩家。玩家可以上、下、左、右移动，回转时有一定的角度、速度限制。除了普通的移动外，体积越大，视野会变得越大。玩家可以通过投射一部分自身体积来加速，也可以投射一半出去，产生瞬间出击的效果。之后玩家就同时控制两部分。

概述如下。

- 2D 界面的自由移动，有边界。
- 有速度和视野的变化。
- 战斗快速，胜败规则简单。
- 通过设定有副作用的进攻手段，从而提供策略性。

2. 增加即时战斗的策略性

下面做个增强版，把它变成一个 RPG 角色之间的互相战斗。设定如果攻击的是怪物，那么是一击秒杀，如果是玩家对打，会每 2 秒计算一次伤害，因此战斗会持续一小段时间。每次对对方造成的伤害是自身战力总值的 30%，战力总值同时也是 HP，消耗完即被击杀。击杀之后，击杀方会立刻增加对方战力总值作为自己的新上限，同时恢复一定的战力，比如自己原来的战力上限。

提供奔跑技能，按照百分比消耗战力，在现有战力不满的情况下，会每秒恢复 5%。提供跳斩技能，消耗当前 50% 的战力，快速跳进一段距离。

通过上述设计，可以在实际的游戏中出现这样的情况，对打中的两个玩家实力有差距，但不太大时，由于可以在互相攻击过一次之后，看出来个大概，那么就会有一个玩家明白自己打不过，然后开始逃跑，于是玩家之间就会开始紧张的追逐。同时也会因为对打是持续一小段时间的战斗，所以其他玩家可以加入进来。这是增加了战斗过程所需的时间，从而带来的战斗策略变化，同时也带来了团战、混战等新乐趣，如图 1.30 所示。

图 1.30

概述如下。

- 移动方式和边界的设计不变。
- 速度和视野的变化，这提供了节奏的变化，让游戏不会一成不变。在《球球大作战》中，随着球体变大，视野变大，移动变慢，很自然就讲得通。换成人物这个概念难以很直接地传达给玩家，但如果使用卡通化的建模，让玩家心态上不太较真，那么玩家也还是能接受的。

- 战斗快速，胜败规则简单，保持不变。
- 通过设定有副作用的 BUFF，而提供一定的策略操作，保持不变。提供新的操作：奔跑、跳斩。

新增的策略点如下。

角色的大小和显示出来的危险性只能看到一个大致的范畴，而不是直接标识，那么玩家看到对面过来一个跟他战力程度一样的玩家，就要猜对方的总战力如何，当前战力会是如何，能不能打得过。

由于战斗不是立刻结束的，也就能让玩家们使用逃跑、群殴、引诱伏击等手段。

在此需要更详细地去设计其中的细节，比如跳斩的效用多高，需不需要在落地后提供一小段时间的加速效果，或者稍微扩大落地的震击范围。但设想一下实际打起来的情况，玩家在游戏的过程中和另一个玩家对打，过了两招之后，发现不是其对手，转身加速逃跑了，于是占优势的玩家就一边追，一边喊出了游戏的名称《小子你别跑》。想想也是很有趣，并且也包含了很多的情绪和社交在其中。

3. 增加角色特性

再进一步讲述增加多样性。

在采集了足够的资源后，玩家的飞船会从最基础的船型逐渐升级，并且逐渐拥有更多的船只。比如采集的资源达到 10 点时，就会从 I 型升级为 II 型，再采集20 就会升级为III型，但中间达到 20 点时，就会多一只 II 型出来，这样玩家将逐步拥有一支星际舰队。

变化点在于，每一次玩家"出生"，都会随机赋予一个角色，这个角色在每一次升级的过程中，都有可能产生一些特殊的船型，比如自爆船、强力采集船、远射导弹船等，数量不一定多，但是作用会很明显。

概述如下。

- 基本保持了《小子你别跑》中的各种特性。
- 视野和速度需要考虑合适的表现方式。
- 新增的策略点在于角色特性的不同，让每个角色的成长和战斗方式都有不同，从而依赖这种多样性产生乐趣。

4. 增加战场因素

在战场中增加各种可占领的祝福塔、BUFF 道具，增加一些短时任务。
比如占领之后获得 20%采集速度加成的矿石熔炼中心，或者突然出现的黑洞、太阳风、超新星爆炸，或者更特殊的，许多即时对抗游戏中都没有出现的短时任务。

短时任务这样的设计很少出现，是因为它们会拖慢整个游戏的节奏，但如果是战斗频率较低和整场战斗时长达到 20 分钟以上的游戏，是可以考虑设计一些简短的小任务给玩家们去完成的。比如一些简单的赏金任务或者收集任务，在本示例游戏中，因为游戏本身就要提供玩家把整个舰队搭建起来的时间，所以在这里是可取的。

短时任务方便设计师提供一些更特殊的奖励物品，丰富了游戏的内容，而且由于其是需要一定时间去完成的，也就导致了玩家需要去思考其奖励和付出是否更有利于当时的发展。

5. 增加制衡规则

在上面的几个设计中，实际已经包括了一些制衡的设计，就是一个强大的角色不会绝对无敌，如果多个玩家轮流攻击他，还是能够击败他的。

如果再进一步讲，考虑游戏中有多个玩家的情况，如果人数较多，由系统进行自动分组是惯用的手段，但如果不由系统来调配，而是让玩家自行组队合作或者对抗，那么情况会更有趣。比如两个玩家一直携手合作，击杀其他玩家，但到了最后关头，由于第一名只有一个，他们就将面对曾经的伙伴变成敌人的情况。还有设计一些抢夺点时，让抢夺点不是只容纳一个占领者，那么对于单个玩家，他以前要考虑的是如何杀死所有人，而现在则要考虑能和谁结盟占领这个地方，考虑应该击退谁，留下谁。

我们虽然不直接分组，但是游戏规则却不时地促进着分组、分拆，这足以让玩家又爱又恨。

增加的突发因素，概率自然是一个，暴击这样的设计总是频繁地被使用。出现黑洞，会吸走其范围内的所有船体，那么如何避免自己的舰队被吸进去也是一个策略点。

从角色自身出发，可以增加一些变化因素，比如设计一些自杀型的技能，拖着自己所有的船只去和第一名拼了。或者是出现"收割者"，无差别地打击其范围内的所有舰队，跑得慢的大型船只自然容易遭殃。

如果在资源的刷出点上也做一些手脚，比如离第一名越远的地方，刷出大资源点的概率会稍微提高，这也是一个方式。

但是到这里，这些新的制衡手段已经不是很必要了，如果再加上去，这个游

戏的节奏就难以保持轻松、快速了。但通过上述的示例，大家也可以看出笔者想讲的核心点：设定任何的规则时，先去考虑这样产生了什么策略点、什么乐趣。或者正确来讲，应该是先想好要创造什么样的乐趣点，什么样的策略点，再去考虑怎样的规则。

展现的形式和内容是多种多样的，不要迷失自我，从这些根本的策略点上出发去考虑。

本 章 小 结

本章将所有的游戏玩法分为了两类：热刺激和冷策略，分别对应人的生理能力和思维能力。

在每一段谈及的内容中，既是对它们自己有效的设计要点，也是对另一类有效的。比如难度的设计，对于策略类玩法自然也是适用的。

在讲述每一类游戏挑战时，本章从各个角度进行了阐述，有些内容的讲解并没有很直接的层级关系，但都是聚焦于一个核心——如何设计生理性的挑战和思维性的挑战。

"心流"是一个核心的内容，但心流只是挑战设计中的一部分，而挑战只是乐趣中的一部分，乐趣则只是短时体验中的一部分，短时体验也只是长时体验的一部分，以及如何将这些体验转化为每个参与者对这份体验产生好感的更大的设计中的一部分。

在前面的叙述中也大致点出了这样的意思，就是玩法是有限的，有穷尽的，并且局限于人类的极限、现实世界的客观情况，所以能设计出来的花样是有限的。但体验是无限的，如何去包装，设计怎样的难度变化和展现主题，是因时代而变、因人而异的。

公平、平衡并不是玩法最重要的部分，应该站在使玩家产生良好的体验和情绪的角度，去设计所有的玩法和乐趣。

第 2 章

情绪设计

　　一款游戏的核心体验要么放在玩法乐趣上，要么放在玩家的各种情绪上。

　　人类的行为基本源于两个方面的需求：一个是自身内在的需求；另一个是与社会的互动而产生的需求。而这些需求的满足与否，就化为了人们的情绪。情绪让人心生烦恼，但也带来很多益处，对于生理上来讲如此，对于社会活动来讲也如此。情绪带来的生理唤醒帮助人类更好地处理各种紧急的情况，而人们在社交中的情绪表达也可以让其他人能够更好地理解他们的态度和想法。但情绪还有更进一步的作用，它还会扭曲人们的记忆和他们对各种事物的评价，因为在对这个客观世界进行观察和互动时，情绪一直在最基础的层次对人们产生着影响。对于大部分的普通人而言，情绪的影响是无法摆脱的。

　　情绪是一件利器，它由体验而生，却会反过来促使人们自发地去做一些事情，这是人类的本能，比如愤怒时的复仇行为，恐惧时的退避。玩家忘情地投入时，不是因为游戏多么好玩，而是被激起了情绪。实际上，棋牌游戏会去设计一个 K 值，通过衡量玩家的胜率，连胜场次和现有资产，来决定下一把如何应对他，比如一次性把玩家的全部筹码清空，让他们愤怒而且不甘心，从而刺激他们进行充值。

　　也可以用其他的情绪去促使玩家做别的事情，比如激起他们的友爱或者感召他们，让他们愿意为了一个 NPC 的心愿，带着他跋山涉水去完成困难的任务。还可以通过一些心理效应，让玩家不知不觉地偏离他们原有理性的判断。

　　这就是本章所要讨论的，各种人类一时性的情绪，以及持续时间更长的情感。这其中包含两部分的内容：第一部分是如何创造人的七情六欲这类短时情绪；第二部分是讨论各种容易影响人的心理学效应。

　　各种短时的情绪可以很好地用于丰富游戏的体验，比如在设计玩法后，在决定要给怎样的体验时，选择一种情绪并加进去。比如设计一个大型玩家间对抗的游戏内容，在大局设计上已经达到公平，数值也是平衡时，再在这个基础上加入特定的情绪给其中的一些玩家。比如加入恐惧给其中一个玩家，可以这么做：让

他一开始时处于不利的条件，如让他控制的游戏角色变成跛足、行动不便。如果他在入场时是已经投入比较大的成本才进入的，比如有入场费，那么此时的他就会更紧张，会很害怕失败，甚至有些愤怒（这点愤怒的情绪可以通过设计和传达规则来减免）。这就是在大局平衡的基础上，对一方中的某些玩家角色的能力进行上下微调，并辅之以压力，从而让玩家个人变得更紧张、兴奋。不同的调整方式可以导致玩家变得恐惧、逃避，也可以让他觉得还有兴奋和激进。只要加上一个公平的得分评判标准和奖励规则，比如劣势的角色获得的分数会有额外的加成，那么这段游戏就能够既让他们感到公平、有趣，又带给他们更丰富的情绪。

站在这个层次去考虑就会发现，在之前讨论的乐趣和平衡的基础上，还有很多新的东西可以去做。而这些设计能让我们带给玩家更加丰富多彩的游戏体验，以及更深刻的情绪。

以笔者个人的观点，设计有三个层次，分别是设计产品、设计体验和设计情绪。设计产品是最基础的层次，着重于功能性和便捷性，设计体验开始考虑如何让使用过程更流畅、舒服，界面美观，信息传达更有效等，考虑让一整段体验过程更好。但一段好的体验未必就是真的"好"，比如观看同样一段刺激的格斗视频，不同的人却有不一样的心理反应，有的人会跟着兴奋、激动，有的人会觉得恐怖，有的人则会很冷漠地看着这一切。这些兴奋、恐怖、冷漠才是最后人们对这段视频的判断结果，也是当时和以后人们回忆时，对这段体验评判的基础。一段体验，无论内容做得如何，如果最后都让参与者产生了想要的情绪，那它就是成功的。所以应该站到情绪这一层次去思考所做的各种设计，"完美的设计近乎于控制"，控制的就是情绪。

以下从人类的情欲开始，讨论如何用互动式的方法去促使玩家产生各种情绪。

2.1　七情六欲

七情六欲其中每项的意指都有所不同，但有一些笔者觉得实际区别并不大，所以将它们合并成为：喜、怒、悲哀、恐惧、感召。

以下逐个讲解如何创造这些情绪，以及通过这些情绪促使玩家去做某些事情，更投入于游戏。

2.1.1　喜

喜在于获得，无论是来自于自己的获得，还是他人的赠予和帮助。

它们可能是以下这些因素。

1．直接获得

好的美术和音乐除了让人愉悦，也会直接让人们想要去追求。

图 2.1

同时还有各种游戏中的奖励，提升玩家角色能力的东西，新的关卡，此外虚拟的获得物也会让玩家感到喜悦。当他们看到自己的角色在虚拟世界中获得了更多的东西，得到了新的能力时，因为移情到了角色身上，所以这些对角色的进步有帮助的东西，都会让玩家感到愉悦。

另外是意外获得，比如连续的意外胜利，人们也会为一时的好运气而兴奋。此时的喜悦不一定是更多的收获，而是情绪层面上为好运气而喜悦。

获得奖励跟角色的成长有直接的关系，所以这份喜悦也跟角色养成获得的成就感有挂钩。而奖励给多少，如何给就看怎样去设计游戏角色的成长线了。这份获得感、成长线的设计，将在第 4 章详述。

2．别人的关爱

第一种情况是别人赠送的礼物，这更像是一种锦上添花，类似于在生活中，获得额外的有益之物。这不是人们必需的、急需的东西，但确实是一份获得，至少也是一份心意。

在现实中要赠送他人礼物，最难办的一点是找到真的对他人有用或他们喜欢

的东西。在游戏中也一样，大部分的掉落物并不是玩家急切需要的东西，玩家真正想要的装备或者宝石，本来掉落率就低，也就不容易有多余的数量。还可能因为职业的区别，玩家未必能获得其他职业需要的装备，这时就难以促使玩家间产生"馈赠"行为。

可以有这样的修改方式：一是做一些跨职业的装备；二是做一些通用的东西，比如这些魔法宝珠玩家自己可以用于升级某个技能，送给其他玩家的话，他们也可以使用。除此之外，则是设计一些通用的兑换物，比如金币。赠送这些物品会类似于财富的赠送，但同样还是得先有需求，才会有赠送的价值。

第二种情况是获得他人的帮助，这与上一种情况很接近，但受助者自身所处的情况就不一样了。在这种情况下，受助者自身所处的情况很危险，如果得到别人的帮助，可以很好地改变他们目前的处境，那么此时的他们就会对别人的这次帮助非常感激。要创造这种情况，必须先创造出危险，接下来人们才会需要得到帮助。这些危急情况下的帮助行为可以是丧尸们冲上来时的一颗手榴弹、公司赤字时的一笔钱、饥饿值要掉光时的一块肉、就要被敌人追到时队友的一个加速BUFF。但还是应该先考虑在游戏中，会出现什么样的情况，再思考可以设计怎样一些除了作用于自己，还可以作用于队友的技能、道具。

第三种情况是设计一些玩家们相互合作的情况，使两个人可以接力抛投，从而让橄榄球到达更远的地方，比如两个人才能控制好一辆战车，或者另一个玩家从 BOSS 背后把它打倒，其他玩家才能从前方对它造成伤害。合作不一定能让人产生受到帮助的喜悦，但能让氛围变得更良好，并且有一个互帮互助的战友也是一件令人喜悦的事情。

3. 社群的友好

得到社群、团体的接纳和尊重，也能让人们心生感激和喜悦。

接纳的第一步是允许玩家使用团体的公共资源，比如沙漠村庄的围墙，如果这个村子里的人白天不跟玩家说话，晚上还把他赶到围墙外，这就是一种明显的不接纳。但经过玩家不断的努力，做出各种行为去改善与村民的关系，村庄里的长老终于接纳了他，允许他住进来，并友好地对待他。看着这种关系逐渐改善，对方团体或某个个人从对自己非常冷淡，逐渐变得友好起来，并且对方也开始关心自己，这种体验的吸引力是非常强大的！如果对方还是一个让玩家喜欢的角色的话，那么会更强烈地吸引人。

但现在的游戏就很少去设计完全不接纳、不尊重的情景，所以当玩家努力提高与某个团体的关系后，他们得到的尊重也没有那么强烈的感觉。从-100 到 100

给人的感觉，会远远超过 100 到 300 给人的感觉。

一些游戏都会去设计一些声望等级，但经常把它们作为一条成长线去设计而少了情感方面的内容。比如声望从 1 级到 10 级，变化的只是该势力卖给玩家的东西越来越多，之外就没有其他变化了。如果再进一步设计，做出一些实际的影响，比如声望够高时，玩家每次出战都可以邀请一队卫兵与他们同行、战斗，或者是村民们见到玩家时不同的反应，都可以更好地增强他们感受到的尊重。

4．奉献的牺牲

牺牲自己的利益去为别人做一些事情在游戏中是很少出现的。大部分设计师做游戏都是站在获得和成长的角度去考虑，除去赠送，玩家唯一能做的就是牺牲时间和精力去陪伴或者教导另一个玩家。

现实中的牺牲，除了牺牲自己的利益去帮助别人获得外，还有牺牲自己去使别人免于损失的。在游戏中，大部分时候玩家能够做的牺牲并不会导致真正的损失，战斗结束后玩家还有奖励，比如捐出去了 10 000 个金币，最终获得了 NPC 好感度+100。一些真正的牺牲，比如下副本的过程中，全队"死亡"就不能再复活，需要完全重新攻略这个副本。在这个时候，给玩家们一个机会，允许某个人牺牲自己的所有奖励品，并且会被禁锢到虚空之中一段时间，但借此可以拯救所有的伙伴，这是一种真正的牺牲！伟大的精神！虽然很可能没有多少玩家会这么去做，但也有可能在一些队伍中，就有某个队友愿意无私"牺牲"，使得其他队友能够最终获得成功。这种个人无私的奉献是非常鼓舞他人的，并且很可能让这个小队从此结成更深厚的情谊。也可以再进一步完善和优化这种"牺牲"，比如允许他的队友们在战斗结束后闯入虚空救他回来，那么为他人奉献和伙伴之间互帮互助的情谊就通过设计师的规则，引导玩家们做了出来。

试着再设计一些允许玩家牺牲自己利益的规则，不期待玩家们都会这么做，但每一次有人这么做，都是在给这个游戏增加正能量。

5．积极的努力

看着事情通过自己或他人的努力，然后朝着自身想要的方向一点一点前进时，这种成就感、这种努力付出也会让人感到开心。如果事情是由自己亲手完成的，会有一种更强的成就感。这些由时间酝酿出来的美好更让人回味弥久，但同时也意味着需要一段时间的努力，因为随意可得的东西人们就不那么在意了。换而言之，就是设立玩家在游戏中的目标及难度。一个目标如果只是谈谈而已，玩家是不会有什么感觉的，现在的很多游戏就是这样，随意设计个任务，然后交给玩家，玩家确实需要去完成，但这些任务全都显得和他没有什么关系，他也就只是漠然地去完成而已。要清晰地展现目标能够达成的结果或不能够达成的结果给玩家，并且确实影响到玩家，这才能让玩家真正在心里认可这个目标。

这个内容还可以讲很多，在后续的章节中有更详尽的讨论，这里就不展开了。

6. 美好的未来

有时看到一件美好的事情终于实现或预期它即将实现，在期待的过程中人们也会感到快乐。比如孩子在听到爸爸明天要带他出去玩时就开始兴奋了，所以设计师要做的也是给出承诺，或者让玩家自己产生美好的预期，那么在预期时间到来的这段时间，他们都会保持兴奋和期待。

如何做呢？三日、七日签到的大奖励是一个惯用手法，此外建筑的完成时间、科技的升级时间、每周的刷新时间等，都是类似的时间性的设计；还有要求玩家收集 1000 个幸运兔脚，玩家即将积累到 1000 个的那段时间，各种奖励获得、能力提升、新游戏内容等都可以作为一个奖励目标去设计。

原本七情六欲中的"思"，实际也是对于美好事物的憧憬。人们想要，但是达不到，那便是思。如果提供一条达到的途径，这便变成了一个可实现的目标，当玩家开始走在这条实现目标的道路上，他就会开始期待，并且时不时因为幻想着实现那一刻的情形，便心中欢喜。

2.1.2 怒

人们何时会愤怒？会因为什么而愤怒？

人们发怒的原因无非有以下几种：由于各种他人对我们的错误评估、目标未能达成、意外的失去等。以下逐个讲解会导致人愤怒的原因和设计方法。

1. 被针对

比如某个人针对性地阻挠玩家的各种行动，只要他的行为对玩家产生了一定的负面影响，那就可能导致玩家愤怒。

《征途》就是将整个游戏都建立在仇恨与炫耀之上，并且是针对于个人或团体的仇恨。这款游戏就把这个情绪设计得很成功，在当时也很有效地促进了玩家们积极投身于游戏，积极付费。

再比如《魔兽世界》中一个空前绝后的实例，有一名部落法师，名为"三季稻"。他卓越的事迹在于持续不断、坚持不懈地在游戏中的荆棘谷、暮色森林等区域内击杀敌对阵营的小号，他不是偶尔兴起才去击杀，而是经年累月，持续数年如一日地这么做。刚开始联盟玩家都骂他,后来就变成一种定律了,只要练小号在 15～40 级,如果没有被三季稻"杀过"那就像中了 500 万大奖。但他不仅杀小号,因为也有很多小号会喊大号来帮忙,可是单个大号也经常会被他反杀,他的对战技术和侦察技术也是相当出众的。以至于到后来,只要联盟在荆棘谷或其他地方发现了三季稻,就会立刻在组队和世界频道发言:在某处发现三季稻。然后立刻会有大批的联盟放弃他们手头的事情组团去追杀三季稻,但他也经常让追杀的团队无功而返。而当真的被发现并被很多联盟包围时,整个部落也会开始自动开始组织反击,他们也会自发组成很多个团队,开始与联盟在野外地图对抗。联盟对于这名玩家的仇恨是如此广泛而且强烈,部落的玩家也是相当追崇他,这些组团的对抗获得的游戏奖励几乎为零,但他们都愿意为此放弃真正的游戏内容——各种大型团队副本。以至于后来,无论联盟或者部落的玩家,都会尊称他一声:穆罕穆德·阿拉法特·三哥。在《如果·宅》中描述了这样的情况:

"是这样的……每一次有一个叫三季稻的法师上线后,鬼雾峰的服务器就会在一小时之内 DOWN 掉。"技术人员坦言道。

"原因呢?"总部那边刨根问底。

"每次他上线后,就会有数以万计的人企图登录。"

做到如此程度的玩家,笔者至今在玩过、了解过的所有游戏中,唯独就只有这一位了。这个事例有很多可供分析的地方,而在这里只想借此说明一点,仇恨可以多么强烈地影响一个人的行为。

创造针对到个人的仇恨对于促使玩家更积极地行动是非常有效的,然而在大部分的游戏中,要刚好有这那么一个"三季稻"会经常出现并"击杀"玩家是不太可能的。但如果要刻意去创造这样的情况,那么要从碰得到,以及击杀这两个方面去思考。

比如《列王的纷争》这样的游戏,玩家自身就位于大地图上的某个位置,那么他旁边就存在着几个玩家,而且基本是长期固定的。这种有大地图并且不怎么会挪动的情况,玩家们长期在一起,而且为了争夺资源,也就有了出手的原因。

另一种情况是玩家们处于相近的排名段,那么设计一些竞争玩法时,就能让他们互相碰上,比如战场、竞技场。不过正常情况下,碰到第一次后,如果全靠随机,便很难再碰到第二次。这与玩家能参与多少次,该等级段上有多少人有关,但是一般而言概率都是很低的。可以进一步设计一个记录性的系统,去减少匹配的玩家群体,从而提高碰到之前玩家的概率。也可以直接在随机方式上做手脚,提高以前对手出现的概率。还有更高级的做法,就是设计一个 AI 机器人,然后让

这个机器人作为玩家长期的竞争对手。最后一种情况是，针对一些大 R 时，有些公司会刻意让一个员工去"陪"他玩，成为第二强、第三强去刺激他消费，这种情况略不同于仇恨，但也是一种运用手段。

如果要设计玩家自发地出手攻击，那么给予足够丰富的奖励是最直接的方式，反过来设计为：如果不进行攻击的话，这名玩家自己会遭受损失也同样非常有效。还可以采用其他的方式，比如给攻击行为一个大义的正当名分，就可以非常明显地削弱玩家的负罪感，并且他们会觉得自己在成就一些东西，而对方在阻挠自己，自己是正义的，对方是错误的。这让玩家在与其他玩家对战时，会更容易下得了手。即使提供给玩家的个人奖励不多，但是告诉他们，这么做有利于他们的国家，他们也会下得去手。

还可以将玩家之间的竞技从你死我活的胜败，变为特别的条件，比如一个玩家变成狼，而另一个玩家变成兔子，这也会削弱玩家将其与现实联系的强度，也就意味着受到更少的道德束缚。

2．不公平的对待

"不患寡，患不均"。

因为不公平而导致愤怒不仅对人类有效，在不少动物中也发现了这样的情况。比如科学家们给两只恒河猴食物，一开始两只都一样，然后在某一次实验中刻意给其中一只猴子一个苹果，而另一只猴子只给了几颗葡萄干。两只猴子都能够看到自己及对方得到的食物，然后第二只猴子就愤怒了，不但吱吱乱叫，而且扔掉了葡萄干。

给某些人更高的薪酬和特殊待遇，只有在他们做出了更多付出或有更多的价值时，其他人才愿意接受。同工不同酬会带来人们对分配者的愤怒，由于一般情况下分配都是由系统完成的，这会促使玩家对游戏产生不满。当然，至今为止的大部分游戏也没有刻意设计这样的分配系统，一般都是保证每个玩家的平等，这也是游戏对比于现实吸引人的一个地方，游戏中有着更多的公平，更多的同等竞争。

但如何衡量特殊付出之后给予额外优待，这就没有基准了。普通人只要知道另一个玩家确实比他付出更多，所以得到更多，那么这个玩家是能接受这种情况的。比如付出了 1 元，得到了 10 天游戏时间的产出。这在游戏性和时间价值上来讲是不平衡、不合理的，但没付费的玩家也无话可说，因为付费玩家确实比他们多付出了 1 元的真金白银，并且系统也没有阻止他们这么做。

那么额外的特权这种方式呢？如果特权不仅影响玩家自身，还能让玩家影响其他人，比如允许击杀其他玩家却不会变为"红名"（"红名"玩家会被城镇守卫主动攻击,也可以被其他玩家击杀)、允许从其他玩家的战利品中免费分成、允许剥夺其他玩家出战的权利等。玩家每次出去战斗,获得的战利品,前面 20 个属于自己,但之后的 20 个战利品则可能会被族长挑走其中的任意几个。这种被无偿掠夺对玩家所获奖励的影响是很大的,也就造成了族长特别强的特权,以及被取走战利品的玩家心中对族长的怨恨,同时也就造成了人人都想当族长而不想当族员的想法。于是整个氏族就因为长期笼罩于这种氛围之下,影响了所有人互帮互助等良性情绪的产生,玩家们会变得更加势利、斤斤计较。如果氏族无法脱离,无法自己创建,比如一出生就固定的国家,那么玩家就会为了不受影响,不得不努力往上爬。这样的方式确实也会有效地促使玩家更投入地进行游戏,但总归用恐惧和愤怒统治的世界是难有善终的,若无特别目的,不建议往这方面设计。

如果进一步增加规则:族长获得之后,不是全归他所有,而是如何再依据每个族人的付出而分配出去,那么整个系统带来的情绪就变得良性了。如果真的要做不公平的事情,也尽量让它们能产生一些资源优化,能效提高之类的作用,可以让这些规则更容易被人接受。

不公平还可以放在对抗中,比如对方使用规则之外的卑鄙手段来对付玩家,也可以让玩家感到愤怒,这里就不详述了。

3. 被陷害

某些自己没有做的事情被其他人栽赃嫁祸。

如何产生呢?这必须有一个第三者,而且是由第三者去影响第一者对被栽赃者的判断。接着是一件不好的事情,再接着才是如何嫁祸。在此之后,如果是被栽赃者,那么他们就会想要去澄清,就需要有澄清的手段,以及澄清的后果。如果是栽赃者,那么他们需要一个目的,以及不让第三者知道的嫁祸方法。现实中这些内容都能够很快设计出来,但在游戏中就很难设计,游戏提供的系统和操作太简单。所以大部分能设计的栽赃嫁祸的情节都是通过剧情文本和动画去实现的,这显得刻意又死板。

如果想要用互动的方式来实现呢?比如《杀人游戏》,它就满足了以上所有需求的点,因为《杀人游戏》是允许使用人类语言的,所以一开始就提供了很有力的工具。如果要再进一步限定可用的方式,又会怎样呢?比如这是一个 FPS 团队游戏,正常情况下,分组竞技获胜足够团结所有人,如果分为两边,那么只可能有误操作,而不会有栽赃嫁祸。这就要去设计第三个队。一般而言,"暗算"比较容易实现,只要提供第二者伤害第一者的方式即可,比如可以得到他死后尸体上的装备、道具或者分数。嫁祸则需要第一者与第三者同盟或者至少是短时和平的关系，作为第二者的玩家，使用某种方法让第三者以为第一者做了一些伤害他的事情，然后转头来惩罚第一者。此时方法是一回事，目的是另一回事，如果不能有良好的目的，也会很容易被发现是第二者在作祟。假设第一者和第三者是能够相互攻击的，那么只要伪装一些第一者攻击第三者的假象，第三者可能就会以为第一者要暗算他了。或者是误导第三者的判断，让他以为第一者做的某些行为是准备要开始暗算他了。

在商品买卖的游戏中，刻意倾销第一者所擅长生产的商品，挤压他的市场，让他不得不转而扩大其他商品的市场，比如进入第三者生产的商品，那么当他开始这么做时，也就促使了第三者与他的实际对抗。

如果真的要嫁祸，还可以这样做：杀死第三者的一队士兵，在第三者的其他士兵过去侦察原因时，把第一者的士兵引到现场，让第三者以为是第一者做的。但实际要在游戏中完成这些事情，会牵扯很多问题，实际很难。首先事情做了还要不被其他人知道就已经很难了，死亡的那队士兵，如果都是玩家，玩家角色是可以随意复生的。对他们就需要提供隐藏姓名和形象的手段。

所以这些都只在比较复杂的游戏中才有可能出现，而对于现在的大部分游戏来说，设计"嫁祸"的意义还是有限的。

如果第二者、第三者都是由设计师设定的，就简单多了，不过也就变得像是剧情，而不是由玩家创造产生的东西。比如刻意让一个 NPC 去误会一个玩家，然后导致 NPC 所在的整个势力对玩家产生敌视，这更像是剧情。再进一步讲，则需要一个玩家诱导另一个玩家攻击 NPC，然后导致他被 NPC 所在的势力敌视，如果设定最后一击为击杀者，然后让第二个玩家误杀 NPC，那么这一陷害就能达成了。这也算是一种方式吧，不过一般的游戏中难以产生第一个玩家，也都必须要专门去设计各种奖励和获胜规则，才能诱导出这样的行为。

4. 被背叛

背叛固然让人很愤怒，但它所导致的结果有时也不全是复仇，也有不少人因为别人的背叛从此一蹶不振，消沉度日。这与不同人的性格有关，也与背叛的原因有关。首先是性格，有的人，特别是女性，遇到别人背叛很容易感伤，然后就消极地去处理接下来的事情。其次是背叛的原因，不同的原因会让人产生不同的反应，如果是出于利用，那么大部分情况下会导向复仇。如果是第二者认为第一者能力不足，于是不再和他一起战斗，那么并不会导向直接报复，而是导向证明自身，愤怒也不会持久。如果背叛是因为信念的不同，并且信念之间并不矛盾，那还可以比较和缓地收场，如果是矛盾的，则很可能会斗争得很激烈。其他一些情况和形式就不列举了，需要的是那种会促使第一者更积极游戏的方式，比如复仇、证明自身。但是在这所有的事情发生之前，首先要有第一步，就是双方已经建立了长期而稳定的盟友关系，并且对于不同的原因而言，可能基本上是已经超越了利益关系，那么因为各种原因背叛时，才会确切产生效果。这第一步，有时就已经不容易达成了。需要具体化出一个形象，让他担负玩家许多活动中的一些作用。长期以来，他都能良好地协助完成，但当某个时刻来临，一些玩家觉得自然而然的事情突然就不再自然而然了。

如果第二者是设计师控制的 NPC，那么就容易办了，但是要促成玩家自发这么去做，那就不容易了。要有一些能够绝对性吸引或逼迫他去做的事情，如果他在这次狩猎中不将第一者引向陷阱，那么 NPC 就反过头来收拾他，而且代价会是整个角色的所有装备失去，或者等级失去等非常大的代价。

在游戏中设计背叛会很强烈地影响玩家对游戏的看法，必须仔细地设定背叛的原因，以及引导玩家的情绪发泄。

但是反过来，如果让玩家去充当第二者，由他选择背叛与否，这时导致的结果也会有很多种。比如作为玩家，在游戏中已经习惯于使用各种方式去获得，但某些事情会导致别人的长期仇恨，比如是否背叛这个 NPC 去获得更高的奖励，此时背叛的长期影响最好不会那么直接而明显地能被玩家预测。如果玩家知道可能会有这样的结果，就是这个被玩家背叛的 NPC 会在一段时间后再出现，并且来惩罚玩家，那么当遇到这些选择时，玩家就会更谨慎，同时玩家也可能会转而对提供他们这样选项的人产生厌恶直至愤怒。

5．他人错误的评价

当人们的能力被错误地评估时，可能就会导致愤怒。一般指被轻视，被认为能力低下，偶尔被误判为别的能力也可能导致愤怒，其中包括被认为是低端技能而被嘲笑，比如一个武士被认为是玩杂耍的小丑。对于某些人，误判为同等的其他能力也会使其愤怒，认为是对他的不了解。

逻辑上的归类是一种情况，其次是因为语气而导致别人认为对他的不敬。这种情况产生的愤怒大多会导向证明自己的行动，还可以延后提供玩家证明他自己的机会，遭到多次鄙视之后，再给他机会，从而让其情绪积压到更高的程度。可以从动画和剧情方面去实现，比如创造出一个高傲又优秀的角色，碾压玩家并且轻视玩家。或者只要一个很优秀，但心地又很好的角色，出于保护，不让玩家参与某些重要的行动。

也可以有其他一些互动型的方式，比如特意把玩家放到更低的组别，并且需要先做一些有一定侮辱性的挑战内容，如拿木剑打死 3 只母猪。然而有时玩家会把这一切认为是一个过程，只是剧情走到这里，然后自然而然必须去经历的，接着就会改变，于是就接受了。那么可以让他同时看到另一个人不需要经过这些步骤，以及让他长期只能做这一阶段的事情，这一切就可以破坏他内心的平衡。

作为一个游戏设计师，应尽量让这一切经历实现在玩法规则中，而不是在单线程、无可选择的剧情中。

除了能力被错误评判外，第二个就是品格被错误评判。

如果不是把这一点实践于玩家与 NPC 的交互中，而是实现在玩家之间，那么一个很大的问题就是无论有没有被误判，本来这两个玩家很可能之后就不再有任何交集，所以并不会造成实际的影响。被误会的玩家即使知道他被误会了，可能也不会想要去澄清。那么如何造成影响呢？比如提供一个评分系统或支持率系统，像《黑镜》系列中的一集，或者现实中的选举。但这些都可能变成功利性的工具，而不再包含品格方面的含义。再进一步就是在玩家已经有的关系中制造误会，不过在继续设计之前，先考虑一下这样的误会能够有什么用？玩家为了澄清会怎么做？大部分是用语言来澄清就可以搞定了，因为很难通过规则去捏造一些不存在的事实嫁祸到玩家头上，而且还让另一个玩家完全相信。

6．意外的倒霉

这也有点类似于不公平。当人们面对某些完全概率性，而且没有特殊的机关或技巧的情况，却连续失败时，也会让人觉得气愤。并不是所有人都会因为连续的概率性失利而奋起直追，但这一效应能够影响到的人还是相当广泛的。有句话叫作：好运的人都是先输后赢，倒霉的人都是先赢后输。就是玩家们在参与的过程中并不是完全的失败，而是有一定的胜率，那么他们才会继续努力。比如倒霉的人遇到赢输输输赢输输输……特别是赢的时候还赢回来输的一局以上的赌资时，他们就会更加想拼一把。街头骗子也经常用这一招，先让你赢一把小的，然后怂恿你下一把大的，再通过作弊等手段，一次性把这一把还有上一把的赌资一起赢过去。

在可以计算的大多数情况下，人们对所损失东西的价值估计高出得到相同东西价值的两倍，所以偶尔出现一些连续坏运气的情况，对于玩家也是很有刺激性的。

7．失败或未能获得

一个人如果越少经历失败，那么他就越难忍受失败。所以现实中有些天之骄子一旦失败，他们就会怒发冲冠，难以自控。但对于游戏而言，大部分情况却并非如此，玩家经常性失败，无论是因为数值性的原因，还是因为操作技巧的原因。但反过来有必要为了这一点，创造让玩家连续成功吗？不太有必要，难度设计应受到更高层次的节奏方面的设计思路去控制，不应只为了让他们愤怒而忽略了其他方面的设计原则。

但如果是反过来呢？在玩家自己创造的连续成功之后，有必要更改一下匹配规则，让他遇到比本应该遇到的敌人更难的敌人吗？此时的一两次失败并不会直接浇灭玩家的热情，反而他们会为不能继续连胜而投入更多精力。不好之处则在于影响了规则的公平。但如果是本来就会逐步提高的难度，只是额外提高了更多，那就难辨是非了。这样做对不对，在于是把游戏当成竞技性的，还是体验性的，做与不做皆有其适合之处。

8．预期无法实现

预期可以与对方合作得到帮助，然而对方拒绝了，期望落空了。本来年终的业绩一等奖应该是我们的，然而老板给了其他人，于是可能会产生对对方、对上司的愤怒。

例如，在许多影视作品中，主角来到一个新的组织团体，挑战那里的领袖，本来领袖以为可以很轻松地打倒主角，但这个不起眼的小人物就是打不死，于是首领就开始愤怒了。

同样的情形，如果是玩家主动进行攻击，本来是个 LV1 的敌人，一般都是两三下就可以"击杀"，这个敌人居然被攻击了这么多下还不死，那么玩家也会变得很想"打死"这个敌人。

出乎意料的东西会让人们惊奇，引起人们的注意。但只有既出乎意料又让人难堪的东西，才会使人愤怒，并且这种愤怒一般会导向积极行动。

9．领地、所有物被夺取

在某个心理实验中，研究者邀请被测试人参加课堂讲座，实验的真实内容并不是讲座，而是测试人们对领地的认知。之后发现，即使只是上一堂课坐过的椅子，上面没有任何标识物，但人们都会不自觉地认为这是属于自己的领地，如果第二节课回来时，自己的位子被别的人坐了，几乎所有的被测试者都会觉得受到侵犯，心里不痛快。

如何在游戏中做到这一点呢？

如果有人能够乱动玩家的道具等所有物，估计就会让他感到极度不舒服直至愤怒。另外对于玩家所有的奖励物，预期的获得被别人干扰也是一种方式。玩家所拥有的军阶、荣誉、宠物等，试想其可否被使用。将这些干扰转嫁到另外的玩家或者是 NPC 身上，比如冒险过程中突然出现的打劫者，会挑走玩家最好的战利品。

10．价值观被侵犯

准则、个人价值观被侵犯或贬低，也会使人愤怒。

但这一点不太好做，玩家群体太多样，设计这样的内容很容易变成宗教、政治问题，或者会宣扬一些不良的价值观。

剧情中的 NPC 的价值观被其他 NPC 触犯，这点可以做，只是不会直接使玩家愤怒起来，而需要先让他们认可这个角色，再移情过去。

11．低效率的合作者

与其他人互动时，对方完全跟不上节奏、效率太低，让人感到自己的时间被浪费，很烦躁对方如此低效，那么此时人们就可能变得愤怒。在这种情况下，被浪费的这点时间不是最关键的，关键是这种效率很低的感觉。如果不是用效率的心态去看待，比如教老人做一些事情时，不是站在要教会他们，而是站在这个过程都是报恩或者愉悦的心态，那么无论用了多长时间都不会烦躁。但是这种愤怒，一般而言不应在游戏中出现，直接设计一个困难的挑战，而不是拖慢玩家的阻碍。这种愤怒除了让玩家想换一个 NPC 伙伴外并无益处。

另一种情况是为了对方好，但对方却不听，即使是朋友、亲人，也可能会生气。特别是亲人之间会更明显。在游戏中，一样可以设计一个 NPC，让他与玩家建立关系，然后又经常与玩家一同行动，让玩家慢慢在意，再逐步喜欢上这位 NPC。接着 NPC 突然因为某些原因自甘堕落了，那么玩家也一样会感到很痛惜，而当玩家开始做出一些行为去挽回时，如果这个 NPC 依旧执迷不悟，玩家也是会如现实中的情况一样，感到愤怒的。

但实际而言，如果真的设计出了能让玩家在意的角色，那么有很多方式可以使用，不需要用于让玩家愤怒。所以这只适合于作为一种补充，补充常见的快乐、复仇、斗争、悲伤等情绪之外另一种又爱又恨的情绪。

2.1.3　悲哀

一般而言，悲和哀这两种情绪都是来自于失去或失败，人们未能得到之物、不能达成之事、已有之物的失去、未能满足的愿望欲望，都能促成悲伤。悲和哀只是程度不同的同类情绪，情绪波动大来得突然时，让人更激动，此时称为悲；当这份情绪的冲击没有那么大，或者是处于逐渐减弱的过程中时，人们感到的便是哀。

举一些更具体的情况。

- 一些珍惜的东西，突然失去之时。
- 为之努力的事情，进行到一半时，获知成功率变小了——哀；获知不可能了——悲。
- 追寻某个目标，但在不断努力后，发现并没有更接近时。
- 在失去某些东西后，突然得知失去的更多。
- 有希望但自己也明白不是百分百有把握的事情，最终还是没有实现时——哀。
- 本来觉得必定会实现的事情没有实现，此时情绪会更强烈，就会变成悲或者怒。

那么如何使用悲哀的情绪促使人们做一些事情呢？

悲哀的情况下人们会趋向于采取一些更保守的策略，保守意味着减少金钱、精力、时间等资源的投入，甚至会刻意避开让人产生伤感的环境和物件。如果哀和悲不是长期体验中的一个环节，不是设计师意欲创造的一个低谷，那么最好不要把它们单独带给玩家。

要想让它们能够促使玩家做一些积极的事情，仅有一个例外，就是玩家们不愿意接受这样的后果，心中产生想要努力反抗的情绪时，才能促成。比如合成失败时感到非常悲伤，然后不愿接受这个结果，于是便做出一些行为，期望能够得到更好的结果。但这更接近于"怒"，或者在另外的情境下，则偏向于"恐"，此时是一种心态的触底反弹，而不是单纯的悲哀。

2.1.4 恐惧

恐惧是对失败、失去、受伤害的预期，而这份预期将会促使人们做出行动去避免这些结果发生，所以恐惧是一种很有用的情绪。

恐惧可以包含对各种事物的失去，比如生命、所有物、与他人的关系、预期的结果等。包括马斯洛需求层次中第一层大部分的内容，因为这些最基础的本能需求是与生死相关的。大部分游戏设计的也是对生命的需求，但还可以设计得更细致一点，比如躯体完整与否，假设手臂受了重伤，就会导致无法行动或者发动的技能威力减弱。这样的设计一样会让玩家希望能够保持身体完好，但并不是生命这般有与无的区别，可以拥有多个节点的变化。

这类的恐惧也经常被用来制作恐怖类的游戏。恐怖游戏的设计方式分为两类："可知而不可见""可知且可见"。知道危险性或者预期会很危险，之后让危险大部分时候是不可见的，这是攻心的方式；或者使用直接的方式，比如让很多血淋淋的恐怖怪物扑到玩家脸上，让玩家直观地被惊吓。这便是两大类手法的核心所在。

一些攻心型的设计方式，比如许多日本的恐怖电影，它们并不直接威胁角色的生存，但让观众意识到危险，并且危险在接近，就让他们感觉到恐惧了。它们使用了非常多的心理暗示，让观众感觉到危险，但在即将发生恐怖的事情时，又会因为一些情节而被角色避开，但观众已经提起来的心并不会那么快落回去，他们会继续保持恐惧一段时间，并被之后的情节继续累加恐惧的情绪。

直接型的恐怖，只要攻击玩家的东西足够恐怖就行，比如丧尸、鬼怪、邪恶怪兽，而且在它们攻击时会出现许多现实中看到都会恶心的东西，比如血液、内脏、畸形器官等，只要是按照这样的方式去做，都足以让人感觉恐怖。设想一下，如果这些怪物换成了毛毛熊，即使前后的情节和布景效果一样，就也没那么容易让人感到恐惧了。所以其核心就是尽量丑化、恐怖化这些攻击人们的生物。

在前面的章节中也讨论过让玩家感到惧怕的数值设计方式，其中提到的自身容易死也是一个关键点。

另外是对于失去所有物的恐惧，无论是财产、人或者一段情感关系。

而在一般的游戏系统中，能够让玩家失去什么东西呢？其实没有多少东西能够让玩家失去，最惨烈的无非就是失去一个高等级的专家级角色，玩家需要从头开始。一般情况下能做的，也就是让玩家损失一些经验值或金币，或者让他们身上的装备可能会被别的玩家或怪物打掉。

还有另一种比较少去设计的方式，就是参与的成本，比如赌资、参与比赛所需的报名费、进入地牢所需的代价之类的。再说一遍，现在大部分游戏的设计都在意于如何让玩家获得，所以玩家对于"代价"这个词是不太有感觉的。如果玩家对于能够进入某些特殊关卡，也都看成额外的获得而已，那么他们是很难产生害怕失去的情绪的。可以更进一步地去设计，让玩家心中拥有"代价"这个概念，那么这将让玩家更谨慎、认真地游戏，并且创造了一个更加真实的世界。比如接受一个任务，如果失败会失去多少名誉值或军阶降级，或者是扣除玩家即将获得的奖励物，这些都可以产生恐惧。

要让玩家恐惧于他们所预期的结果，那么先要让玩家能够对结果有所预感，比如通过进度条、敌我双方实力对比的数据、deadline、对白等方式来提示玩家。

设计得更深一点时，也可以让玩家通过自己的表现去预测结果，然后感到恐惧。比如玩家一直以来都不好好地管理军营，导致所有的士兵士气低下，而且装备落后、训练不足。然后敌军出现了，并开始攻击，这时玩家就会开始恐惧了，因为他们猜测到，这次敌军的突袭很可能会重挫他的城市。

也可以设定一些物品或资源的时效性，并且不是属于 BUFF 型的东西，而是影响更深远的东西，比如空气瓶剩余量，一旦耗光，角色将直接窒息而死。或者是角色所处的就是一个没有公平性可言的环境，比如战争中或匪徒控制的村庄中，角色的所有物随时可能被抢。

恐惧失去与他人之间的关系也是一种情况，但比较难以设计。比如失去某个 NPC 对玩家的好感度，表现出来时，玩家也可能把它看成是一个任务的成功或失败而已。必须让这点好感度的影响更大，让这个后果的影响更大，那么玩家才会害怕任务失败。

2.1.5 感召

感召不是七情六欲之中的一项，而是人类自我实现的诉求。这种牺牲小我，成就大我的精神，确实能够吸引人为之付出。

为他人奉献未必是人类社会发展到后期才有的精神追求，比如互惠这种行为未必仅是经济学上期待以后可能获得回报，它也很有可能是人类本能的一种，就像人们会本能地喜欢婴儿那样。假设人类的社群和文化不是互惠的，而是相互敌视，以及只考虑眼前的利益，这样的社群很有可能存活不到现在。所以人类喜欢婴儿、帮助陌生人，仅是几千万年的基因选择，唯有这样的行为倾向，才更适合于整个种群的存续。

感召分为两种：一种只是让玩家看到这种成就大义的行为，由他们自发认同并去做出为他人的牺牲；另一种是直接引导玩家做出一些为他人奉献的行为。

第一种情况是可以设计某个 NPC 为了另一个 NPC 玩家的角色，或者为了更多人的利益，为了某些珍视的东西而做出牺牲。有多种情形，但关键是让玩家看到他人的牺牲奉献，从而让玩家受到感召而去做一些事情。

第二种情况是要促成玩家自发性地去奉献，这就有意思得多了，这样的行为设计需要以下条件。

（1）玩家对另一个人的爱。

• 这不仅包含男女之间的爱，也包括亲人之间、朋友之谊、对长辈的敬爱等。

（2）玩家对一个组织的认可。

- 组织的实力。
- 组织给玩家带来帮助。
- 与组织成员的社交情况良好，价值观取向也相近。
- 组织的目标与玩家的目标相契合。

（3）玩家个人的价值观就更在意对大多数人的福祉。

（4）玩家的自身价值观和信念高过其生存的本能和欲望。

我们需要做很多，才能让玩家对游戏世界产生足够深的羁绊或愿望，然后才能引导他们为其做出牺牲或努力。牺牲或努力的方式，根据游戏内容进行设定一般都不太难办到，让玩家产生深厚的情感才是需要很多地方共同设计的。简短地用一两句话或一两个任务去说明其他人的大义付出，然后希望以此来感召玩家，这不太可能有效果。要想更加有效地感召玩家，需要更多的游戏内容和剧情的支持，甚至这种感召，这种良性的游戏氛围是在项目一开始时就要去考虑的，它会深层次地影响到游戏各个方面的内容，比如成长线的设计、技能的设计、许多的游戏玩法的胜败条件、剧情的走向等。

不过，也可以用"登门槛"的技巧，一步一步让玩家付出更多。心理效应也是非常强大的工具，这部分的内容将在下一段展开。

除了七情，还有六欲。六欲就比较直接了，它们的定义已经说明了是什么内容，所以设计好对应的内容和途径，然后就交给玩家去追求吧。这其中也有许多技巧，在下一段和第 4 章都会有所谈及。

2.2 心理效应

随着心理学的发展，许多心理效应被发现，同时人们也发现很多心理效应很难通过自己的理性去避免受到其影响。因为这样的情况，所以以纯理性为基础的经济学也逐步只能作为大环境的经济策略的指导，而越针对个人的行为预测和影响，心理学的知识会越具指导效用。

以下罗列大部分人类的心理效应，包含了各种偏见、效应、错觉、障碍，并且这些是笔者觉得比较能够跟游戏融合，不是刻意为了做而做的那些心理效应。在讲述原理后，会进一步解释和举例如何应用，应用的目的不只是引导付费，笔者会更多地使用"达成某种行为"作为目的来表述。也请读者在看完举例后，自己思考一个例子，并且目的不是导向付费。

讲述这些情绪的设计方式是为了能够更好地设计，同时也希望读者能够理解和看穿这些手段，无论它们应用于哪个行业。这些效应的效果未必是很直接的，总体而言它们提高了玩家产生这些情绪的概率，但如果能够熟练地多个一起使用，那么效果是非常好的，比如现实生活中一些人就很善于谈话和引导别人。

2.2.1　创造从众的压力

1. 从众

从众的第一种情况是人们容易受到自己所处的社会角色的影响，从而效仿其他人的行为。从众的第二种情况则是当某个人自身的能力不够，或者对事情没有足够的了解时，会倾向于从众，从众是一种安全的选择。

第二种情况是一种理性选择，下面先讨论第一种情况。

社会角色是指一个人在各种环境下，人们期待他做出的一套行为模式，比如孩子、朋友、领导。当人们接受一个社会角色或屈服于社会期望时，在某种程度上就是在从众于社会规范，接着他就会做出符合这个身份的行为。许多父母都会要求孩子要乖，不要吵闹，听从大人的话，好好学习。接着这些要求引申出来就会变成具体的行为规范，某些地方小孩子不可以去，某些事情不能去了解，某些东西不能去尝试等要求。

从众的两种作用方式：个体需要去遵从群体的规范；群体想要去抹杀不同的个体。先从针对个体谈起。

首先要创造一个社会角色，会有怎样的角色可以提供给玩家呢？普通类型的角色如舰队成员、流浪剑士、牛仔。一个可以被称为"我们""他们"的角色，一个人们心中已经对他们的行为有一定期待和预期的角色，实际而言，这些角色几乎可以涵盖 95%能够说出口的指代。

再比如军团指挥官、工会会长、RL、舰队队长，这些不是普通的社会角色，不属于大部分群众的共同体，他们属于出众的角色。但人们一样对他们的行为有着一定的预期，比如一般人都会觉得军团指挥官应经验丰富、能力出众，游戏中这样的角色就是等级高、装备好、操作优秀，对游戏了解和投入都会比较多。有一些角色，对于玩家是有功用的，比如 VIP 用户，我们会给他更多于普通用户的便捷功能；或者一个工会的会长，他也拥有着管理工会成员及工会金库等权利。除此之外也有一些角色是公益性的，或者只是玩家们自封的，比如新手"引导者"。

但无论是有功用的角色，还是自封的角色，只要玩家代入了，就会让自己的行为符合他们对该角色的认知，并且去做一些觉得该角色应该做的事情，这便是开始屈从于这样一个角色了。这在多大程度上算是属于从众呢？取决于玩家认为的角色该有的行为中，有多少是自觉认可的，而另外有多少是因为外界的灌输而产生的。外界灌输的认知不一定不对，好比从众不一定不好，但对于个人来讲，分清其中哪些行为规范是自己真正接受的，才能避免过多地盲从。

设计了某些角色之后，接着就要给这些角色"制定"行为规范。

一个简单的角色名可能都不具有行为指导意义，比如许多游戏系统中的角色称呼，或者通过生活技能获得的头衔，如大师级防具制造师。很多游戏中都有各种生活技能，提升到一定程度之后，可能就会得到一个头衔。但玩家并没有把这些头衔当回事，因为这些头衔都是作为一种获益交给玩家的，并没有设计有挑战性的获得条件，也不包含独特的功用，所以这些头衔既不荣耀，也没有认同性。

但如果是"角色职业"呢？比如玩家组了一个治疗系队友，他们就会期待并要求新队友做好治疗的作用，因为玩家已经形成了对"治疗职业"的一个期望要求。这说明了人们对有实用性功能的角色能够自然地形成一定的行为预期，如果不是这种情况的角色区别，那么就必须主动地把角色的行为规范传达给玩家。比如当玩家成为一名军官时，然后告诉他在其所处的 X 阶军官中，有百分之多少的玩家是付费购买了什么服务或内容的。那么这时就产生了角色，并且让玩家知道了这个角色的某些普遍行为。当这些行为的普遍性更广泛时，从众的压力也就会越强，比如付费的军官达到了 80%。

当身处于一个与其他人有交互的团体时，比如工会，而其中很高比例的人都拥有某个道具，或者在朋友中，有很多人通过了某个挑战关卡，达成某些条件，每天都会去做些什么事情，如刷 3 次异界副本。

在大部分的游戏中，几乎没见过这样的信息吧？但是设想一下，如果你现在就在工会信息界面的某个标签中看到工会 90%的人都购买了某项不错的服务时，看到你的好友们都购买了某项服务时，你此时心中会不会好奇？如果这些付费内容有直观性的外形展现或功能体现，而你跟朋友们站在一起显得格格不入时，你又会不会产生一些心理压力？

以上是在个体进入群体后，告知其行为规范的做法，也可以在进入之前告知。

可以设计不同的工会在建会之初就有不同的倾向，比如这个工会对于采集副业有加成，另一个工会则是对于潜行有加成，那么这些规则会很直接地造成这些工会吸引到的都是对应的玩家。

如果不同工会的特色区别不是与这些战斗相关的，而是与精神相关的，比如工会可以设定一整套的形象，从图腾、衣服、法术效果。一个"凤凰社"，其成员的很多展现都会带有凤凰的形象（期待玩家自主完成一整套的形象还是比较困难的，如果能先整好一套套的形象合集给他们挑选，再让他们去修改会更合适）。

有时根本不用给出一套行为规范，只要给出一个共同的身份，就可以促使人们去做一些事情。这也就是由玩家之间去维护这些规范，只是效果比较弱，因此还是设计一些方法直接地传达会更加快捷有效。

最后，如何促使一个群体产生我们想要的行为呢？有一个效果非常强大的做法：榜样的示范作用。

举一个心理学家们做过的实验。

- 示范。

人们一旦从众就会参照群体的行为，因此让人们从众的方式之一就是营造一种信息性影响的情形：通过示范所期望的行为来促成改变。

- 示范节水。

加州大学的管理者希望大学生们节约用水，所以在男浴室的墙上贴了一张告示："1．淋湿；2．关水；3．打肥皂；4．冲洗干净"。在为期 5 天的时间里，只有 6%的人按照建议的程序洗澡。当告示被放到另一个更显眼的位置，依从行为增加到 19%。

最终，所有告示都被撤除，由一名学生来示范适当的洗浴行为。当浴室暂时空无一人时，进去一名串通好的学生，他打开水龙头，背朝着入口等候有人进来。一旦他听到有人进来，他就按照公告中的告诫操作，然后离开。在这种方式下，依从行为剧增到 49%。当用两名模特示范时，人们有 67%会跟着这么做。

同最早告示引发 6%的依从性相比，这是一种巨大的进步。

这就是说，必须把游戏中期待玩家产生的行为榜样，展现给玩家们看。但仅把这些玩家或 NPC 展现给玩家看是不够的，比如一些游戏会在他们的商城显示这一个星期内某个礼包卖出了多少份，以此来促使玩家去买礼包。看到礼包的购买数，大家会对礼包的价值产生信心，不过对于想要购买礼包的心理影响力还不够大，因为这种做法没有针对到个人。如果更直接一点，显示的是玩家的朋友们一共购买了多少个，这个效果会更好。

榜样的数量也影响着从众的效果，要引发大型群体的从众行为，三五个人比一两个人能引发更多的从众行为，比如抬头看天空的行为，看到一个路人抬头看天空，人们并不会在意，但如果看到三五个人在看天空，更多人就会抑制不住自己去看看天空中有什么。

以上是榜样产生的效用，那么如何使个人受到群体规范的压力，从而产生从众呢？首先是能够将群体的压力展现在玩家面前，比如真的是整个工会 90% 的人买了，然后就剩下几个玩家。为了共处一个工会的认同感，他们会感受到心理压力而要去买。

换而言之，要去构建类似的情境，将个人暴露在群体之中。比如一个小队被全灭了，需要大家共同付出 10 个生命水晶来复活所有人，然后其他玩家都轮流给了，就剩下一个玩家没给，此时剩下的这个人就会受到很大的心理压力。也会感觉对不起大家，于是他就不得不去积攒一些生命水晶，以避免下次遇到这样的情况。

从众未必是坏的事情，未必要促使玩家去付费，也可以促使玩家做一些积极的、有益的事情。

2．从众和抵抗从众的合适人数

成为一个群体的少数成员是很难受的，但如果能找到某个人和自己立场一致的话，那么为了某件特别的事、某个独特的观点挺身而出就容易得多了。

我们都非常想在游戏中创造各种的社交关系，两个人之间的、一个小团队之间的、一个大团体之间的，以此来留住玩家。设计工会系统、师徒系统、夫妻系统等，就是为了促进这样的关系。这些系统已经在很多游戏中出现，很多游戏也做得很好，在此仅简单地再说明一下要注意的点。

- 用奖励促进在一起的意愿。
- 创造一些关系间独有的游戏内容，包括技能、活动、装备等。
- 设计要求有一些关系才能进行的游戏内容，让他们能够更经常性地在一起做事情。
- 创造能容纳一定情感的沟通方式，一些手游中有朋友间送体力的设定，虽然有比没有好，但还达不到沟通的程度。

3．不要先让人做出判断

想象一下在一个实验中，研究者提出了一个问题，并要求你第一个回答，在做出回答后，听到其他人都不同意，然后研究者给你一个重新考虑的机会。面对群体压力，你会放弃原来的意见吗？在实际的实验中，被测试者几乎没有一个这样做。个体一旦在公众面前做出承诺，就会坚持到底。最多也就是在以后的情境中改变自己的判断。

如果要创造从众，不要让玩家一开始就做判断，而是先让玩家面对困境，之后才让他决定，或者先让他做一个错误的判断，之后让他坚持。

2.2.2　认知失调和解决方式

1. 行为影响心理

不协调理论假定人们总会认为自己的行为是正当的，或者为自己的行为找出正当的理由，以此来减少其内心的不适。自我知觉理论则假定人们观察自己的行为并对自己的态度做出合理的推断，就如同观察其他人一样。抛开宿命论和人类是纯物质性的这些观点，假定人的主观精神确实是自主的，那么两个理论都是对的。科学家做了很多实验，证明生理情况确实会影响心理活动。比如研究者用轻微的电压电击被测试，同时要求他们嘴里咬着一支笔。一半被测试者被要求用嘴含住，也就是整个嘴唇贴着笔，这部分被测试者被电击时感受到了更多的愤怒和紧张。另一半被测试者要求他们用牙齿叼着，就像是微笑时露出牙齿时一样的姿态，他们被电击时则感受到了开心和乐趣。仅因为笑肌被牵动，就产生了这样的区别。

对于现有的大部分设备而言，它们并不容易让玩家主动去做一些实际的动作。但还有 WII U、VR、大型游戏机等设备可以设计，如果制作的是这些设备上的游戏，那么在这方面可以多考虑些。

自我知觉理论假定人们观察自己的行为，并对自己的态度做出合理推断，当行为与态度有差异时，人们会感受到心理上的压力与紧张，为了缓解这种感觉，他们的态度就会逐渐向行为转变。也就是说，有时人们做的某些事情并不是出于本意，但是做了之后，人们反而会把它们所隐含的情绪归为是自己的本意。举个现实的例子，一个女孩子问她的闺蜜，她是不是喜欢上那个男孩子了，然后闺蜜回答她：你借作业给他抄，放学一起回家，遇到问题会找他帮忙，上次你还用手帕帮他擦汗，你肯定是非常喜欢他。实际上这个女孩子心中未必是真的喜欢那个男孩子，也许是当成很好的朋友，但当她找不到别的解释方式时，她就会接受。

再比如一些邪恶势力组织要求他们的新成员或受到他们压迫的人跟他们一起做某些有象征意义的行动，比如握手方式、敬礼、口头用语等，这些本来不接受他们信条的成员或民众，做了太多次这些行为之后，也会逐渐开始接受他们的教条。诸如此类的仪式：学生每天升国旗敬礼、唱国歌，就是用公众的一致行为来建立个人的爱国信念。仔细思考一下这些例子，一开始坏人们使用一些威逼利诱

的手段从众让民众们不得不参与，再接着使用登门槛的心理效应让民众们越做越多，这实际上就是用了自我知觉的方式，用行为影响他们的思想，让民众慢慢接受并支持自己。

这是一个很强大的心理效应，我们可以设计很多种不同的内容，来设计玩家各方面的情绪。比如创造一些公众场景。一起唱对女王的赞歌、一起在祭典中用某些手势来表达对祭典的支持、行自由军团的"心脏礼"来表达打败巨人的决心。做多了，玩家就会认可这些行为，并让他们对其包含的，一开始未必完全赞同的含义越来越认可。

许多这种类型的象征性的行为、举止，只要能够让目标人物真的那么去做，基本都能够产生一定的对应效果。现实中如果敢让一个女孩子帮你擦嘴，无论是出于什么缘由，这种属于比较亲密的行为都会让双方产生更深的联系，无论一开始双方有无想要亲近，但最后都产生一定的相互亲近的情愫。也许这个情绪之后可能会让双方感到尴尬，但这些行为也确实促生了这样的情绪。

换到游戏中，如果也经常性地设计玩家去做一些有象征意义的行为，比如某个NPC每天或每周的一个任务就是要玩家送一束花给她，一开始玩家肯定将其当成一个普通的任务，只是为了奖励才去做，但让他多送几次，其中的意味就会开始变了。

那么，如图2.2所示，看到这花，你心里有什么感觉呢？

图 2.2

2. 心理的均衡

当直接问及"日本政府是否应该对美国工业品在日本的销售数量设定限额"时，大多数的美国人给予了否定的回答。然而在另一个对照组中，如果先回答另一个问题，原先的问题会变成有三分之二的人给予肯定回答。这个问题是，美国政府是否应该对日本工业品在美国的销售数量设定限额？大多数人认为美国有权利设定进口限额，接着，为了保持一致，他们也只好回答日本应有同样的权利。

上例利用了人们的自我统一性，而且是反向逆转的方式，以下再设计一些反向思路的例子。

村庄里的 NPC 请求玩家帮他们去怪物那里获得过冬的食物。

玩家答应了。

到达怪物的洞穴，打了一圈后，一只怪物出来问玩家，食物被你拿走的话，怪物怎么过冬呢？

于是玩家就会陷入两难。

然后怪物说如果要拿去也可以，但请求玩家去别的地方给他们带来替代的食物。

这时玩家很可能就会答应下来。

如果不是怪物，而是另一个阵营的敌人，比如某个强盗，然后要求玩家去做别的事情，玩家一般也会答应，这都是心理的均衡。

所以这个效应的使用思路是让玩家做出一些事情，让他明白刚刚做的这件事损害了（或者可能损害到）另一方，接着要求他做出补偿（平等的对待）。比如玩家为村子捕获了很多鹿和野兔作为食物，一段时间过后，一个巨魔的小孩跑过来哭诉，因为玩家的这些举动导致他们没东西吃，玩家就可能觉得于心不忍，接着巨魔的小孩就可以开始提要求了。

有时这会让玩家的内心开始考虑更多的事情，他们会想到整个世界的均衡，而不只是他们所代表的种族自身。心中装下了一个世界可以加深整个游戏的思想层次，但也未必都是好事，如果这是一个只追求快感和乐趣的游戏，最好就不要让玩家反思，所以给出要求和信息时，要注意其牵涉到的范围。

比如玩家失败后，要求玩家对失去的成本做出补偿行为。某些工会任务的出战需要工会物资，如果玩家失败了，就血本无归了，这时要求玩家完成另外一些任务来补充工会物资，自觉理亏的玩家就会去完成这些任务。同样的思路，任何的消耗、失败，都可以考虑是否用于设计。

大部分人们心中都会保有公平、公正的信念，这是社会对他的要求，也是他对社会的要求，所以各种要求平衡、公平的情况就可以去设计。这种方式无疑将丰富

游戏的深度，但也需要考虑，这种深度是否是特定的游戏项目所需要的。

3．决策后失调

当做出重要决策以后，人们经常会过高地评价自己的选择而贬低放弃了的选择，以此来减少不协调。

杰克教授让明尼苏达大学的女生们评价 8 种物品，如烤面包机、收音机和吹风机。然后让她们重新挑选自己评分非常接近的两件物品，并告诉她们可以拿走两个中的一个。最后当她们重新评价这 8 件物品时，她们提高了对自己所选物品的评价并降低了对放弃物品的评价。

"我的决定一定是对的。"这种效应出现得非常快，刚投完注的赌马者对自己的猜测比那些打算下注者更加乐观。从站在线上到离开下注的窗口这一段时间内，什么都没改变，除了赌马者自己的感觉。一旦做出决定，这些决定就会长出支撑自我的双腿，通常这些新腿非常强壮，即使当失去原来那条腿（原来的理性依据）时，也不会崩溃。

就像汽车销售商使用低价法策略，一开始并不把整辆车的价格一次性标出来，而是让人们选择一辆裸车，之后再提示他们还需要各种车内的系统和装饰，但人们依然会接受。在未做出决定以前，人们可能从未想过他们会这么容易接受这些附加的费用。这种使用的方式是先让人做出一个选择，再展现选择结果的其他部分。

比如设计师给玩家的任何可供选择的、可供购买的、可供追求获得的东西，一种情况是先让他们下决定付出一定的成本，之后再展现剩余部分的要求给他们，就可以形成决策后失调，让他们继续坚持下去。这种情况也类似于沉没成本误区，另一种情况则是让他们做出判断，纯粹的价值观或者理性内容的判断，之后再展示剩余的部分给他们，只要对总体的影响不太大，他们基本也会坚持原有的判断。

这份坚持，可以被用来诱导玩家做出更多的付出。下面对这两种情况举例。

第一种，比如现在游戏中的城市需要扩展，需要玩家决定新建的大型建筑是狂战士训练营，还是魔法师奥术塔楼。假设设计师期待玩家选择奥术塔楼，并且实际上奥术塔楼的总体花费是更多的，那就先缩减他的初步付出，去和狂战士训练营做对比，到了中期时再用一些建筑任务来补上所需的花费。

有些时候，无论玩家选择新建哪一个，于设计师都是无关紧要的，玩家只要开始在这两个选项中选择，就已经意味着他们必然会在游戏中花费一段时间和精力了。所以这一切的意义都仅在第一步，缩减玩家的初步付出。也可以看到这种做法在很多现在的游戏上有别的展现方式，比如新买的一个英雄、宠物，虽然有功效，但还算不上真的很有用，需要好好培养他们一段时间，也就是还要玩家继续付出。

第二种，从精神性的方面下手，不是着眼于当前的一步，而是往后的，或者其他方面的后续情况。比如一开始让玩家自行选择加入某个阵营。也许设计师用NPC 提供某些片段性的论据来让玩家接受这个阵营，但只要他们接受了，之后即使委派玩家去做一些过分的事情，比如破坏敌对分子的汽车，烧毁他们的一个聚集地，玩家们可能会毫不犹豫地去做！人们仅因为自己最初的选择和判断，然后就越走越远。

试试用简单的系统来使用这一效应。让玩家决定使用浇花或剪草来美化整个公园，在他们每天做时，都展现一些具体的细微变化让他们能够感觉到。到最后这两派玩家都会更加认为自己做的才是最重要的部分。

这有什么用呢？

因为玩家获得的都是设计师提供给他们的游戏内容。只有更进一步的制作，继续设计玩家的情绪，也就是说这时要达到的不是决策后失调，而是决策后这种"我的选择是对的""我好厉害"的这个心态。比如玩家选了兵营，可以生产更多的步兵后，就匹配性地调高了接下来玩家会遇到的，需要步兵的任务数量。于是玩家就会更加觉得自己选对了，自己真的是超级厉害。

4．过度合理化

一位老人家门口有一片公共草地，老人非常喜欢安静地在草地上享受阳光。可是某一天，一群小孩开始来草地上玩，非常吵闹。老人心里很想把这群小孩赶走，但这草地毕竟是公共设施。老人知道，越是赶这些孩子走，他们会玩得越开心。怎么办呢？老人想了一个办法。他对这些小孩子说："小朋友们，你们明天继续来玩吧，只要你们来，我就给你们一人 1 美元！"这群小孩子喜出望外，于是第二天又来了。这样几天之后，老人说"孩子们，我不能再给你们每人 1 美元了。我只能给你们每人 0.5 美元了。"孩子们有些不悦，但也接受了。又过了几天，老人说："从明天开始，我只能给你们每人 5 美分了。"孩子们说"5 美分太少了，以后我们再也不来了！"

这个老人成功地把孩子们来玩的理由从"喜欢"变成了"金钱"，再把"金钱"拿走，消灭了他们来玩的兴趣。给钱让人们玩智力游戏，他们以后继续玩游戏的行为就会少于那些没有报酬玩游戏的人。答应给孩子报酬来让他们做自己心里喜

欢的事情，孩子们就会将这种游戏变为工作。

当个体很明显是为了控制别人而事先付出不相称的报酬时，就会发生过度合理化效应。

关键是报酬意味着什么，如果报酬和赞赏是针对人们的成就（会让他们觉得"我很善于如此"），则会增加个体的内部动机；而如果报酬是为了控制人们，而且人们自己也相信是报酬导致了他们的努力，这就会降低个体对工作的内在兴趣。

如果为学生们学习提供充分的理由，并且给予他们报酬和赞赏，让他们觉得自己很有能力，就能激发他们的学习兴趣和继续学习的欲望。当存在其他多余的理由时，学生自我驱动的行为就会减少。

一位实验者的小儿子养成了在一周中读6～8本书的习惯，但有一天图书馆成立了一个读书俱乐部，并承诺任何人只要在三个月中读了10本书就可以参加一次聚会。三周以后，他开始每周只借一两本书。为什么？"因为你三个月仅需要读10本书。"

需要使用过度合理化来减少玩家的行为。

- "杀死"100个低等级玩家可以获得1个铜币。
- 抢怪（有办法界定这个行为吗？）。
- 不文明用语。

对于许多游戏而言，没有那么多的过分行为，所以未必能够用得到过度合理化去规整玩家的错误行为。可以去规整的是一些不太期望玩家去做的事情，比如期望玩家多去刷高级副本，那么依旧提供低级副本的通关奖励，比如完成10个低级副本可以额外获得100个铜币。由于奖励如此少，便让玩家对此失去兴趣。

对比于直接减少低级副本的掉落这种粗暴的做法，过度合理化能够更加温柔地从玩家的心理上促使他去挑战合适的副本。比如为了减少玩家抢低级怪的情况，额外设定一条奖励，就是杀1000只低级怪，可以获得100个铜币，一些玩家也会因此产生过度合理化，从而减少抢怪的情况。不过这一切都只是一种助益，不会总是效果显著，可酌情使用。

5. 自利性记忆重构

记忆的重构能够使人们改变对过去的记忆。布兰克与其合作者曾就德国出现的令人惊讶的选举结果，邀请莱比锡大学的学生回忆他们两个月之前对投票结果的预测。他们发现大学生们表现出明显的事后聪明式偏差，倾向于回忆自己的预测与后来实际的投票结果比较接近。

人们的判断、认知也会重构他们过去的行为。罗斯、麦克法兰对滑铁卢大学的学生传达一种信息，使他们相信刷牙的必要性。之后，在一个完全不同的实验里，让这些学生回忆之前两周的情况，结果他们回报的刷牙次数要比那些不知道这条信息的学生多。

这种记忆重构是非常广泛而且频繁出现的，既在人们的现实生活中，也在设计师制作的游戏中。如果要去设计这种记忆重构，可以这样试试：用一些NPC去帮助玩家把其之前的游戏历程，重构为正向的、优秀的，从而影响他们对现在的游戏体验的感受。

与真人互动时，人们更容易相信一些误导性信息是真的，但对于游戏中的NPC，一开始玩家们就不认为它是真的。作为设计者，必须给出一点干货，比如用后台系统去记录玩家的一些数据，或者获得的评价、游戏的效率、时间等数据，然后通过NPC的嘴说出来，以此来提高这个NPC的可信度。

一直以来，在一整段的游戏历程里，也很少提醒玩家回顾他们之前的历程。但在很多的电影、动画作品中，每当主角遇到人生的困境失去信心时，其他人的安慰方式经常就是帮他回顾过去，让他再次想起之前成功过的各种事迹，从而帮他重拾信心、爱意、信念。

除了真实的数据展现外，还可以有另一种设计方式，就是给出好的标准询问玩家能否达标，比如一个守门的NPC用无关紧要的一句话来询问玩家：

"今晚的秘密集会只允许那些在过去一周中取得优秀战果的玩家进入，您是否为工会击杀过特别强大的怪物，真诚地为工会的发展做了大量的奉献，或者协助工会领袖完成过重要的任务？"

实际上，游戏中哪里有那么多真正有超高难度的世界级怪物给玩家击杀，但几乎所有玩家都会在被问到这个问题时点选"是的"，并且如果这时系统真的询问玩家实际做了哪些事情，他们肯定也能够列举一些事情出来。即使这些事情的实际难度、贡献度不足，但他们都会认为自己是做到了的，自己是超级厉害。

对于设计师而言，就是要让玩家获得成就感，间接地也是增加了对游戏的好感。

6. 盲目乐观

在高考委员会对829 000名高中学生的调查中，没有人在"与人相处能力"这一主观的条目上对自己的打分低于实际平均值，而且有60%的人的自评是在前10%，另外25%的人则认为自己是最优秀的1%。

绝大部分人都容易盲目乐观和自我评价过高，鉴于这种情况，可以让他们先自我评价，之后他们为了保持自我的一致，就会拼命去达成他们所说的。

这是一个很好用的心理效应！只要抛出问题，玩家就会给自己下套了。游戏中有很多的评分系统，只要让玩家去预测他们接下来会获得怎样程度的评价，之后他们就会在游戏中努力去达成。如果对于不同程度的预测结果，还能得到程度不同的奖励，这个效应的影响力就更强了。

比如按以下方式去设计。

在玩家出战前，偶尔会出现一个 NPC，客套地恭维了玩家一番后，问他们觉得这次征战能够获得怎样的评价？并给出几个选项：SSS 级、S 级、A 级还是 D 级？玩家做出选择之后，NPC 再补上一句对白：如果能做到的话，再给玩家对应的奖励。

设想一下，如果此时是你来选择，你会选 S 还是 A？再加上有达成奖励的话，你会不会非常努力？

上述方式涉及提供奖励给玩家，需要注意，不要把玩家的心理变成"过度合理化"，不要让他们认为是为了奖励而去做这件事，而应把这个内化为对他们的挑战，对他们能力的认可。所以这个 NPC 可以是客套，也可以是挑衅般的口吻，注意所使用的措辞。

除了这些评分型的，也可以是别的结果预测。

城主，你作为一个强大的勇者、智谋无双的城主，你觉得咱们的城市什么时候可以达到 10 级？

- 很快。
- 一个月后（游戏时间）。
- 四个月后。

玩家不会否定自己，于是他就会为了自己的盲目乐观负担了一个承诺。

2.2.3 情绪影响理性评估

1. 情绪和判断

情绪会渗入到人们的思维中。对那些正在享受自己的球队获胜的人或刚看完一部温馨电影的人来说，他们感觉生活好极了，其他人看起来都像是好人。

人的情绪会改变和影响他们实际的见闻和经历，就像 Photoshop 中给图片加上一层颜色的蒙板。人脑读取记忆和做决策的方式类似于一条电子河流，经常使用的知识和思路就像河道，使用得越多，河道就越宽。而人们用来协助回忆的一些手段，比如某些信息点：何时、何地、谁、气味、那天穿的衣服等，就像一个个节点，帮助人们在错综复杂的网状河流中，找出正确的那条河流，就像点连成线一样。

但这些节点除了属于某一条河道外，它们也经常同时属于很多条其他的河道，所以点亮某一个点时，连带的也就会让其他河道的信息在人脑中闪现。这是人脑的特性，是无法阻止的。根据人们自身特有的知识和经历，一个节点会同时点亮与它相关的多个信息，比如看到"蚂蚁"，就会联想到昆虫、咬、沙砾等。所以误导信息对人的影响，情绪对人的影响，都是因为它们点亮了某个节点，带来了其他信息从而造成影响。情绪对人产生影响的另一个原因是某些情绪导致的激素分泌，让人处于某种状态中，并且会持续一段时间，这也会导致人们在一开始接受和处理外界信息时，就产生偏颇。

人终究为人，情绪是一项基础的生理技能，这世上虽然有四大皆空、超越凡人的圣者，但对于大部分人而言，情绪的效果都是难以抑制的。

鉴于这样的情况，可以在游戏中植入开心快乐的场景，比如村庄的欢庆活动、战胜怪物的庆祝活动。再比如记录下玩家首次拯救村庄的日期，之后每个月村庄的人过来对他感谢并庆祝一次，从而影响玩家的情绪，影响他对游戏的回忆和评价。

借助 NPC 的欢乐和对玩家的感激，来让玩家也欢乐起来。试着把这个做法与其他要开发的内容相结合。

基于人脑的这种特性，科学家们做的另一个试验证明，植根于被测试者头脑中的观念被当成先入之见，它们会自动不经意地、毫不费力地、无意识地启动被测试者对时间的解释和回忆。如果人们先前看到了诸如"敢作敢当""充满自信"这样的词，在随后一个不同的情境中，人们更容易对一名登山者或大西洋上水手的照片形成积极的印象。而一旦他们的思维受到诸如"鲁莽的"这样消极词汇的启动，就会对这些人物形成相对消极的印象。

这个技巧运用于文本内容中是自然的。但现在的玩家都很急躁，他们很少会仔细地看对白或任务剧情。所以实际制作时就要既考虑保持对白的简短，又能够达到这样的效果。那么除了对白，也可以是语音、NPC 的动作、背景音乐、NPC 的穿着和行为等方式。那么这时就不仅是一个"误导信息"了，而是设计了玩家周围环境中的许多因素再一起把玩家引导向想要的方向。

这一段既可以称为误导信息，或者也可以称为先验信息。设计师要去思考游戏是要传达何种情绪给玩家，然后再去考虑游戏中各种怪物名字、造型、关卡内容等设计方案。

2．阈下刺激

在上一个效应的基础上，科学家们发现了阈下刺激。也就是一些虽然人们能感觉到，但在意识层面却察觉不到的刺激来对人造成的影响。比如在 100f/s 的影片中插入特定的文字"爱我爱我爱我"，虽然肉眼是可以接收到的，但人们是没有知觉的。

最初的实验证明，虽然被测试者没有知觉，但还是对他造成了影响。这个实验公布出来时，对整个社会是造成了很大的影响的，大家都觉得人类此后可能就将会被大商团控制了。

但后来的实验接着证明了，阈下刺激可能没有先前研究者所认为的那样有效。例如，尽管阈下刺激可以激发个体做出微弱的快速反应：即使达不到有意识的唤醒水平，也足够产生某种感觉。但并没有任何证据表明，用磁带播放包含商业内容的阈下信息能够重构人的无意识心理活动，并带来购买行为。

在此讲解这个心理效应只是为了说明，很多人看到阈下刺激的研究报告后，就觉得弄一些肉眼难以察觉的字体出现，比如"给钱""爱我"，但实际上是不行的。

不过虽然没什么效果，但现在的广告、电影、电视等行业还是禁止了加入阈下刺激的信息。

另外有一个有些接近但不太一样的情况，在此也进行讲述。《宠物小精灵》这一家喻户晓的动漫连续剧，曾经发生过一起"3D 龙事件"，"3D 龙"本来是其第一季中正式播放的某一集，但第一次播放后，全日本多地出现了不少观看者呕吐头晕，甚至住院的情况。虽然立刻就禁播了，但其原因直到过了很久才被查明。

日本以前制作动画时（许多动画都采用过）为了表达震撼感，会采用背景闪烁不同颜色光的技术。在每秒 24 个画面的速度下，每 1～2 个单位时间反复播放不同画面，如爆炸时画面用白→黑→白→黑的快速闪光。除了达到视觉暂留的震撼效果外，还能节省动画制作的时间与成本，因此 20 年来这个技术一直被普遍使用。

在《电脑战士 3D 龙》中，为了配合"电脑世界"场景，爆炸的闪光都以红→蓝→红→蓝代替。另外为了达到更震撼的效果，这集使用闪烁技术的频率也比以往更高。经过制作单位检验后，初步认为没异状。不过制作单位没考虑到，《宠物小精灵》在当时是轰动全日本的动画片，观众中有许多视觉比大人更敏感的青少年。加上儿童大多喜欢不眨眼地盯着电视看，而红光与蓝光（最为刺激人眼）快速切换的速率又高达 1/12 秒一次，于是在这些孩子观看动画片的同时，视神经受到强烈刺激，影响到脑部的控制，轻则不舒服，重则会昏厥或痉挛，这个现象在医学上称为急性光过敏症，也称为光敏感性癫痫症。在以往并不被人重视的光过敏症，因为这个事件而在医学界开始被大力研究，同时也促成了新的动画制作规则的制定。

3．教师的期望与学生的期望

皮格马利翁效应是指人们基于对某种情境的知觉而形成的期望或预言，会使该情境产生适应这一期望或预言的效应。

皮格马利翁效应留给我们这样一个启示：赞美、信任和期待具有一种能量，它能改变人的行为。当一个人获得另一个人的信任、赞美时，他便感觉获得了社会支持，从而增强了自我价值，变得自信、自尊，获得一种积极向上的动力，并尽力达到对方的期待，以避免对方失望，从而维持这种社会支持的连续性。

事实上，后来其他研究者再次进行实验时发现这个效果"异常难以重复验证"，在 500 个发表的研究中，只有五分之二确实验证了。反过来也就是说，依据更广泛的研究而得到的结论是，较低的期望并不会毁掉一个有能力的孩子，同样较高的期望也不会魔术般地将一个学习吃力的孩子变成毕业典礼上致告别词的毕业生代表。期望能够改变人的努力程度，但人类的天赋不是如此容易改变的，并且还有很多努力和天赋之外的客观条件，这些都会限制期望所产生的效果。

但即使只有五分之二的有效性，作为游戏世界的创造者，设计师也应该让 NPC 表达出对玩家的期望。只要反复赞扬玩家做得好，玩家是有可能真的做得更好，而且只要做得更好的路途上包含一些想要的目标，比如操作更优秀、成长更快、更多使用技能、更多付费等，这对于设计师而言就非常有用了，五分之二已经算非常高的了。

也许皮格马利翁效应培育不出许多极其优秀的学生或玩家，但也能够让参与度低的学生或玩家，变得更能投入于学习或游戏。

而另一方面，一个班里的学生对老师的态度和老师对学生的态度同样重要，即便最后的判断点是放在学生的改变上。即学生越觉得老师优秀，他也就会更容易变得优秀。那么对于我们而言，自然是尽量把游戏做得更好，尽量让玩家对游戏的评价更高。就像一开始的《WOW》的玩家，因为《WOW》在当初引进中国以及之后的很长一段时间，都是一款非常优秀、突出的游戏，于是《WOW》的玩家们也产生了自豪感，他们也因为游戏的高品质，而尽量克制他们不在游戏中做不好的行为，而且也更多地做出一些友善互助、团结奋斗的良性行为。当时最初的那批玩家，最初的那个游戏环境、游戏氛围，真的非常棒！

所以回过头来讲，无论是真是假，一开始就要保持好玩家对游戏的期待！除了画面，在玩法上，在内容上的展开，都要保持这份期待。这需要保持好神秘感，让玩家接触得到一部分内容，但同时还有更多内容需要以后才能接触。实际的手法就是间接、不刻意地展现出未来广阔的内容，但当时却不给玩家实际接触的机会；让内容不停地推进，却又不停地有新的包袱抛出去，时不时给玩家一点甜头，让他们想玩下去。

这个说起来容易做起来难，其包含了整个游戏的大设计，从一开始就要决定是用玩法还是情绪来吸引玩家，以及如何有吸引力，又有节制地展现给玩家，并且一步一步地把他们带入设计好的游戏体验中。

4. 用其他人的赞同强化原有态度

实验者让一些大学生阅读有关某人的人格描述，然后让他对另一个人总结该描述，这个听众在听的过程中会给出即时的反应，喜欢此人或者不喜欢此人。当听众喜欢此人时，这些学生会总结一个更积极的评价。而且在说过好话之后，他们自己也会更喜欢这个人，让他们回忆自己所说的内容，会记起比实际更多的积极描述。

简而言之，人们似乎会倾向于根据自己的听众来调整讲话内容，并且在说过以后也会更偏向与听众相同的评价，如图 2.3 所示。

图 2.3

可以这样做：设计一些场景，让玩家对 NPC 做出好的评价，接着其他的 NPC 赞同了他的评价，从而提升玩家对 NPC 的好感。

或者让玩家对某段经历做出评价，比如以下的对白互动。

哇！今天是我第一次猎熊，到现在都还感觉好激动，你感觉怎么样？

超级棒的！还不错！

是啊是啊！此刻一想起来，我都还会忍不住攥紧拳头，太刺激了！

客观来讲，这有多大作用呢？肯定不会很大，人心可以被影响，但不会那么容易被控制。可是作为游戏的设计师，不就是应该在各个方面都设计得更好吗？

那么除了能够在剧情中使用，还可以在什么地方使用呢？

可以让玩家强化对某个游戏系统的认知，觉得这个系统更有价值。比如现实生活中，某人买了件衣服，别人问他那件衣服好不好看，他回答好看，别人了解后也赞同这一观点，于是他就会真的觉得这件衣服不错。这在现实中是常常见到的，如果要把它转化为游戏中的情况，首先需要让玩家得到其他人的赞同，这一点不太容易，可以用一些集赞、朋友评分的方式来让玩家得到他人正面的评价。一些游戏的换装系统可以方便、直接地使用这一方式，别的一些比较功用性的系统，比如 998 元的屠龙宝刀，玩家多是从功用性方面去收获朋友们的羡慕，但想要玩家特意地在系统中表达主观情绪方面的赞赏，一般人还是感觉比较扭捏。可以刻意地设计一些方式去减少一般人的扭捏，比如为那名玩家点赞可以获得一点奖励，那么他们更容易安慰自己是为了奖励。而购买了 998 元的屠龙宝刀的玩家看到了几百几千个赞时，却认为别人是真的在赞赏、羡慕他。

5. 易得性想象

易得性想象会影响人的判断和情绪，假如人们喜欢的球队以一分之差输掉或赢得了一场重要的比赛，人们会比分差大时，产生更大的情绪波动，会感到更大的遗憾或宽慰。当持续出现易得性想象时，观众或者玩家的情绪变化程度是高出很多的，因为情绪是会叠加的，在他们焦急地等着结果的这一个过程中，情绪都在一直叠加。

如何去创造这种易得性想象呢？比如让评分系统有一些规则，使得玩家的最终评分会受到一定的改动，更接近于上一级或下一级，也就是可能会改变评分结果的规则系统。除了评分系统外，任何有随机性的系统，有一段过程的游戏体验都可以应用，比如装备系统，投入升级材料后，有可能"升星"（游戏中的成长系统）也有可能不"升星"，把这个过程展现出来。比如赛车游戏，其他的赛车老是能跟紧玩家的赛车。

挑战的刺激程度，也与这种易得性想象有关。面对能力接近的对手，让人们一直处于赢或输的两种可能的波动中，他们也会对此叠加出更高的情绪，甚至不是能力方面。

必须明晰地告诉体验者可能面临的两种结果，比如在设计怪物的难度时，如果设计玩家得用 10 分钟去击败一只弱小的史莱姆，由于史莱姆没什么攻击力，玩家只是因为它的血量太高而需要 10 分钟去打死它，那么玩家心中也不会思考到失败的可能性，他们不会对这个结果患得患失。但如果史莱姆只有承受玩家 10 秒攻击的血量，但在它生存期间能够发动的两次攻击中，任意一次攻击命中都能够直接秒杀玩家，那么玩家心中就会考虑到失败的结果，每次史莱姆开始攻击时，玩家就会开始紧张。

放到更广阔的情况中讨论，对于现在的很多手机游戏，由于只是做了很多的成长系统，一切都靠数值决定，那么玩家在玩的过程中，一开始就基本明白了可能打得过或是打不过。而且很多时候都不会因为他们的操作能力而产生变化，那么他们心中就明白其实没有两个结果，就不会患得患失，也就不会产生专注和感到刺激。必须让玩家容易死，让数值不至于决定所有，让他们心中能够预估到两种可能的结果，但又无法直接地看到结果，这样的游戏才会更吸引他们。

易得性想象也是会有心流的一个原因，就看如何挖掘更多的方式去使用。

下面继续深入讨论，易得性想象除了结果，同时还因为这个结果的展现需要一段时间，也就是提供了玩家一段时间去想象和感受两个不同的结果。假设这不是一场持续几十分钟的比赛，而是玩家输入数值，然后计算机立刻计算出来的一个结果，玩家没有了等待的时间，由于结果直接就展现在他们眼前，没有了想象的时间，那么这个心理效应也就不会产生。所以反过来，应留出一段时间，就像高潮前的铺垫、风暴前的平静、危机来袭前的寂静，这段时间提供了玩家想象的时间，才能让他们对结果有所预估。比如一些游戏中，有"子弹时间"这种设计，它就完美地表现了勉强避开子弹的那种情境。"子弹时间"是战斗过程中即时的展现，也有很多其他的时间设计方式，请读者自行思考。

2.2.4　帮助和合作

1．共情

被唤起共情的人通常会施以帮助。

在一项研究中，让一名年轻妇女假装正在遭受电击的痛苦，然后让堪萨斯大学的女生们观看。实验间歇时，那个看起来已经很痛苦、遭受电击的女士随口谈起，她童年时曾掉进电栅中，因此她对电击非常敏感。出于同情，研究者会建议观察者或许能与她调换一下位置，接受余下的电击。而在这之前，一部分被测试者被告知这个遭受电击的年轻女子与他们有相似的价值观和志趣（以此来唤起他们的共情）。研究发现，这组已经被唤起共情的被测试者，基本上都表示愿意替代那个年轻女子接受剩下的电击。

但是再进一步讲，当人们产生了共情，可是同时有别的方式能让他们内心好过，他们就不太可能帮助别人，注意这里用的是"内心"而不是"良心"。比如在上述实验中，先播放愉快歌曲的磁带，结果人们即使唤起了共情，也不是特别愿意提供帮助。

共情需要比较多的内容陈述，对于小型的游戏就不太合适。

跟身边任何一个人说话，对于他所讲的处境或行为，人们都会或多或少使用到共情，帮助自己去体验他人的经历和心情，从而让自己能够更好地理解他人行为的目的，并与他交流。只要 NPC 有着情绪和内涵等玩家体验，玩家是能够体验到一个 NPC 的情绪的。在很多游戏中，NPC 就是一个发布任务和接受任务的机器，所以玩家已经习惯于漠视 NPC 的存在。而且现代人越来越急躁，玩家也越来越不想花时间去看文本，所以要达到让玩家去体验 NPC，需要更好的做法，比如通过行动而不是文本，或者通过语音、表情等直观、直接的方式。

举个简单的例子。

玩家先看到某个村庄被匪徒蹂躏，一个 NPC 被杀害，一个小孩子遭受痛苦的经历，此时出现一个 NPC，请求玩家拯救他们。

面临这些情境，你帮不帮呢？无论最后帮不帮，此时有没有感受到共情和道德观对你产生的压力呢？无论结果怎样，这些内容都使得我们的游戏世界更加有血有肉，不是一个干巴巴的任务链。玩家们会看到游戏世界中的 NPC 都有自己的目标，所以才请求他们去做各种各样的任务。

共情其实算是一种人类的基础能力，社会性动物必然会拥有的能力。也许上述的举例都是悲伤方面的共情，但本章前面部分的内容也包含了其他例子，当共情一些快乐的情绪时，也是可以影响到玩家的。所以这是一个能力，一个人类自身所具有的，而且可以被设计的能力，至于具体用在什么方面，就依目的而定了，就看想要创造出的是喜或悲的情绪了。

这些共情的对象未必是另一个人，更不一定必须出现或者需要具体到一个确定的对象，比如让玩家行走在荒芜的村庄上，然后发现了路面上有一只被火焰烧掉一半的小布鞋。此时他会想到什么呢？一个村庄悲惨的遭遇，一个可怜的小女孩的不幸命运，所以共情并不需要很明确的一个人，一个目标。

这是一个基础的能力，而且对日常的影响也相当广泛和深入。这方面建议去看看《游戏情感设计》，它的内容基本都在文本方面，如何写出震撼人心的剧情，其提供了相当多的方式和思路，讲述如何在文本和剧情上去创造引人入胜的情节和有血有肉的角色。另一方面则在于如何多用内容，多用互动式的方式去让玩家产生共情，并因共情而更积极地参与游戏。

共情引起的是人们对于其他人类个体或智慧生物的情感投射，但这些情感对于只强调成长线和玩法的游戏项目，也可以是非必要的。用标识物、对话、互动内容等创造的共情，也只有在适合它的地方才有用。

2. 社会助长行为

实验证明了他人在场时，能够提高人们做简单任务的速度，同时也证实了他人在场能提高人们完成简单动作的准确性。

这种社会助长作用也同样会发生在动物身上。当有同类在场时，蚂蚁挖掘沙子的效率会提高，小鸡会吃更多的谷物。"处在人群之中"对个体的积极或消极反应都会有增强作用。拥挤能增强唤起状态，所以在多人的课堂上，学生学习得更好，所以演唱会人一多，每个人都会更兴奋。

唤起能够增强任何优势反应的倾向。比如会提高简单任务的作业成绩，因为在这些简单任务中，"优势"行为往往是确定的。人们在唤起状态下，完成简单的任务是最快的。而在复杂的任务中，正确答案往往不是最直接的那个反应，所以此时的唤起反而容易增强错误反应。因此，在一些更困难的任务中，生理唤醒更强时的成绩反而更差。

当个体多到拥挤时，这种唤起状态就会变得扭曲。1962年约翰·卡尔霍恩用小白鼠做了实验，他让一组白鼠在一定大小的房间中繁殖，直到数量增加到拥挤的程度从 $3m^2$ 放12只成年白鼠增加到30只左右。然后原有各种行为组的白鼠就开始出现异常，比如统治型的白鼠会对其他雄鼠怀有攻击性，开始攻击雌鼠、未成年鼠以及不动的雄鼠。而雌鼠会从正常的怀孕生产和照顾幼鼠，直接变成哺育能力缺失，发情时则会被一群异常兴奋的雄鼠无休止地追逐直至无法逃脱，并且怀孕和生产过程中并发症发生率很高，转移幼鼠时可能转移了一些而忘了另一些，导致其被遗弃致死或被成年鼠吃掉。

还有其他的情况，这里就不列举了，总而言之，过分拥挤是会激化很多异常的情况，包括让个体更容易烦躁，直至攻击性大幅提升，记忆力免疫力下降等。

在游戏中，拥挤并不会直接带来玩家身体上的不适，只需要去注意因为拥挤而导致的社会服务变慢，比如服务器响应时间，或者NPC与玩家的交互。另一种情况是人物或怪物太多时，他们导致的密集恐惧症或与地图背景在色彩上反差太大，导致不好看。但这些都是基础性的问题，不太涉及游戏设计，注意避免就好。

3. 社会懈怠

个体认为只有在他们单独操作时才会受到评价，而处于群体情景时，就会降低个体被评价的概率，于是他们就容易发生懈怠。

当不让员工单独地为某事负责或并不对其努力程度进行单独评价时，他们就会因为失去压力，进而容易发生懈怠。一旦受他人观察，个体被评估的压力会有所增强，懈怠也会减少。而对于群体中的成员，由于责任被分散了，他们也一样减少了被评估的压力，社会懈怠也容易发生。

关于"社会懈怠"的研究在现实生活中有很多应用的地方，比如管理团队时，要让每个人都感觉受到关注。而放在游戏中能够有什么用呢？我们已经通过乐趣、目标等方式去让玩家积极参与了，社会懈怠何时才会出现在他们身上，并达到需要去矫正的程度呢？比如当玩家组团进行副本攻略时，团长不希望有成员偷懒，或者对于一个工会的成员，期望每个玩家在推动工会进步的道路上更加积极地参与，而不是做一个附庸在工会中的"上线人头"。

那么除了设计玩家间的评估规则，创造一些 NPC 角色替代工会管理人员去监督他们也是可以的。比如玩家在野外进行任务时，有概率获得一个特殊任务，此时会出现工会的守护女神来到玩家身边，请求他一起为工会做某些事情。她就相当于这么一个监督的角色，为工会控制社会懈怠，以及产生群体内的认同感。

可以设计一个女神的美好形象，也可以设计一个冰冷无情凌驾于所有玩家和游戏角色的系统来作为监督者，这一样有效，只是带给人的情绪不一样。设计这样一个系统并且将游戏内的主要冲突和剧情发展定为如何打破它的监督和控制，也是可以创造出很有张力和紧张感的一段体验。

面对社会懈怠有着进一步的心理效应：面临困难的任务时，人们更可能认为自己付出的努力是必不可少的。一个超级目标促进了合作，同时也会让每个人更积极地参与，他们会觉得需要去帮忙，需要一起去努力。对我们而言，就是要去创造困难的任务，以及更好地展示它的困难和重要，让团队中的每个玩家都清楚地认识到需要他们一起来付出和努力。

如何做？

- 单个玩家极易被击杀，需要玩家们抱团，他们可以相互救治或提供一个依据人数而提升效果的 BUFF 之类。
- 玩家付出的努力只能影响到总体的一小部分，他们可以战胜某部分的敌人、集齐一定的物资、守住某个据点，但是一个更大的 BOSS 或广阔的战争形式不是他一个人阻止得了的。

- 需要很多的玩家共同配合，一个团队的几股玩家只能完成一定的功能，需要另外的玩家去完成其他的功效。

对于一个游戏而言，不能让玩家面对超难的挑战并且直接被击杀，需要让玩家，让每一个玩家都有适合自己的难度挑战，并且这个挑战是不因其等级和数值能力而绝对无法完成的。也就是 BOSS 的伤害有限，玩家不会很容易死亡，不同能力的玩家有适合他们去做的事情，只是他们付出的努力对于总体的进度而言算是一小部分，甚至是极小的一部分。

再进一步的方式：小即是美。

缩小群体的规模，会让每个人都能更加明确地感受到自己的责任和对集体的影响，同时他们也会更容易受到其他人的关注和监督。这里包含的第一点，缩小群体的规模，比如直接限制工会、队伍的上限人数，或者在工会中帮助玩家们分组、分团，以及多设计一些同时出现，并需要好几组人分头行动的任务、活动，迫使玩家去分组。

第二点则是让人们更明显地感受到自己的责任和能够产生的影响。设想团队中的一员，在一场大型的战争中，砍下了敌方一个团长的首级，导致对方这个团开始混乱，这是很突出的一个贡献，那么把它展现给所有人看，让这个玩家和所有人都看到这些影响。再比如更简单的情况，假设每个人都是以每次 1%的效率在为最终的胜利而努力，而某个玩家突然做出了一个 10%的贡献（只是这个玩家自己看到），即使这个 10%的贡献得来是完全没有技术性的，只是随机出现的，但也会让这个玩家觉得自己很优秀，他对团体做出了更大的贡献，他也会因此变得更积极。

还可以在一开始就设定出一些关键的角色，比如一队去炸火车的特工中，如果一切情况顺利，那么护送炸弹和设置炸弹的工兵会是一个关键角色。比如一个需要由他使用"无敌"技能去抵抗 BOSS 的必死技能，从而拯救整个团队的骑士；比如刺杀任务中，直面敌军首领的那名刺客。不过这也有一个弊端，当我们更专注于某几名团员，比如治疗或远程 DPS 时，虽然确实让他们更清楚了自己的重任也提高了他们的参与度，但如果不设计好其他人的游戏内容，容易导致其他人反而因此开始松懈，这也是需要注意的。

4．增加帮助行为

要让人自发产生一些帮助他人的行为并不容易，请自行看书了解，这在《社会心理学》中也是整个一章的内容，以下只简述几个要点。

（1）解开对帮助行为的束缚。

- 降低模糊性，提高责任感。
- 感到内疚和关注自我形象。
- 他们有余力去帮助他人。

（2）利他主义社会化。

- 教化道德内容。
- 树立利他主义榜样。
- 把帮助行为归因为利他主义。
- 学习利他。

列举其中一个要点："他们有余力去帮助他人"。如果这是在一个节奏非常快、每个人压力大、时间少的社会，其中的每个人一开始就不会有太多的经历去关注外界，也就不容易发现需要帮助的人了，其次就是即使他们看到了，也未必有余力去帮助他人。

对应在游戏中其实也一样，很多游戏都设计成玩家每天必须马不停蹄地去做这个去做那个，完成一个又一个的任务，那么玩家就没有停下来、慢下来的时候，此时他们又怎么会看到其他需要帮忙的人，并且去帮助他们呢？必须设计一些可以让他们慢下来的游戏内容，比如许多人一起护送一辆移动速度特别慢的马车，这可以让他们慢下来有机会去社交。

也可以设计一些让玩家们在完成自己手头任务的同时，可以顺便帮助其他人的游戏内容。例如，每个玩家都会接到一个两段式的任务，其中第一段是抱着一颗巨大的水之宝珠去村庄救火，但半路上有一些怪物，由于玩家抱着宝珠无法攻击，所以需要小心地避开怪物的攻击。而第二段是玩家来到山顶，拿起 NPC 提供的狙击枪，射击山下的怪物，其中就包括第一段路程上的怪物。那么在玩家完成第二段的任务时，他们其实就是在帮助正在完成第一段任务的玩家了。

或者设计一些同时包含这两段内容的任务，比如玩家需要穿过一段火焰之地去取得其中的某个物品，他们会获得一个保护性技能——能够产生寒气抵挡火焰的伤害，但只有一小段持续时间并且需要冷却。但这股寒气也能够同时保护到范围内的其他玩家，那么他们可以两三个人互相轮流使用这个保护机能，快速、无伤地通过这块区域。游戏机制如图 2.4 所示。

假设设计这样的日常任务：救助 5 个"濒死"的玩家，即使这段内容只是占总体日常任务 3%的进度，但玩家还是会为了这 3%的进度去帮助他人。而这一点点低廉的奖励也有助于在他们形成习惯之后，认为自己是好心而不是刻意为了奖

励而去做这个事情。

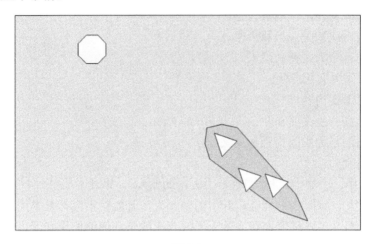

图 2.4

还可以使用羁绊和身份来促使玩家们相互帮助，比如国内的游戏设计了很多诸如师徒、夫妻这类的关系。或者给玩家贴标签"乐于助人的某某"的话，玩家确实会提高帮助他人的概率，但如果让玩家自己选择，他们基本不可能选择"乐于助人的某某"作为自身的头衔。也可以用这样的方式：假设游戏中每天可以跟女神领一个 BUFF，将这一系列 BUFF 名和效果引向某些方向，比如"善良之星：野外战斗中防御力提高 20%，完成低级副本获得的经验提高 20%。"，用这种方式去给他们贴标签。如果进一步要树立起利他的榜样，可以再设计，比如制作一个帮助他人的排行榜和评分系统，这个排行榜的得分方式是低级玩家每次获得高级玩家的帮助时，或者完成一些共同的游戏内容后，可以给高级玩家一颗红星。

无论这样的系统规则是否由虚荣或利益而起的，但实际能够给予其他人帮助，这就是好事。同时，事后都可以用一封邮件来引导玩家把他们的帮助行为归结为无私的利他主义。每一次他们这么归因，都会心怀更强烈的、无私的自我形象，从而之后再帮助其他人。

5．超级目标促进合作

超级目标在前面已经有所叙述，这里再进一步探讨。

当面对一个共同的外部危机时，成员之间容易产生紧密相连的凝聚力，一个超级目标能够将群体的所有成员团结起来。研究者们曾对一个夏令营的孩子们做了一次大型的心理实验，其中包含了很多的实验目标和手段，在此仅简单讲述一下。实验者将同一批参加夏令营的孩子们安排在两个营地，然后设计了一些目标让他们完成。一开始仅发布一些团队内部的目标，比如建好帐篷、取水等，后期则开始涉及另一个营地。实验者设计了一系列竞争性的活动，比如棒球比赛、拔河、营地内务检查、寻宝等。游戏中两个营地的人必须分出胜负，并且所有的奖励（奖章、小刀之类）都属于优胜者。结果两个营地逐渐进入了公开的"战争状态"，并迅速升级为烧毁对方旗帜、对对方营地进行骚扰等严重的情况。面对另一个有利害关系的群体，孩子们迅速变得野蛮了。

在这样的情况下，实验者们使用了"超级目标"这个做法，比如有一次，他们故意损坏了夏令营的供水系统，接着让两个营地的孩子们必须通过合作来修复水管。还有故意让卡车抛锚，男孩们一起把卡车拉到启动为止，结果在孩子们完成时，所有成员都相互击掌庆祝胜利，而在这之前不久，他们还是相互敌视的两个团体。

"超级目标"是非常有效的做法，为了一个更大的目标，人们可以忍受很多艰难的处境，不仅只是与原来不喜欢的人共事。"超级目标"对于相互敌视的团体也有非常好的作用，甚至无论结果如何，就去设计出这样的内容，它也能够让整个游戏的情绪内涵更丰富。比如《WOW—安其拉神庙》的版本中为了打开安琪拉大门，相互仇恨的部落和联盟玩家放下仇恨，一起努力，如图 2.5 所示。

图 2.5

小的设计，就比如很多的电影或其他艺术行业中的情节，一个角色迫不得已和他的仇人一起合作。再比如一些剧情之外，设计一个玩家自身难以完成的目标；

设计一场战斗中有多股力量，并且玩家属于弱势的一方；设计双方合作，可以双赢，而不合作，就什么也无法获得的情境，比如共同开发矿山。

如果游戏促使了仇敌们的合作，那么在合作的过程中，玩家们都看着对面的敌对玩家来来去去，但双方都要忍住，这让整个游戏有了更丰富的情感夹杂其中。超级目标有很多非常有效的正面作用，并让每个玩家感觉到自己的渺小和对伙伴的需要，这也非常重要。

2.2.5 说服的信息性因素

1．中心途径与外周途径

当人们有能力全面、系统地对某个问题进行思考时，他们更多地使用说服的中心途径，也就是关注论据，这称为中心途径。

在这种情况中，他们会：

- 具有某种动机；
- 高努力的加工过程，仔细分析；
- 令人信服的论点可以引发他们持久的赞同态度。

比如书写商城道具的物品描述时，如果使用中心途径，那么可以说明提升多少战力，进阶多少星级的数据。但这是不够的，不应该只是描述获得 200 点炼妖值这种程度，而是应直接说明到"提升 43%的炼妖等级，并获得 75 点战力提升"这种程度的数据。

如果人们无法全面、系统地对问题进行思考，他们就不得不采用外周途径。此时他们会有如下选择：

- 很少分析或投入精力；
- 低努力水平，使用外周线索，经验法则。

外周线索引发的喜爱和接受，通常只是暂时性的。比如这种措辞：买过的人都说好；80%的人都买了；外观看上去很强大……

那些难以被推敲的论据，最好就通过外周的手段来展示。比如《广告狂人》中有过一个烟草广告："某某牌香烟更好，为什么？因为它被烘焙过。"被烘焙过能显著减少尼古丁吗？不能，但广告可以拍成烘焙时香烟变得多么高档，接着明星多么享受这种香烟。这就够了，对于很多不深究的人，这一点论据足够说服他们了。

关于论据和说服，其实最困难的部分在于很多玩家是不去看文本内容的，很大一部分玩家连剧情都会直接跳过，他们不去关注剧情对白，对于道具说明就看得更少了。能够使用说服也就只是在商城中出售道具的时候，那短短的一小段文本描述，再除去功用性和一定的描述性文本，剩下可以留给我们用于说服的空间很少。

所以应该扩宽说服的途径，不要把它只局限于对白文本和道具说明，而是嵌入到各个可能的界面中。比如嵌入到宠物升级界面，当玩家在这一界面一定时间之后，出现一些走马灯或由宠物说出来的信息：升了这一级将使击败烈焰邪灵 BOSS 的概率提高到 97.1%、20% 的金币加成将使主人每天额外获得 127.5W 金币等。

97.1% 从哪里来？从玩家数据来，127.5W 金币和选择以哪个 BOSS 为卖点来叙述也是一样的，依据记录的玩家数据：玩家目前的卡点、日常的获得数量、各种战斗的数据，通过他们长期欠缺的部分，预估他们的需求。

再设想一下，如果游戏面对的是二三线城市的玩家，他们更容易受到外周途径影响。如果他们的社会压力也比较大，那么游戏会是一种放松的方式，现实的生活越不如意，就越会期望在游戏中变得强大。这样的人会很在意排名，在意与他人进行比较。而相对而言，受教育程度高，生活条件相对更好的人，则会更注重游戏乐趣。但这些玩家由于受到现实条件的限制，他们一般也不会在游戏中投入很多的钱。那么就要做到让他们充值一点钱，立刻就感受到强大，至少是对比不付费时要明显强大，这就很关键了，也就是把说服的论据放在与其他人的比较之中，比如"超过 32% 同等级的玩家""使您的排名提升 139 名""使您每天的金币获得效率达到全服务器的前 8%"等。

说服的对象不同会产生不同的效果。

- 对于乐观者而言，正面说服的效果最好；对于悲观者而言，负面说服的效果更好。
- 受教育程度越高或者善于思辨的人更容易接受中心途径的说服。
- 被说服者心情越好时，越容易被说服。此时他们会低估所需的代价。
- 唤起恐惧会更容易让人拒绝某些行为。

如何使用这些知识？比如在玩家成功完成一个困难的挑战之后，再问他们是否要购买新关卡，这是考虑了心情的因素。

除卖道具之外，说服玩家升级装备等级也是一种情况，如果用中心途径来进行说服，可以通过展示数据，比如"升级装备可以让伤害提高 30%""关卡清理速度提高 40%"。假设要刻意针对悲观者进行说服，那么把时机放在他多次失败的时候，比如消耗了许多门票来挑战某个副本但全都以失败告终时，此时的他是很无奈和懊恼的。

放出这样的信息"您的装备强化等级比大部分通过这一关卡的玩家低了 18%，也许您可以考虑一下增强装备的实力"。试对比"只要再提升 18% 的装备强化等级，

您将达到通过这一关卡玩家的前 10%"。第一种是反向的说法，第二种是正向的提示，并且包含了炫耀性，但在一个失败的、悲伤的情绪倾向下，使用反向的说辞会显得更柔化，从而适应更多的人。

2. 框架效应

框架效应是指在同一个问题中，使用在逻辑意义上相似的两种说法，却导致了听者不同的决策判断。

在一个"疾病问题"的实验中，研究人员让被测试者想象美国正准备对付一种罕见的疾病，预计该疾病的发作将导致 600 人死亡。现有两种对抗疾病的方案可供选择。假定对各方案所产生后果的精确科学估算如下所示。

- 情景一。对第一组被测试者（$N=152$）如此描述：如果采用 A 方案，200 人将生还（72%）；如果采用 B 方案，有 1/3 的机会 600 人将生还（28%）。
- 情景二。对第二组被测试者（$N=155$）叙述同样的问题，同时将解决方案改为 C 和 D：如果采用 C 方案，400 人将死去（22%）；如果采用 D 方案，有 1/3 的机会将无人死去，而有 2/3 的机会 600 人将死去（78%）。

实质上，情景一和情景二中的方案都是一样的，只是改变了描述方式而已。可正是由于这小小的语言措辞的改变，使得人们的认知参照点发生了改变，由情景一的"收益"心态到情景二的"损失"心态。即是以死亡还是救活作为参照点，使得在第一种情况下被测试者把救活看作收益，死亡看成损失，这个不同的参照点使人们对待风险的态度变得不同，而效果也如示例中的括弧内的百分比所示，变化相当明显。

当面临收益时，人们会小心翼翼选择风险规避；而面临损失时，人们甘愿冒风险倾向风险偏好。因此，在第一种情况下表现为风险规避，第二种情况则倾向于风险寻求。收益和损失完全是以认知参照点为依据的，参照点不一样，人们决策的方式也不一样。

再来看一个例子。

让人们对下列情景进行决策。

- 情景一。如果一笔生意可以稳赚 800 美元，另一笔生意有 85%的机会赚 1000 美元，但也有 15%的可能分文不赚。
- 情景二。如果一笔生意要稳赔 800 美元，另一笔生意有 85%的可能赔 1000 美元，但相应地也有 15%的可能不赔钱。

结果表明，在第一种情况下，84%的人选择稳赚 800 美元，表现在对风险的规避；而在第二种情况下，87%的人则倾向于选择"有 85%的可能赔 1000 美元，但相应地也有15%的可能不赔钱"的那笔生意，表现为对风险的寻求。

可以用框架效用来扭转某些事实带给人的感觉，这在美国总统竞选上有太多精彩示例了，效果非常明显。这种方法适用于去设计一些文本性的内容，对白、剧情、道具描述、界面。比如玩家输光了游戏筹码之后，弹出来引导他们付费的对话框中的文字如何写；比如玩法、活动的规则描述等。

更进一步来看，框架效应是因为人类心理上对风险的规避和更高获利的冒险追求这两点造成的。放在文本上，就是框架效用，放在其他地方，就会形成人们其他的一些行为倾向。

假设设计一个贸易游戏中商品买卖地的价格，以及信息的获得时，就可以用上这些效应。比如在一些国战型SLG游戏中，设定自身主城的守卫等级是依据军队人数而定的，但又提供选项可以派军队出去掠夺，设计好玩家的军队数量，使得他们派出一两只军队之后如果再派兵，就会面临守卫等级下降的情况。那么此时，玩家们的冒险精神就会开始作祟了，派兵还是不派兵呢？如果在大部分的非战时情况下，冒险的失败概率和代价不会太高，那么他们就会倾向于派兵。而这就是设计师希望的一个结果，让他们自行选择了更冒险，也就是更刺激的游戏方式。

希望使用这些效应都是为了让玩家花费更多时间，投入更多精力，经历更刺激的体验。

3. 诱饵效应

诱饵效应是指人们对两个不相上下的选项进行选择时，因为第三个新选项（诱饵）的加入，会使某个旧选项显得更有吸引力。被"诱饵"帮助的选项通常称为"目标"，而另一个选项则称为"竞争者"。

在电视机销售中，商家将供展示的电视机进行分组时，故意设计了如下可供对比的选择。

- 19英寸喜万年牌2000元。
- 26英寸索尼牌3000元。
- 32英寸三星牌5000元。

你会选哪一台呢？虽然不确定喜万年比三星要合算，但最终再三权衡后会更倾向于选择放在中间的那台索尼牌电视机。

是的，索尼牌电视机一定也就是商家在这一季中最想卖的产品。

这样的技巧还存在于各种各样的商品销售中，餐厅的菜单上总会有至少一个贵得离谱的高价菜，即使从来没有人点，甚至点了之后，店家也会说恰好卖完了。这道高价菜的存在并不是要吸引顾客选择它，而是诱导顾客点第二贵的那道菜。

因为当人们看到有贵得如此离谱的菜之后，一定会觉得第二贵或是更便宜的其他菜是如此"物美价廉"。

这就是第一种诱饵效应的作用方式，增加的第三个选项反而造成人们在难以抉择的情况下，最终选择了中庸的那个选项。

这个效应应用于礼包的促销是最直接的了，比如同时展示三款商品：6 元礼包、12 元礼包、28 元礼包。

除此之外，还有很多地方可以应用它来对付有选择困难症的人们。但注意使用方式应该是对应同一类型的三个东西，而不是三个不同的东西。

比如下面的这个例子，玩家基地需要招募更多的同伴，他们可以选择：

- 方式一，花费 500 金，招募一个看上去好像有点强的成员；
- 方式二，花费 800 金，招募一个看上去有点强的成员；
- 方式三，花费 1400 金，招募一个看上去应该强的成员。

注意这里与上一个例子不同的地方是，结果并不清晰，玩家必须靠主观猜测和选择。只要每个招募的成员能力是与金币成正比且系数是接近的，那么玩家几乎都会去考虑第二个选项。

当然，很多游戏已经运用这个效应去引导玩家开宝箱了。但按照这个思路，还是有很多其他的地方可以使用的。人们经常会依据成本代价去判断它可能带来的收益，即使两者之间并没有任何明确的逻辑说明，但玩家是第一次遇到这些选项，他们还是会倾向于认为世界是理性的，代价跟收益应该是成正比的。

假设让玩家选择他的部队在以下三个区域进行活动。

- 区域一，怪物聚集的森林，花费 1000 银币。
- 区域二，人类的村庄，花费 1300 银币。
- 区域三，沙漠区域，花费 2000 银币。

只看到这样的说明，会不会觉得沙漠区域应该比较厉害，而且也能带来比较多的收益呢？

而最后又会选择哪一个呢？上面的表述方式是为了引导玩家选择第二个，但"好像人类的村庄应该是比较普通的地方，不可能获得比较好的奖励"，玩家会不会有这样的刻板印象呢？至少笔者有，因为一直以来的很多游戏都从村庄附近开始，从平原，到森林再到一些极端的区域，许多人都会形成一般性的印象：村庄应该是一个比较普通的、不危险的地方。刻板印象是另一个心理效应了，在引导时也需要注意效应之间的交叉作用。可以在另外的地方，就把这种印象修正过来，也可以在这里，把人类的村庄修改为敌法师的村庄。再想想这时玩家会选择哪一个呢？

4．顺序和峰值

人们何时受到"首因效果"影响？何时受到"近因效果"影响？

如果两种信息连续呈现，并在之后经过了一段时间，此时就会出现首因效果。当听众在接受第二种信息后立即要求他们表态时，则近因效果会更明显。

其实这里只是为了说明，才把这个心理效应也写出来，在实际游戏中，很难用得到这种方法。如果刻意地使用，比如在游戏开始时，通过剧情透露出主角父亲死亡的两个原因。当玩家角色达到十几级时再来询问他们，那么这时就会出现首因效果。然而，当这个时候出现了首因效果，又或者设计成近因效果，对于游戏而言又有什么用呢？促成了更强的首因效果，然后让玩家接受信息#1，那么有什么作用呢？并没有太大作用，除非剧情做出一个反转，当玩家接受了信息#1后，剧情反转了，让他们惊觉自己的判断是错误的。然而这些比较偏向文本和剧情的设计，它在其中可好可坏，这只是一个手法，对于互动式的内容并没有太多的可用之处。

峰终定律是另一个非常强大的心理效应，诺贝尔奖得主，心理学家丹尼尔·卡赫曼经过深入研究，发现对体验的记忆由两个因素决定：高峰（无论是正向的还是负向的）时与结束时的感觉，这就是峰终定律。这条定律说明了人们总结体验的特点：对一项事物体验后，记忆最深的就只是在峰与终时的体验，而在体验过程中，好与不好的比重、时间长短，对记忆的影响远不如峰终时的体验。

很多游戏让人感到厌烦是因为每天做的游戏内容再也给不了他们任何情绪波动，也就是没有了峰值。如果结尾没有一些特别的事情，那么终值也没有了，即使这一天的内容是有一定刺激性的，也留不下好印象，如图2.6所示。

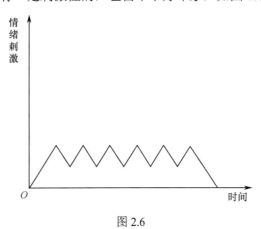

图2.6

但在很多行业的作品和设计中，有如图 2.7 所示的一条情感曲线。

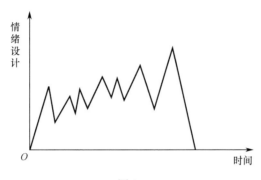

图 2.7

这条曲线才是一条有效的情绪曲线，按照这样的情绪波动去规划整体的游戏历程，可以让一整段的游戏体验更刺激和深刻。这条曲线会在第 3 章来讨论，而它对人类之所以会有这么强的作用，就是由首因近因效应、峰值终值效应、锚定效应等共同促成的。

5．自由度

给予一定的控制权，可以增强个体的健康和幸福。

对环境有一定控制权的囚犯，比如可以移动椅子、控制电视、开关电灯，会体验到更少的压力，也更少出现健康问题，并且更少有故意破坏的行为。给工地的工人完成任务的回旋余地和让他们拥有一些决定权可以改善并重振士气。庇护所里无家可归的居民很少可以选择吃饭和睡觉的时间，更谈不上控制自己的隐私权了，所以在寻找住处和工作时更可能产生被动和无助感。

但也不应该是过度自由。想想乔布斯是怎么做的？"苹果的用户不需要思考！苹果的用户只要按照我们的步骤做就可以了！苹果的用户只可以使用我们苹果的产品！"

其实用户需要多少自由呢？他们实际需要的是有那种自由的感觉，而不一定是真正的自由。就像另一个实验所展示的，如果卖冰淇淋时，告诉来询问的顾客全部的 100 种口味，顾客获得了最大的自由，但他们就会傻眼了。如果告诉他们有总数 100 种口味，但其中具体哪两三种最畅销，比如香草味、巧克力味和草莓味，顾客就能接受了。

另外有试验表明，人们对无法反悔的选择满意度比可以反悔的选择满意度要高。然而大部分情况下也没有提供可以反悔的选择给玩家，记着不要这么去做就可以了。

正常的人类都是很容易受到摆布的，只要有一点利益，然后持续地告诉他们应该去做什么，他们基本就会听话了。放在游戏中应该怎么设计呢？一环接一环会让人感到很累，但还是有很多人就会听话地一个一个去做。大部分的人都是懒惰症和依赖症患者，他们会很容易习惯一个事情，习惯一个即使没有多少乐趣，但不用动脑子的事情。然后即使制订了计划去做真正应该做的事情，也会拖延，甚至最后一点都没有做。

所以游戏里面不应出现给他们太多选择的感觉，用更直接的方式去告诉他们，你们接下来要去做这个，再接下来要去做那个。比如加一个 BUFF 给玩家，告诉他接下来去做什么会有额外的收益，或者阶段 A 完毕，才开启阶段 B。

在游戏中，持续地告诉玩家，接下来应该做什么。告诉他们现在进行到今天的哪里，还剩什么没完成。使用文字、UI、进度条等方式去传达。

对于现在的很多游戏来讲，给玩家一个目标已经是相当惯用的手段了，但情况是有时会过度使用它。我们知道在主界面上放一个商城按钮，那么它属于一级入口，这比它需要点开一次才能进入时，可以增加约23%的点击率。我们也知道放在界面上的任务指引会更有效地引导玩家去完成各个游戏内容，但问题就是，现在的一些游戏界面塞入了太多的东西，全部做成一级入口，都期望玩家去点击，但最后反而会让玩家们晕头转向。

即便做的不是强调玩法乐趣，而是强调成长线的游戏，让玩家聚焦于某一条成长线，也能产生更好的引导效果，让玩家只要关注一个明确的目标即可。

2.2.6 说服的心理性因素

1. 登门槛现象

实验表明，如果想要别人帮一个大忙，一个有效的策略就是先请他帮一个小忙。

研究者们邀请选修普通心理学的学生们在上午七点整来参加一个实验时，仅有24%的学生露面。但如果让学生在事先不知道时间的情况下答应参加实验，然后告诉他们时间，结果有53%的学生会来。

市场调查人员和推销员发现，即使顾客已经知道了推销人员在使用这种方法，登门槛仍然有效。比如一个最初没有损失的承诺，返还一张写有信息的卡片，答应去听一堂投资理财的介绍课，经常能让顾客答应更大的承诺。

对于精明的人来讲，他们很敏感这种推销方式，也是很反感的。怎样把它做得圆润一点呢？那就是请求玩家达成某个游戏中的目标而不是直接付费，比如把村庄升到 10 级，或者炼化某一把特殊武器，然后用它去砍断请求者身上的锁链。这就是将请求的目标改为能够引起玩家共情的目标，比如为了救某个人、帮助某个人，所以才请求玩家把自身的等级或者装备提高到某个等级，请求他们做某些事情。可以一步一步地提出更多的要求，比如在玩家砍断了 NPC 的锁链后，再请求玩家帮他恢复功力，帮他杀死山贼。而不是直白地告诉玩家，目标就是升到等级 10，武器突破到 1 星这样明显和无趣味性。

应尽量引起玩家的自我知觉，让玩家感觉到不只是一个 NPC 在请求游戏里的英雄，而仿佛直接地请求到了屏幕外的"他"。唤起玩家的自我知觉时，效果会更强。但设计师没办法让玩家直接产生自我知觉，那么先让玩家自我评价一下，比如问他，他是否是一个善良、坚韧、狡诈的人，无论玩家选择哪一个，在这里已经引起了他的自我知觉，之后再请求他。

玩家已经习惯在游戏中接到任务，然后一个接一个地完成任务了，这已经犹如一种登门槛。如果希望玩家做出一些更大的付出时，就要让游戏中的角色更重要、真实，而且让玩家产生更强烈的自我知觉。

2. 留面子效应

留面子效应也算是心理均衡的一种延伸。

先提出一个非常大的请求，这通常会被拒绝，之后换成一个小一点的请求，这时人们为了显得不那么刻薄，就会答应。首先，对玩家提要求的应该是一个接近于他们的生物，它至少需要在玩家心中有一定的价值，才会考虑他们的请求，无论这是一个陌生人还是他们长期相伴的一只小狗。

在游戏中使用这个心理效应最难的地方在于：提出请求的游戏角色对于玩家而言有价值。设想在《最终幻想》中，玩家控制着雷霆，这时香草突然请求玩家帮她筹集 500 万金币，就算他们明知不会有什么报酬或结果，但由于对 NPC 的重视，他们都会考虑去做。最正面的一个例子莫过于《仙剑奇侠传》，有那么多的玩家为了让赵灵儿在最后的结局不会死去，虚构并谣传着，只要收集 1000 只金蚕王，就可以打出隐藏的"不死"结局，然后就有许多玩家因为对赵灵儿这个角色的喜爱，便为之废寝忘食地努力工作。

在一个进一步的实验中，实验者请求被测试者们为某件公益事情捐款，对比两种询问的语句。第二种情况是实验者们只是多说了一句："哪怕 1 便士也是帮助"，于是捐助者从 39%上升到 57%。

总体而言，留面子效果还是很有效的。但对于那些被改变了决定的人而言，他们实际并不非常情愿，而且会很容易察觉他们的这种情绪。这近似于一种乞求，所以无论用在商品购买，还是一个NPC去乞求玩家做某个引导的事情，都可能导致玩家处于一种不是很舒服的情况，并且他会觉得自己额外付出了，他就是老大，他会想要在之后获得更多的回馈。所以也许这只适合跟登门槛一起，用在某些什么都不管，一心设计收费系统的游戏，或者决定杀鸡取卵的游戏。总之，慎行。

也可以不去创造一个让玩家认同的NPC，而是借用其他的玩家来请求。比如请求玩家帮他们一起完成任务，不要把这一切都放给规则上的设计，而是用一些弹框之类的方式来明显地请求一个玩家帮另一个玩家。玩家未必帮，但他们不帮也会产生一定的心理愧疚。也许在未来的某些时候，就会让他们在别的情境下做出一些别的行为来补偿。

3. 错觉思维

人们的错觉思维包括以下两种。

错觉相关：在没有相关的地方看到相关，当人们期待发现某种重要的联系时，他们很容易自行将各种随机事件联系起来，从而知觉到一种错觉相关。

控制错觉：50多个实验都一致发现，人们行动时往往认为他们能够预测并控制随机事件。

还有类似于把每个独立事件看成是有关联的，比如连续10把武器强化失败了，那么下一次强化的成功概率应该变得很高；好像整点的时候培养宠物比较容易出极品；队伍里带这个人物容易获得极品装备。对于这些错觉，除了一部分错得比较明显外，也有很大一部分与独特化、个性化的错误相关，玩家的许多错觉关联是设计师无法理解的。所以其实也不必去纠结应该怎么对待这些个人化的特例，对于比较大众的错觉才有必要考虑是否要澄清它，比如赌徒错觉这种很多普通人会可能产生的效应。

然而我们要消灭这种错觉还是任由它存在呢？或者就特意去创造一些"真实的错觉"，比如真的就在每个小时的前2分钟调高一些概率，有没有必要呢？也许吧。就好似都市之中需要传说，故意创造的这些"错觉"，成为了人们讨论的话题，而人们在讨论时，自然就增进了对游戏的参与度，增强了羁绊。

4. 赌徒谬误

认为未来事件的概率会受到过去事件的影响，即使是独立事件——连着四次开大，下次应该开小了吧？可以用赌徒谬误制造输输输-输的情况，来杀鸡取卵，也可以用输输输-赢来细水长流。

所有概率性的事情，比如单次开宝箱，或者是十连抽送紫色武将，然后刻意降低每一个单抽的概率，都会导向某一种情况，带来一定的情绪。比如也可以做成十次抽卡中，不降低概率，而且如果十次都抽不中紫色等级以上武将，就额外赠送一次。总的概率获得未必会更高，但是能带给玩家另一种情绪感觉。

除了赌徒谬误，更重要的是自我中心的一种心态：赌徒们相信他们会赢，相信他们就是人群中特殊的那一个。不只是赌徒，很多人在各种情境下可能都会有这种自以为是的心态。

只要让他们连续获胜，以为自己所向无敌，他们就会逐步变得过分自信，认为自己势如破竹、无人能挡，然后就开始倾向于冒险。正常有理智的人，如果在这个时候遇到一些失败，就会立刻收敛，但也许只需要一次失败，就足以让他们血本无归了。

2.2.7　锚定和沉没成本

1．锚定效应

锚定效应是非常强大的一个心理效应，甚至不需要前后事件之间有关联，只要先展示给被测试者一个无意义的数字，比如 800，那么会比展示 18 让被测试者对接下来的价格猜测产生影响，让他们倾向于更大。最初接触到的信息影响后续的决策和判断，如果设定一个过高的价格然后打折出售，顾客就感觉好像捡了便宜。

这个效应和应用方式都是明显的，但可以应用它去达成怎样的结果？促使玩家付费时购买更多的钻石？面对如此确切而且玩家会仔细思考的问题时，锚定这点间接的影响是不太有效的。那么比如在经营、贸易类游戏中，用一个数字去影响玩家对于后续卖出或买入物品的价格的判断，这是可行的。再比如在 RPG 游戏中，让玩家因为锚定，然后对于一开始看到是 800 金币卖的东西，现在是 400 金币可以买到，他们就会感到便宜，于是就更倾向于购买。或者在游戏中有拍卖行这样的系统，也可以应用锚定，达到让玩家多花钱的目的。

不过因为游戏中所有金币的产出和消耗都是已经设计好了的，所以只有在一些有可能溢价或减价的情况下，锚定才有用处。

比如在《露塞提娅：道具屋经营妙方》中玩家扮演店主，出售各种装备和道具给 NPC，每个装备售出时，会有一个议价的过程。玩家可以选择以原价百分之多少的价格出售。如图 2.8 所示的从 200% 开始，之后这个中年男子肯定会跟店主砍价，那么就再减少一些，比如减少到 130%～150% 就很可能成交了。

图 2.8

那么此时最初的价格 200% 就是很重要的了，如果开价更高，他就生气跑掉了。之后议价的过程中，如果再减少一个明显的幅值，比如 50% 时，那就能够成交了。而实际上还是会比一开始就开出 120% 这样的价格要赚得更多。

这个例子针对的是 NPC，如果设计一些系统用来针对玩家，那就更有趣了。

还是以这个游戏来讲，如果由 NPC 扮演道具店老板，而玩家是普通的顾客，那么当玩家进入道具店买东西时，如果遇到一个他们想要的盔甲，此时老板出价 2000，可以议价一到两次，那应该怎么出价呢？这其实很难决定，没有一个对比物或基准，玩家根本无从下手。那么假设玩家预估它的价格是 1200，然后第一次就提议 800，于是老板不卖了，玩家就愣住了。

这种底价未知，而老板可以不卖的情况，就有点像赌博，但又和赌博不一样，比如《暗黑 2》中的赌博装备，玩家是以一个贵于蓝装的价格去购买一件未知的装备，祈祷它是金色以上的品质。这像是投骰子，玩家都期待出现 6。而上面的情况则复杂得多，因为结果难以评估，玩家不知道买贵了还是便宜了，而且店家还可能就不卖了，那么也许这件装备就再也遇不到了。道具越珍贵，得到的机会就越少，就越容易溢价。锚定，也就是店家的第一次出价会对最后的成交价格产生明显的影响，而出价多少呢？这就看每个人的议价能力和承受能力了。

如果用这种方式来出售原来游戏中付费的珍稀道具，可以让它溢价更多，代价则是需要这样一个游戏系统。适不适合去做？则看游戏而定。

锚定的影响是长期的，《怪诞行为学》的作者做了一个实验，要求被测试者听一段噪声，然后询问付多少美分能让他们愿意再听一遍。一共三段录音，第一段听完后，将被测试者分为两组，第一组问他们 10 美分再听一次愿不愿意，然后问他们自己的出价是多少。第二组问他们 90 美分再听一次愿不愿意，然后问他们自己的出价。

实验者提供的补偿展现了锚定的作用，10 美分组别的出价比 90 美分的要低很多。然后是第二段录音，这次听完之后，都问他们 50 美分再听一次愿不愿意，以及他们自己的出价。两组都是 50 美分，然而他们都会继续受到第一次锚定作用的影响，90 美分的依旧比 10 美分的高很多。

之后是第三段录音，这次听完之后，第一次给出 10 美分的组别，这次给他们 90 美分的出价，第二组则变为 10 美分。然而他们依旧受到最初锚定的影响，最初是 10 美分的组别的出价依旧明显低于 90 美分的组别。这因为他们全都按照第一次的思路去思考："既然我第一次这么做了，那么后面我也这么做肯定是对的"。

锚定除了对价格和数字有用外，这种印记的效果对于人类的很多方面都有作用。人们对其他人的第一印象，对某件事的第一印象，对某间店的第一印象，都会长久地影响人们对它们的评价。所以当开放新的游戏内容，或者在游戏的初期，引导玩家时，就应该尽量让他们处于设计师希望的情绪中，给他们留下一个较高的锚定。或者使用锚定影响他们的行为习惯，比如第一次打大副本之前，就引导他们使用长效药剂，在通关过程中，引导他们使用红、蓝药水，让他们认为这是正常的情况。多引导几次，促使玩家认为这是正常的，然后他们就会接受这样的行为习惯了。

2．设计沉没成本

根据经济逻辑的法则，沉没成本与制定决策应是不相关的。但在人们的实际投资活动、生产经营和日常生活中，广泛存在着一种决策时顾及沉没成本的非理性现象：为了避免损失带来的负面情绪而沉溺于过去的付出中，选择了非理性的行为方式。这就是沉没成本效应。

沉没成本谬误有时也被称为"协和谬误"或"协和效应"，其中"协和"指的是第一个商业化的超音速客机——协和式客机。协和式客机项目从一开始就是失败的，但所有参与该项目的国家（主要指英国和法国）还是坚持为其注入资金。他们的共同投资给自己戴上了沉重的枷锁，让他们无法跳出来进行更好的投资。在损失大量金钱、人力和时间之后，投资者们不想就这么轻易放弃。

比如在人们花了钱去看电影的过程中，会有以下两种可能的情况。

- 付钱后发觉电影不好看，但忍受着看完。
- 付钱后发觉电影不好看，退场去做别的事情。

这两种情况下观众都已经付钱，所以理性来讲就不应再去考虑付过的这笔钱。当时的决定应是基于是否想继续看这部电影，而不是为这部电影付了多少钱。此时的决定不应考虑到票价的事情，而应以是否继续看"免费"电影来做判断。经济学家们往往建议选择后者，这样只是花了点冤枉钱，还可以通过腾出时间来做其他更有意义的事情，从而降低机会成本，而选择前者还要继续受冤枉罪，但实际上极大部分人做不到后者这么洒脱和理性。

这就是经典的"来都来了""钱都给了""做都做了"说辞的心理效应来源，这个效应的适用性是非常广泛的。在游戏中使用，设计一些参与成本的方式是最直接的，还可以用分段奖励的方式来创造沉没成本，比如把原来完整的一个奖励，变成小-小-小-大的奖励方式，甚至极小-极小-极小-大的方式，用极小来作为一个小阶段完结的标识，而实际的奖励放到最后才能获得，在中间过程中，玩家就不得不为了最后的奖励而继续努力。

还可以多使用一些提醒，来让玩家感觉到沉没成本，那么他们更容易陷入这一心理效应中。但是一般情况下不要提醒他们已使用的时间，这会让玩家感觉到现实世界，从而觉得游戏浪费时间，甚至退出游戏。

2.2.8 完结感

很多游戏没有被玩家删掉，是因为他们还没有通关。虽然玩家已经厌烦了，但还会去玩，这是因为他们想要打败其中的 BOSS，把那个成就做完，达成自己设定的某个目标。

完结感是非常强的一种情绪，是人们对自身的认可，对自己之前所做事情的认可。即使达成目标对于他们已经没有太大的实际作用，但还是会产生"做事情就要把它做完"的心理，这都驱使着人们继续做下去。

这就意味着，除了在游戏中给玩家设定目标外，还要让这个目标的进度清晰地展现给玩家。一条清晰的列表，需要什么，做到哪一步，重要的是做到哪一步，完成了多少。

任务列表是惯用的方式，目标列表再辅助上日程列表来进一步提醒玩家也是一种进一步的方式。或者更简单：提醒玩家还有新的消息，还有未完成的任务，还有可以升级的技能的一个"红点"。如图 2.9 所示。

除了目标，阶段性的游戏设计也是一个利用方式，比如玩家告诉他的妈妈"等等，我这个 BOSS 就要打完了"；玩家对自己说"打完这关，我就去睡觉"；"还有100 点疲劳值，刷完就可以了"。

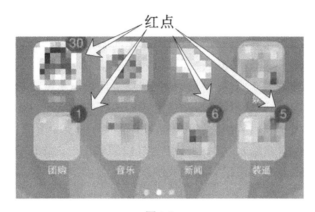

图 2.9

所以无论在总体的游戏历程中，还是每日、每一段周期的历程中，都可以去设计一些完结点，交给玩家，让他们有意识地去完成。而且还应把它们分得更细一点，才能形成一些短期的、数天的或更长的目标呈现给玩家。

刷完每日的体力这点可能太常见了，但是刻意把游戏历程分节呢？不仅只是无关痛痒的游戏关卡，而是影响到更多的设计，比如新技能获得、新兵种获得、新内容等，这是单机游戏常有的章节化设计。这在许多网游和手游中就很少见了，实际上，阶段性设计是非常有效的设计方式，其中包含很多非常有效用的心理效应，既可以协助设计师达成更好的数值设计，还可以协助控制游戏内容和玩家进程，促进付费。这点将在后面的章节进行讨论。

2.3　促进社交

游戏从业者总是期望在游戏中创造更多的社交，因为社交能够让玩家对游戏产生更深的羁绊，让内容更丰富，让游戏的寿命更持久。前面也讲了很多种方法去创造多人之间的交互内容，但玩家就一定需要社交吗？不，别再一脸正义地认为玩家需要社交，认为有社交会更好，让玩家卷入了羁绊之中，确实肯定能够让他们对游戏更上心，但他们真的需要吗？或者他们不需要，或者他们需不需要都没有关系，普通人就是期望通过游戏获得一些刺激而已，真正埋藏在心底的心理需求，未必会那么容易被勾出来，他们只是需要一些寄托。

让我们简单看看玩家对社交行为需求的真正源头。首先是社交行为的功用性，来源如下。

- 硬性需求。

一些单人极难完成的游戏内容,比如单人很难打得过的 BOSS、一定需要其他人配合的控制开关、需要消耗 1000W 个水晶才能打开的关卡大门。

- 软性需求。

多人合作会有更好的结果,比如更快的效率、更高的奖励(组队就加 50%)。

- 心理性。

真的有心理需要,比如需要友爱、关怀、排解孤独、立于人上的成就感、搞鬼恶趣味、排遣舒缓心情。

设计师在想着创造一些怎样的体验给玩家,玩家也在选择着要怎样的游戏。

玩家缺什么就会倾向于在游戏中追寻什么,设计师需要做的是提供土壤,以及实际去创造一些可供游乐或谈笑的内容。提供一个社交的平台只是基础,但仅仅如此是不够的,总想着由玩家去创造内容,但面对着越来越快餐化的社会氛围,玩家已经越来越少地这么去做了。所以需要去提供契机、可供议论的话题内容、可供展现的平台等。每一个大型 3D 聊天室,线上线下的同好群体,都是因为有足够的内容供他们去消耗和再创造。想要让玩家能够得到其他人的友爱,就要考虑怎样能让他们去展现友爱,如果什么都不做,大家只会趋向于依据功利性去行事,而很难自行产生有爱他人的行为。

心理性的需求可能不是玩家本来就有的迫切需求,而是被游戏引出来的。

本章讲的大部分内容都属于这种类型,勾起玩家的情绪。当然,肯定有一些设计是刚好跟玩家原来的倾向一致的。但提供展示途径也好,被引起的也好,至少要有能力并且有意识这么去做。

许多游戏做的社交性设计都是从功用性入手的,再期望玩家把他们深化为心理性的羁绊。也许这有点本末倒置,但放到现实中来讲,很多人结交的好朋友,不都是因为和他们有着许多共同的经历,才结下深厚的感情吗?而很多好朋友,也会因为不在一个地方上学、工作、玩,现实中的交集越来越少,即使大家精神上还很认可和珍视对方,但实际却逐渐疏远。

功用性或者说共同的经历是非常必要的!这共同的经历对于游戏而言最容易达成的就是功用性的各种合作,次之是沟通交流游戏的各个方面,聊天谈论现实中的一些事情。有的游戏限于其设备是很难提供第二种方式的。可以就此放弃,但也可以尝试用一定的方式来让他们达成相互理解和沟通。比如玩家们打败某个BOSS 后,有一个选项是杀了他或者是放了他,而后他们会得到一个标记,所有选择杀了 BOSS 的玩家都会进入一个新的工会组织、名字前出现三角星、头发变红……，而所有选择放了 BOSS 的玩家会进入"救世主"工会、名字前出现十字架、头发变蓝……，那么玩家就知道了谁的选项跟自己的选项是一样的，谁跟自己更相似。

这是一种方式，但也有其缺陷，有这样的经验和经历，不代表某个人每次都会这么做。虽然可以用更长久、更多的标识来更好地概括这个人，但标识终归是有限的，甚至可能是有欺骗性的，所以最好还是有共同的经历，由此去产生和保持一段羁绊。

用玩家们选择的后果，或者他们任何的游戏表现去标识他们自身，从而帮助他们被别人了解以及了解别人。游戏是一段有一定持续时间的体验，并且可以根据玩家的互动而产生不同的反馈和变化，这是游戏与其他的艺术行当相比，非常宝贵的一点。

在共同的经历中，如果发生这样的情况：两个好朋友，分别是指挥战争的两个军团长，比如一团长和二团长，他们并不是合兵一处一起进攻，而是从两个地方一起进攻同一个敌人，而且会相互影响。比如一团长知道二团面对敌人的远程炮火攻击很头疼，于是用他的轻骑兵先行击溃了敌人的炮兵团；比如由于二团的挺进，导致敌人无法合围一团。两个人即使不在一处，但由于同一件事情而联系起来，这也是一种共同的经历。

可以把它设计得更大一点，全服务器的玩家为了抵御魔王大军的进攻而一起努力，此时即使一起打下这个敌人的堡垒的是这一批人，而打下敌人的后勤线的是另一批人，但大家都知道，是由于每个人的付出，才能把战线往前推，所有人一起在为这件事做出贡献，这便让打前线的玩家与那些打后勤的玩家也建立了联系。

做社交，说到底也是在做情绪。

设计师通过内容，引起了玩家的情绪、情感，以及实际的行动。玩家在游戏中的合作、仇视、相互利用、为他人牺牲，所有这些与他人有关的内容，都是由他们自身而起的，设计师要着眼的也是从他们自身而起。

本 章 小 结

心理效应占了本章很大的篇幅，在此列举了非常多的心理效应，有一些心理效应已经经常被各行各业使用了，有一些则碰都还没有碰过，还有一些效应对于游戏设计而言，比较难以直接用在互动式内容中。但对于这个时代的我们而言，就应该尽量多地去思考如何去运用，以推动设计的进步。

　　游戏内容不是最重要的，重点不在于做了多少内容，而在于玩家怎样去玩，玩的时候产生怎样的体验。一切都应从玩家的角度去考虑，无论内容简陋与否，他们感受到了什么才重要，设计师的着眼点也是如何去设计这份感受。这份感受很多时候都是非理性的。第 1 章讲述了各种理性的、内容化的乐趣，而本章则讲述许多非理性的、让人着迷的方式，用理性或非理性的方式去设计、影响玩家们的情绪。

　　站在这个情绪的角度上去设计整个游戏，还是很少有人这么去做的。目标、方式的做法已经指引游戏设计很多年了，我们走过了蛮荒的阶段，而现在也有很多设计师迷茫于怎样设计好游戏。游戏是一种体验的东西，关乎于认知和情绪，内容只是用来创造和调动情绪的方式。以笔者个人而言，会觉得情绪才是本质的标准，只有站在情绪和体验的层级，才可以成为深入人心的设计师。

第 3 章

游戏历程设计

本章讨论整体游戏历程的设计。

无论游戏提供何种情绪、内容、乐趣或者策略思考，最终带给玩家的都是一段段的刺激，这些刺激有正、有负，有高、有低。而玩家的一段段刺激组合起来，就会在以刺激度为纵轴、时间为横轴的坐标系上形成一条体验的曲线。设计的所有游戏内容、制造的压力、需要玩家思考的策略点等，最终都将转化为玩家心中的这条情绪线。

玩家最后依据什么去评判游戏带给他们的感受呢？内容只是引子，刺激度和节奏快慢所形成的这条情绪线，才是他们衡量的基准。

笔者作为玩家，玩过很多游戏，其中有许多游戏的内容非常丰富，但玩起来就是感觉不怎么样。那么作为设计师，设计游戏时，应该以什么为基准去考虑给出的内容呢？各种内容，做到多少是合适的呢？可以让难度一直处于玩家的极限范围附近，能持续几分钟，甚至十几分钟都如此，这样就是好的吗？可以设计一些挑战关卡，也可以设计一些简单的家园任务，或者设计一些涉及更多内容的任务，但是它们应该有多难？消耗的时间应该是多少？占玩家一天的游戏时间比例应该是多少？这些问题的答案是什么？标准是什么？

不应该依据想给的奖励而去倒推如何设计难度和内容，也不应该认为把单个内容或玩法设计得很好，然后游戏整体就会更好玩。需要站在一个更高的层次去规划给出玩家的所有内容，包括难度、情绪、持续时间和顺序，必须站在整条情绪线的高度去看玩家的体验。

大部分设计师很少这么去做，知道情绪线的人们大多把它看成一个长时间的衡量物，只有贯穿整个游戏历程，一段几十个小时的体验，才需要去考虑的东西。但实际并不是这样的，情绪线是如何安排一段体验的手法，而这段体验，即使是短至两三分钟的一首音乐也是可以的。以改编经典歌曲为例，不同的版本有不同的编曲，不同的歌手演唱，风格也随之改变。诸如《我是歌手》，如何安排段落、情绪的起落就决定了一首歌带给听众的感觉如何，一首歌有很多变化。平时的各种日常活动，比如与其他人的一段谈话、进店购物的一段体验、一部电影等，变化就更多了。设计师提供给玩家更长时间的体验，比如一天的游戏内容、一局的游戏过程也是一样的，通过不同的安排，可以产生巨大的变化，需要细致地去安排。

本章的主要内容就是如何安排前两章提到的玩法和情绪，让玩家对一整段的体验感觉到最好。

3.1 变化的重要性

以下引用一段来自时悦 Shadow 在"为什么玛丽苏可以红遍半边天"问题中的回答。几种套路来自于时悦 Shadow 的观察和归纳，以及最后笔者的总结。

讲故事是有套路的，红遍半边天的"玛丽苏故事"也遵循这种套路。最受欢迎的故事模式有 6 种，请看以下的例子。

佛蒙特大学的研究者们利用计算机、自然语言处理以及文本数字化等手段，用大数据的方法分析了 1737 本故事书，总结出了 6 种主要的情绪轨迹。符合这 6 种套路的故事，知名度和下载量都极其可观。研究者主要运用了两种手法对故事模型进行测试，如图 3.1 所示。

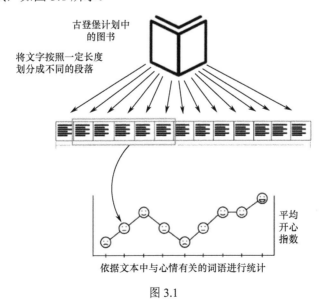

图 3.1

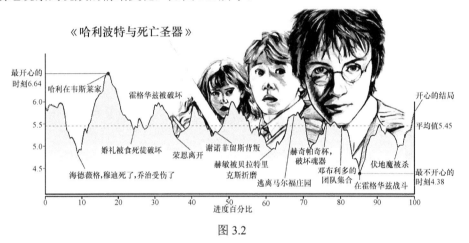

3.1.1 情绪曲线的构建

研究所用到的书籍全部来自古登堡计划电子书。古登堡计划（Project Gutenberg）是世界上第一个数字图书馆，他们将所有书籍都进行了文本化处理。研究者将这些图书整理好，将每本书的文字按照一定的长度划分为不同的段落并依次呈现，用 Hedonometer 的方法来测定读者的愉悦程度，并绘制成情绪曲线。研究者分析了 J. K 罗琳所写的哈利波特系列的最后一本《哈利波特与死亡圣器》的情绪曲线。尽管情节是嵌套式的，十分复杂，但从情绪曲线来看，可以非常直接地观察到观众的情绪变化，如图 3.2 所示。

图 3.2

而后，研究者们运用主成分分析法将不同书籍的情绪曲线转化成了多种故事模式，其中最为典型和突出的故事模式有 6 种，如图 3.3 所示。

- 由穷变富（Rags to riches，rise）
- 由富变穷（Riches to rags or tragedy，fall）
- 陷入绝境然后成长（Man in a hole，fall-rise）
- 伊卡洛斯式（Icarus，rise-fall）
- 辛迪瑞拉式（Cinderella，rise-fall-rise）
- 俄狄浦斯式（Oedipus，fall-rise-fall）

以上模式，都可以与某个电视剧对应：

- 《武媚娘传奇》走的是辛德瑞拉式灰姑娘路线。
- 《倾世皇妃》马馥雅走的是陷入绝境，绝地反击的成长型路线。
- 《步步惊心》走的俄狄浦斯式愁肠百结路线。

- 《W两个世界》也是隐形玛丽苏。女主角不讨上司喜欢，男主角高富帅爱上了平凡的女主角，女主角善良且如有神助，中间剧情坎坷，最后是个美丽的结局。
- 《微微一笑很倾城》是典型的由穷变富式。

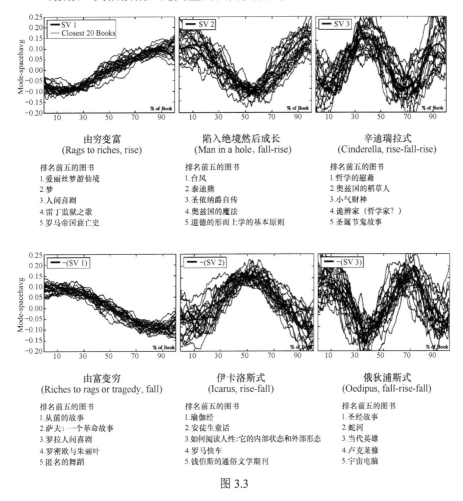

由穷变富 (Rags to riches, rise)	陷入绝境然后成长 (Man in a hole, fall-rise)	辛迪瑞拉式 (Cinderella, rise-fall-rise)
排名前五的图书	排名前五的图书	排名前五的图书
1.爱丽丝梦游仙境	1.台风	1.哲学的慰藉
2.梦	2.泰迪熊	2.奥兹国的稻草人
3.人间喜剧	3.圣依纳爵自传	3.小气财神
4.雷丁监狱之歌	4.奥兹国的魔法	4.诡辨家（哲学家？）
5.罗马帝国衰亡史	5.道德的形而上学的基本原则	5.圣诞节鬼故事

由富变穷 (Riches to rags or tragedy, fall)	伊卡洛斯式 (Icarus, rise-fall)	俄狄浦斯式 (Oedipus, fall-rise-fall)
排名前五的图书	排名前五的图书	排名前五的图书
1.从前的故事	1.瑜伽经	1.圣经故事
2.萨夫：一个革命故事	2.安徒生童话	2.蛇河
3.罗拉人间喜剧	3.如何阅读人性：它的内部状态和外部形态	3.当代英雄
4.罗密欧与朱丽叶	4.罗马快车	4.卢克莱修
5.匿名的舞蹈	5.钱伯斯的通俗文学期刊	5.宇宙电脑

图 3.3

这些玛丽苏剧赚足了收视率和眼球的原因，一定与其整体剧集走向迎合观众的口味有很大的关系，玛丽苏和杰克苏的核心在于抓住了普通人渴望逆袭的潜意识。

3.1.2 变化

那么接下来，抛开玛丽苏的话题，来看看这几种模型。如果画一条曲线，一条有上下起伏的曲线，可以看到无论是从波峰开始还是从波谷开始，无论有几个波峰、波谷，它们总会和上面的某一个曲线吻合！

所以这6条曲线的最大指导意义就是，故事或者体验要有明晰的高低起伏。

能够清晰地让人感觉到的变化才是人类最直接、最在意的知觉点。就像眼睛对于动的东西更敏感，鼻子对闻过一阵子的味道会麻木，人体对于外界的很多感觉都是基于变化而得到的。知觉和知觉后的体验不是同一回事，人脑对知觉的感受和器官对外界刺激的体验遵循的规则不一致。器官一直受到刺激，人脑却不会总是反映相同的知觉。比如用非常真诚、仰慕的语气去赞美一个女孩子漂亮，第一天她会惊讶又欢喜，第二天她还是会愉悦，但是几天之后，她就习以为常了。再比如每天给一个孩子最喜欢的糖，时间长了他就不再觉得这颗糖让他很开心。相同强度的刺激会让人麻木，这就是感觉的变化。

基于生理消耗的角度，这个理论也同样成立，再看一个游戏的研究案例。

该研究包括了几个结果，与这里的讨论有关的如下。

• 持续高强度的情绪唤醒会让玩家产生疲劳感。

• 1～2分钟的放松，能够帮助玩家持续地在游戏中保持高参与度。

电影业的例子就更多了，这里不再列举。如何让一段体验产生更大的刺激，并且让人回味时感觉更好呢？

做出变化明显的内容，去引出高低起伏的情绪。

3.2 情绪曲线

较为有效的情绪曲线一共有以下3种。

3.2.1 基础式

这是从平淡逐渐提升到高潮的情况。开头比较平缓，情绪有正负波动，并且在最后的高潮前有一段明显的压抑，之后再爆发，如图3.4所示。

基础式的情绪曲线是大多数人进行一段创作时会不自觉使用到的方式，比如写一篇故事。在笔者上学时，由于没有学习过一些写作的手法，写作时基本是平铺地展开叙述，最后做一个论述去点题，情绪曲线如图 3.5 所示。

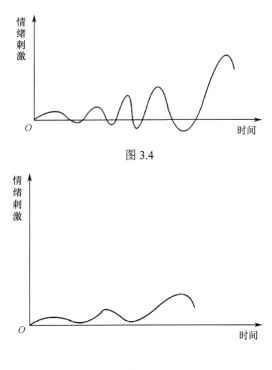

图 3.4

图 3.5

一来是笔者写的作文没有思想深度，二来则是情绪波动不够大，基本没有越过线下，到达反面情绪的程度，导致文章整体偏于平淡。

这也是第一条曲线容易陷入的困境，当没有足够深刻的情绪变化时，它就变成了如图 3.6 所示的曲线。

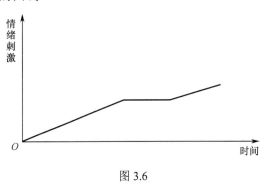

图 3.6

设计师要让玩家、受众在体验的过程中有比较大的情绪反差，比如有一骑当千、豪气干云的时候，也有伤心至极的时候。甚至当男主角越是勇猛无敌时，却越是他伤心的时候，因为此时他强大的力量，是他的爱人牺牲了自己的生命才让他获得的。让受众的体验从一个极端滑向另一个极端，甚至处于一个极端的同时也处于另一个极端。

这种情绪曲线适合于表现丰富的情感、巨大的波折和自我反思。

3.2.2 好莱坞式

这种方式是开头就有高潮，然后情绪线起起落落地逐步发展，最后以一个高潮结束。

这种方式是如此有效，以至于在很多地方都可以看到它的影子，比如电影、神话故事、音乐、游戏。运用方式大致是这样的：由开头的一个小高潮带动观众的情绪，引领他们进入专注的心态，在其后，随着剧情的发展，除了给出一个个小高潮点之外，整条剧情线也是逐步上升的，并在最后的时段迎来一个压轴的大高潮。情绪曲线如图 3.7 所示。

图 3.7

这种方式对于宣扬正能量、勇者精神等往同一个方向去的情绪是非常有效的。情绪的发展之中有波动，也能紧紧抓住观众的心。

可以让情绪刺激度全部在横轴线之上，也就是情绪都是往同一个方向去。在很多的乐曲中可以看到这样的曲线，《我是歌手》中很多让人震撼的歌曲，无论是激昂的还是悲痛的，它们都是类似这样的安排。

也可以把曲线放在被横轴线贯穿的位置，也就是情绪时而积极时而消极，但是整体走向还是一致的。此时情绪有了正、负向的变化，而人类正、负向情绪要达到让人有足够的感知是需要一定时间的。所以这一般适合较为长时的一些体验。在非常多的电影、文学、歌剧等作品中看到类似这样的安排，推荐读者去看看《千面英雄》，里面论述的英雄之旅的模式，既是许多古代流传至今的神话故事的模式，也是很多当代优秀作品所使用的模式。而它的情绪曲线，就是上述的好莱坞式，正确来讲应该是由于《千面英雄》这本书，而引导了好莱坞的导演们和编剧们使用这样一条曲线去编排他们的故事。

3.2.3　波动式

整个故事线并没有起伏，而是一个个小高潮点，串成一整段体验。

比如许多生活喜剧，如果忽略掉主剧情的发展，那么每一集的《老友记》《生活大爆炸》《破产姐妹》等连续剧都是一样的，由一个又一个的笑点组成，但是并没有说哪个笑点比哪个更高。全剧的情绪线其实还是遵循了逐渐上升，直至在高潮点爆发的模式，这些高潮点通常就是其中的人物关系发生巨大变化的时候。情绪曲线如图 3.8 所示。

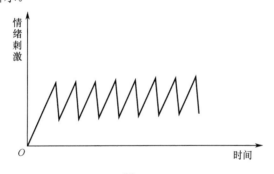

图 3.8

而玩家每天上线，每次游戏，都是做着同样的事情，情绪没有变化。最典型的是手机游戏，比如许多 RPG 类手游，每天上线，扫荡完各个副本，等待限时活动开启，还有时间就在野外挂机，一整天下来也没有太多情绪的变化。

当然，游戏不是完全重复的，玩家可以购买新的人物、新的技能，让他们的游戏操作有所改变。然而对于其中的游戏体验，依旧是鲜有改观。

类似图 3.9 所示的游戏《The Flame in the Flood》，一开始到达的每一个小岛都是一个新奇的开始，根本不知道这里会有什么资源，会遇到什么野兽。但多探索几个小岛之后，就开始感觉重复了，因为其中并没有特别大的改变。

笔者并不是很喜欢这种曲线，因为没有明显的变化，无论是否有情绪的逐步上升。对于喜剧而言，每一个笑点都足以给够刺激，因为其中每一个笑点都是不同的。但如果是对游戏而言，不可能做到每次都不同，做不了那么多的内容。但如果每天的游戏过程都是类似的，那么玩家很容易看透，然后就是厌烦。

图 3.9

无论如何，要让玩家看到一个外在的改变、情绪的变化，即使每一个点都是接近的刺激点，那么埋藏的剧情线也要有变化。

3.2.4　三种模式选哪种好

基础式、好莱坞式、波动式三种模式选哪种好？这要看游戏而定，如果是追求快感的游戏，那么就选择第二种和第三种。如果是讲究更深层情绪的游戏，可以考虑第一种和第二种。对于第二种，需要考虑当玩家每天刚刚上线时，是否适合立刻给一个高挑战的高潮，或者是先给一个低挑战的热身。

现在有很多游戏玩家在每天登录上线时，有每日奖励之类的东西，这个是小高潮吗？并不是，每日奖励对于玩家而言是一种确定性的东西，玩家会产生获得感，但不会感觉为一个高潮。每日转转乐呢？现在的这些转盘，玩家已经不相信它们了。在转的过程中产生了一些期待，这有提高情绪的效果，但奖励的程度才是决定能否达到高潮的关键。并且时间过短，玩家又没有参与其中的操作，因此很难产生一个高潮。

可行的做法如下。

首先，现在能看到的很多游戏中都有着各种各样的系统，比如普通模式、精英模式、PK 对战、爬塔等。修改它们的出场顺序，并且半软半硬地限定玩家能够进行这些模式的顺序，通过这些模式去实现情绪的改变和积累。或者就专门为了这个曲线而设计系统，然后再看这些系统长得像行业中常见的哪些系统。

比如第一段设计为平稳上升的小铺垫，假设这是个 ARPG，那么第一段可以让玩家扮演的英雄角色去操练小兵，并且让玩家控制的角色变成小兵，执行一些巡逻、探索、侧翼进攻敌阵之类的任务。然后第二段还是控制小兵，但会跟随玩家的英雄角色去进攻一些传奇的生物，比如巨魔、蜘蛛女王。但是玩家的英雄角色作为 NPC 对抗 BOSS 时，并不是很顺利，玩家需要控制好小兵躲开 BOSS 的攻击，然后打开某些机关，或者执行搬动蜘蛛女王的卵之类的操作，扰动 BOSS，给英雄角色创造进攻机会。此时玩家自己的角色需要多久才能击败 BOSS 呢？以前玩家们总是嫌弃游戏里的 NPC 弱，现在 NPC 是玩家自己的角色，如果需要打太久，玩家就会觉得自己弱，就会有一个反向的动力去驱使他们增强角色。而接下来，就可以回归普通游戏中的各种模式了，在玩家每日历程后期时，再把最刺激的搬出来，比如 PK 部分。

其中每段的过渡，比如第一段、第二段，可以是强制性的，后面几段则可以给予一定的自由度，比如第三个模式打了两三关之后，就给出第四个模式的通行门票、体力点之类的东西，允许玩家跳过第三个模式进入第四个模式，或者直接开放第四个和第五个模式，由玩家自行选择。

另一种方法则是把一切交给动态规则，包括动态事件/任务，以及每个事件的动态难度和奖励。设计一个开头之后，后续的内容要依据想要的情绪变化，设定规则去随机抽取合适的游戏内容。设计这样的规则并不难，只在于游戏一开始是不是就是这样设计的，才会影响此时能不能这么去做。

3.2.5 体验的中断和游戏的中断

有时设计师期望给一段有挑战性的内容，让玩家进入心流，但难度的设计不可能总是刚好贴合玩家的能力，并且也会刻意提高难度，让玩家感受到压力。这可能会导致的一个结果就是，玩家挑战失败，体验产生了一个中断。这是比较纠结的一个点，设计师期望玩家的体验能够不中断，流畅地玩下去，这样不会产生太多的重复，让游戏变得无聊，让玩家变得烦躁。设计师的刻意设计或玩家们不同的能力情况导致了玩家体验的中断，那么要再达到那个情绪高度可能又要从头开始了。

可以用更短的存盘点来弥补，甚至可以使用没有死亡惩罚之类的手段来防止中断。但其实惩罚也是非常必要的，它让玩家认清自己。

均衡点在哪里？

首先不要将中断当成真的是体验的中断，把中断也算作体验的一部分并去设

计它。

　　戏剧中会设置伏笔、悬念，会故意停止，不去讲接下来的内容，从而让观众的情绪积累起来，把游戏体验的中断也当成类似的情况去设计。思考需要设置多少伏笔、多少中断，而每个中断过后，玩家需要再次体验的内容是怎样的，再去考虑如何对待这个中断。比如第 1 章中谈到的，要让难度能够迅速达到玩家的能力极限，这也是一种在每次玩家中断而再次开始之后，让他们的体验快速回到原位的设计意图。

　　也有很多游戏，其存盘点距离玩家死亡的地方很远，这意味着玩家需要再次体验很长一段不是最具有挑战性且玩家已经体验过的内容。一般而言，玩家很快会感到无聊和烦躁，特别是他们多"死"几次的话。有时设计师是把这个过程也当成挑战的一部分，比如玩家角色有 100 点血，在打到 BOSS 之前，如果耗费了太多血量，那么 BOSS 就更难打了。但这真的有必要让玩家每一次都从头体验吗？如果在开始设计一个存盘点，在 BOSS 前设计一个存盘点，那么玩家在游戏过程中没打好，导致血量较低，这个结果他们就承受下来了。如果他们实在觉得有必要重新开始，再让他们自己去读档，这样岂不是更好？同理，还有 BOSS 的战斗时间比较长，有多个阶段，如果每次都要从第一个阶段开始，有时也是很烦人的。设计师埋了伏笔，但当下次再接上这个话题时，没人愿意再看一遍剧情回顾。

　　应该依据游戏节奏的快慢去考虑中断的次数，重复内容的长度，回到原来情绪节点的方式和时间。

　　另一种中断是真正的中断，玩家停止游戏去做别的事情。

　　如果是电影、文学故事这些单方面的体验，那么他们是绝对没办法了。可游戏的载体是电子设备，可以设定各种规则，即时更改内容。玩家在情绪线上的某个时刻中断了，当他们再回来时，接下来应该给他们怎样的情绪线呢？从原来的地方接下去还是从头开始呢？

　　应该依据游戏类型来做初步的判断，再由中断时间的长短做第二步判断。

　　如果是比较线性的游戏体验，那么可以从原来的地方开始。如果是比较开放性的游戏体验，那么看中断的时间，中断时间短的，也不要去改变，玩家还记得原来的历程。如果中断时间比较长，那么再依据中断和重连的时间来判断玩家是否会忘掉之前的体验。比如早晨 8 点玩了 1 小时，然后晚上 9 点才回来，虽然玩家还记得早上的事情，但是我们可以认为玩家回到游戏时的心态已经归零了，那么就可以让动态难度的系数回归基础。如果是属于每一次进入都是从头开始的，就可以让难度系数归零。

反过来，如果开放的只是一个世界，但其中并没有去制作动态事件、概率性事件这些规则，仅仅只是固定的支线任务，那么就没办法了。所以针对这一点，可以多运用动态规则的设计方式，会有助于更好地设计玩家的情绪线。

3.3 基调

以前的单机游戏设计有一个方法，称为 30 分钟定律，就是每隔 30 分钟提供玩家一些新的东西、新的技能或是新的区域。当然这是个概数，25 分钟也行，35 分钟也行。如果再长一点呢？1 小时一个新的东西呢？

实际评估的依据应该是玩家体验这段内容的时长，假设预计是 30 分钟的内容，由于玩家对关卡的不熟悉，失败了很多次之后才通关，导致时长变成 1 小时，甚至更多。这种情况不也是经常发生吗？但在这 1 小时的过程中，玩家的内心真的松懈了吗？真的觉得很无趣了吗？其实感觉的基础是这 1 小时的全部内容，包括重复挑战的这段经历。

所以评价多少分钟合适的标准是玩家的投入程度减弱了没有，而不是一个大概的时长。时长短、进度快的，可以让玩家保持投入，时长长、多重复的，也可以让他们保持投入。这些不同的速度被人们感受为节奏快慢，它们都可能是有效的。而这也就是设计时的一个选择，即游戏内容和操作频率是快一些还是慢一些。

这就是一个游戏的基调！犹如很多不同的歌曲，其节奏不同，但都可以感动他人。

那么有哪些合适可用的基调呢？可以参考借鉴音乐的编曲思路。

按照歌曲编曲的思路来设计关卡的内容和流程，比如先找一首自己喜欢的歌曲，细细听，体会其中情绪的变化过程，用游戏的方式去重现其情绪变化。体验一下不同的音乐，不同的风格和情感，感受一下它们如何让听众感动，感受一下它们基础的节奏和旋律的变化。

这些不同基调的特点可以概括为：轻重缓急。

- 轻，对应怪物少，怪物容易打，角色移动迅速，获得奖励。
- 重，对应强大的怪物，震撼力十足的互动或镜头效果，需要玩家专注的集中力。
- 缓，对应放松的时刻，比如播放 CG，一大段没有怪物的过程，剧情叙述，陷入 DEBUFF。
- 急，对应玩家需要快速多次操作，面对多个目标，迅速避开危险。

轻重是难度，缓急是速度，将它们结合起来就可以得到 4 种主要的基调，下面逐个讲解。

3.3.1　轻和缓

比如《玫瑰人生》《散步》这类歌曲，节奏不快，旋律变化不剧烈，配器遵从基本原则，各声部音量均衡，使用长时值的音符，给人的体验就是轻快，舒缓。

下面仔细描述这种做法。

- 这些乐曲不会给人紧迫感，对应游戏就是难度低的挑战。但不代表完全无挑战，只是难度低，玩家可以流畅地通过这些挑战，比如设计一些跳台，跳台中间的深渊距离短，很容易通过这一段，但仍然需要玩家关注。
- 也可以连续出现多个深渊，但是深渊之间的间隔也较长，容易跳过去。
- 或者出现几只一看就是伤害能力低下的"波利"。

听这些乐曲也不会觉得烦闷，因为轻快的旋律中也有轻重音的变化，这种变化就是歌曲律动的表现。

可以通过一些动画来表现拍点，比如角色在一段平坦、无怪物的地图中向前跑，然后每经过一段距离，背景中就会播放烟花、星星之类奖励性的光效。

也可以用游戏奖励来表现，比如跑酷游戏中的金币。

实际的音乐编曲中节奏是非常重要的，节拍、速度、重音位置等。拿 4/4 拍的音乐来举例，古典的强弱规则是强弱次强弱，重音放在 1、3 拍。重音的改变可以直接导致音乐风格的改变，比如雷鬼的重音是放在 2、4 拍，那么它听起来就是咚↓、嗒↑、咚咚↓、嗒↑。这些拍点就是如图 3.10 所示的大金币，怪物的出现，怪物的一次强力攻击等。我们没有必要对每段游戏过程都做得这么仔细，但心中要先有这种概念：刺激度的节奏变化。

图 3.10

这类歌曲还有另一种情绪，给人的体验更偏向于悲伤、忧愁，如 *Oblivion*（Astor Piazzolla）、*Nearing the End*（Kyle Eastwood）。

很少有游戏会去表现哀愁、伤心，这与游戏的定位有关，但这并不代表不能在某一时刻把这种体验带给玩家。

先讨论一下乐曲。

- 首先是使用的乐器少，旋律声部单一，没有节奏声部，在游戏中表现为：界面元素简单、色彩不鲜艳、需要玩家注意的目标少。
- 多使用小调调式，少音程跨度大的音，旋律波动趋于缓和，在游戏中表现为：需要玩家进行的操作少、角色的移动或者可操作幅度和动画激烈程度小，比如移动变慢、无法攻击。
- 多使用小三和弦、七和弦与减和弦。这些和弦让人觉得悲伤、黑暗，表现为：让玩家面临一些易导向悲伤的互动，比如护盾破裂、生命值缓慢下降、面对黑暗危险的环境而火把逐步熄灭；让玩家不得不抛弃自己心爱的东西或者队友，否则就会死亡；让玩家看到过去的东西，看到已经失去的东西；让玩家面对沉痛的未来，不，不是沉痛，是失败而且碌碌无为的、无法逆转的未来。

忧愁这种情绪不适合大部分的游戏，但是如果加上了也会让游戏整体更加丰富，更加有血有肉。

3.3.2 轻和急

轻和急囊括了低难度和高速度，是最容易给玩家创造短时刺激和快感的组合。

比如这样的乐曲： *Diablo rojo*（Rodrigo y gabriela）、*To victory*（横山克），简直让人听了就想动起来！

这类音乐实际包含如下内容。

- 急促的鼓点节奏，多乐器合奏：多目标、快速操作。
- 旋律轻快，多是短音符，律动连贯，没有经常性的停顿，很少使用切分突出重音：操作难度不高；操作流畅，这类游戏在一开始就不设计一些强调物理惯性之类的缓慢的操作方式；敌人难度不高。
- 乐句变化快、器乐变化多：游戏背景、关卡进程、敌人类型变化快；光效展示、动画展示丰富。

轻和急适用于表达紧张或轻佻的情绪，以及快速变化但并不非常危险的历程。

这类节奏很容易调动人的情绪，提高唤醒程度和参与程度，可以把它们放在关卡的开始作为一个热身。

3.3.3 重和缓

高难度、高专注度和较慢的节奏，可以是悲痛的情绪，也可以是沉重得让人喘不过气的情绪。

比如这些歌曲：*Hurt*（Thomas Bergersen）、*When It All Falls Down*（Audio Machine）。

我们听到了什么？

- 节奏缓慢：敌人或者操作点不多。
- 乐句长，律动无变化：减少玩家的操作能力。
- 情绪高潮部分，增大演奏乐器力度，突出有震撼力的低音乐器：从造型到能力都很强大的敌人；更强大的各种负面效果。
- 旋律下行，多用小调和弦与减和弦：玩家的攻击效果很差或者无效；战胜没有奖励或者奖励很少；玩家将会不可避免地受伤，并且表现明显，比如为了保护身后的 NPC，玩家不得不亲自操作角色去当肉盾，或者设计一些玩家无法避开，并且眼睁睁看着自己被击中的敌袭。

设计这样的情节：必须使用能量炮去击败一个本来无法击败的强大敌人，然而每一发能量炮的炮弹都是你身后许多自愿为你牺牲的士兵和伙伴的灵魂。

或者是玩家已在努力操作，但他心爱的一切依然被摧毁，比如他的城堡面对许多敌人的投石车来袭，即使玩家努力破坏眼前的投石车，但是一辆投石车被毁了，后面还有无数辆在靠近，炮弹还是铺天盖地地飞过来。玩家在做着注定无效的、苟延残喘的努力。再比如，玩家和伙伴们在某个塔顶，突然 BOSS 降临，把玩家震飞出去，在爬塔回去救伙伴的过程中，每爬上一层就看到一部分伙伴的躯体被抛下。这些情节让玩家愤怒，但又因为无可奈何，而转为悲愤。

大部分游戏提供给玩家的操作都是让他们如何获取更多资源或者击败敌人，若打算让他们体验失去或者悲痛，那就需要新的操作规则，或者通过游戏内容进行配合。这种情绪也很少在游戏中使用。

还有一些歌曲：*Dungeon*（Blizzard Entertainment - Diablo2）、*Darkest hour*（Future World Music）。

这类音乐给人以危险将近、危机感压顶的感觉。

这一类对比于上一类，情绪上要好很多，因为结果不是导向一个失败的、消极的结果，而是展现情节逐步推进的情况，它更侧重于难度而不是结果。

因此需要这样设计：

- 敌人不多。

玩家需要良好地运用游戏角色各方面的能力。

游戏过程没有提供恢复点或者恢复道具，而战斗持续一定时间；玩家拥有的资源越来越少，敌人却越来越强大。

- 敌人的难度逐步加大。

玩家很费力才能击杀一只怪物，每一次战斗都有相当大的压力。

可以存在未知和强大到无法通过的怪物，让玩家真正紧张。

- 提供了较长的思考时间，但是策略深度更深，要求更高强度的思考。

3.3.4 重和急

操作难度大，操作要求多，挑战接连不断地到来。

这一类的歌曲太多了，很多的史诗歌曲、ACG 中热血的战斗歌曲都是这种类型的，比如 *Destiny*（佐藤直纪　）、*Ultraviolence*（Cliff in）。

营造这种气氛需要：

- 强大的敌人。
- 操作精准度要求高。
- 多次连续操作。

动作的定格、减慢、大幅度的光效和场景特效。

区分"重和急"与"重和缓"，特别是"重和缓"，在于操作的密集度和连续挑战的间隔。"重和急"会要求多次、间隔短的连续挑战和连续操作。

这适用于一场战斗、一个关卡的结尾或者一个跑酷之类的关卡，不是持续特别长的时间的挑战。

抛开音乐，反过来考虑一下，这种体验对于玩家意味着什么？

意味着巨大的挑战，也意味着一段历程的终结阶段，意味着拼搏和奋斗的时刻，意味着一个情绪的高峰。

但如果反复让玩家处于这种情况，玩家也会变得麻木，难度是对比出来的，如果游戏一直很难，玩家就会认为这是一个高难度的游戏，而不是把这段当成游戏中的一个难点。

在一首乐曲中，节奏是随着需求而变化的，鼓点的强弱和快慢，其他乐器的烘托，都一起在创造着乐曲旋律的起伏。上述这四种节奏也可以互相变化和结合，来帮助设计游戏的基调。在实际编曲时，会在想好一段主旋律或者主题风格之后，规划好一整首曲子的各个段落，接着就是每个段落中的各个乐句，确定它的律动、

旋律与和弦。而每一个乐句内在也是有变化的，4/4 拍是强弱次强弱，3/4 拍是强弱弱，而跨乐句的旋律也会让节奏和音的长度有所变化。所以关卡设计除了 BOSS 之外，整个关卡都是一样的跳跳跳、砍砍砍吗？不，从开始到压轴高潮点之间，也应考虑如何设计这段体验的变化。

这里给出的所谓"基调"其实并不完全等同于音乐中的节奏，节奏类型在一首曲子中是很少变化的，这是曲子赖以形成风格的重要部分。而这里谈的基调是一段体验的刺激性和互动性，是针对游戏这类互动式体验中使用的概念，用来描述一段体验的刺激点密集程度和强弱程度及其一定的情绪倾向。

比如现在要在游戏中设计一个端午节活动，并已经预设了包含采集和战斗的内容，那么在这个场景地图内，采集物应该有多少呢？采集时间应该是多久呢？采集物间隔应该是多少呢？允许玩家们对战吗？何时、何处出现玩家需要与之战斗的怪物？整个活动的体验历程是如何的？有一些因剩余时间而变化的内容吗？与之配套的其他光效和奖励如何？

这些问题定下来时，就是定下来了玩家玩这个活动的情绪历程，而做这个整段的设计，要先定好的就是这段体验的基调，接着再去考虑上述的各种内容应该达到怎样的刺激度和频繁程度。

3.3.5　关卡曲线设计

最合适的关卡曲线如图 3.11 所示，但不可能或者说不应该每一次、每一个关卡都按照这条曲线去设计。好比听不同的歌曲，非常多的歌曲都是 ABAB，前面铺垫叙述，后面是高潮。但听众们听久了也会烦，那么也会有其他的模式让人眼前一亮，比如贝多芬的命运交响曲。但无论是上述两者的哪一种，其实都是会在最后推出一个高潮，这跟人类的思维处理是一致的，就是首因和近因效应。

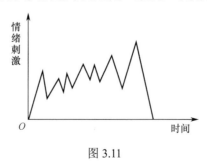

图 3.11

不过这些都是作为单个关卡来讲的，而如果是作为一个大的章节，情节就不一定要这么设置了，其中的某一个关卡完全可以收尾于低潮处。但要注意，一般而言不要让低潮产生在玩家一段体验的结束时，比如把每天的游戏历程结束于低潮。应该让低潮只是他们体验过程的中间一段。

依旧使用音乐来做类比。音乐其实相当讲究起落，一般按照节奏的快慢，4个小节或者 8 个小节为一个乐句。第一个乐句称为起句，一般是情绪提起、累加、上升的一个乐句。第二个乐句基本会是一个答句，无论这是在古典音乐，还是流行音乐中，第二个乐句的旋律会回缓、下行，较多落在主和弦音上，对应于起句，相对平稳下来，仿佛是作答一般。在一些舞曲中，这种起和答的互动更明显。歌曲用不同的乐器演奏起句和答句，模拟男士和女士之间的互动，比如歌曲 *Regreso al amor*。

歌曲使用班多钮手风琴比喻男士，小提琴比喻女士。因为这是一首相对比较哀怨的曲子，不是一般的调情或者乐趣性的曲子，所以在开头手风琴和小提琴合奏时，小提琴在很低的音域填补手风琴句尾的空白，就仿佛女性在无奈、哀怨地赞同时说出来的"是啊……"。接着小提琴作为主乐器在演奏，同样是在其较低的音域上奏出的旋律，就仿佛男士说过话后，女士低声地讲述她自己的感受。我们可以听到第一个乐句是 16 个小节的手风琴和小提琴合奏，之后是 16 小节的小提琴主奏，渐慢之后是小提琴为主、手风琴为辅的合奏，然后变为手风琴为主、小提琴为辅……

这是一种有一定时间持续性的体验，在这种音乐作品的设计中，它们也会强调起和落，并且注意起落的交叉、长短。同样，在单个关卡的设计上也应该做出起落、快慢，一段高潮之后，接一段低潮，然后接着下一波怪物的进攻。

举个反例，某个横板过关类游戏，本来笔者也是这类游戏的忠实粉丝，但这次确实让笔者感觉不太好，玩了不到三分之一就放弃了。包括笔者的其他朋友也都有这样的感觉，玩到中间就感觉来来去去都是这个样子了，不好玩。现在回想起来，它有一些地方没有做好，比如它的游戏节奏。实际上笔者觉得他们没有站到体验的节奏性上去考虑，关卡的节奏性是有的，但它是自然形成的，而不是人为思考过的。其中有几个关卡跟音乐点也压得很准，但这两者是不一样的，跟着音乐的节奏不代表就是在设计玩家的操作节奏。而最终这种节奏无变化的体验流程就让人们很快厌烦。

下面详细探讨一下设计关卡时需要考虑的地方。

1. 设计游戏节奏

设计师设定的游戏节奏肯定不可能符合所有人的心理最佳节奏。

可以通过与音乐的绝妙配合，把一个关卡的节奏明晰地传达给玩家，比如只使用一首背景音乐，而且游戏中的操作很准确地和背景音乐的拍点一致，借由音乐的快感带给玩家玩这个关卡的快感。但不可能每个关卡都使用一首不同的背景音乐，还有就是要求玩家完全没有回旋余地地被关卡进程推着走，并且任何一首乐曲的节奏也不可能被所有玩家喜欢。玩家对一个关卡节奏的体验包括了各种互动操作、光效、声效以及如何对付怪物的思考等。设计师可以通过设计操作密集的关卡内容来符合更多人的心理节奏，这就好比越小的数字越容易被更多的数字整除，但这种会提高紧张度的设计也不能使用得太频繁。

所以最好的方式是创造能让玩家自己决定节奏的速度。比如《奥日与黑暗森林》，如图 3.12 所示是银之树的关卡。

[游戏]奥日与黑暗森林 银之树 BOSS关卡 　　　　　　　　　　　✓ 32

图 3.12

在游戏中，玩家操作的角色 Ori 可以在接近敌人或敌人的炮弹时使用弹射技能。此时会有一段几秒钟的时间静止，而这段足够长的时间静止，既是提供玩家操作的反应时间，也是提供玩家自己选定游戏节奏的细节。玩家可以随能力、心情、熟练度调整他们的游戏节奏。

2. 不要让一段体验的刺激度均匀不变

如图 3.13 所示是某游戏的某一个关卡。

这段关卡是，主角被恶龙追逐，然后需要一直不停地奔跑通过这一段关卡。主角的移动速度是匀速的，这无可厚非，但是追逐的龙也一直是匀速的，两者几乎一直保持着相同的间隔，这就不好了。只差一点就要被咬到了，这点确实能够产生紧张感。但如果一直保持这样，紧张感反而会减弱。龙应该临近又变远地变化，这样才能让玩家更紧张。

图 3.13

好比被人用针扎手臂，如果一直保持那个深度扎在那里，确实疼，但过一会儿就麻木了。如果针一深一浅、一深一浅地变化，那么人们会一直对疼痛保持敏感。

紧张感也需要有变化，需要有张力。

如图 3.14 所示是某个关卡中 BOSS 举起手示意玩家要在这里拍下。但 BOSS的手是一直举在这里的，除了少了变化的丰富感，显得 BOSS 傻，最重要的是少了危险临近的紧张感。应该表现出由慢到快的一个拍击动作，对于玩家的预示，用影子和半边身体的动作变化就足够给出提示了。

图 3.14

如果增加"对危险的预期"这一设计，那么这一整段时间内都会增加玩家的紧张感。

同样也是由于这个角色没有快速移动的操作方式，游戏中都是匀速移动、躲闪的，虽然这样也能够产生那种差一点就被攻击到的情景。但对比于有快速移动的游戏设计，就会明显少了很多紧张感。

让玩家焦虑地等待的游戏设计也是很重要的。再以《奥日与黑暗森林》为例，如图 3.15 所示是 Ori 站在一段高台前，由于高台的边缘布满荆棘而无法攀爬，必须等待高台边上的怪物吐出跟踪光球攻击 Ori 之后，才能借助光球反弹上去。而此时底下的水是一直在涨高的，在玩家从右边的树洞出来到站在高台下的几秒钟的时间，Ori 都必须等着，等待怪物吐出光球。

图 3.15

这段等待的过程配合下面水流上涨的危险，能够创造出非常棒的焦虑。这是一种故意放慢游戏推进节奏的手法来增加紧张度。另外，水流临近的速度也是跟随角色而快慢有变的。

3．机器般的操作

当设计玩家与其他 NPC 进行互动时，经常容易出现一些不太好的情况。大部分情况是因为 NPC 反应不及时，其次是反应不正确，比如不到一定的位置，小精灵 NPC 不会触发开关，而这个位置经常在跳台的边缘、深渊中间的最高点，或者是某个操作的临界位置。在速度快的横板过关游戏中，操作的边缘导致留给玩家的操作时间非常短，而如果游戏自身速度快，玩家为了能够正确操作，却不得不停下来让自己有足够的反应时间去更精确地操作，那么游戏节奏反而被拖慢了，同时操作也会变得冗余。

一些一连串的奖励物，有时也会变成恶心的关卡记忆要求和操作要求，游戏中经常性的每一组奖励物都不是普通操作就能吃到的，反过来就是说会和玩家一般的游戏习惯格格不入。也就是说玩家需要去记住在什么位置、如何操作，而每次吃不到奖励物，就变成了一次玩家内心的失落。如果还要求从头吃到尾都要按照顺序操作，玩家就仿佛变成了一台机器。

有时如果做了太多这些 NPC 互动，就会有太多的地方都要求精确操作，那么会把每一关都变得像普通游戏中的最终关卡一样难。

所谓设计易、学、难、精的规则、技巧、操作，不在于时时刻刻出现，让它只在几个点出现就够了。

《马里奥》或者别的游戏也有很多优秀的关卡节奏，读者可自行体验。

而关卡中何时起、何时落呢？就像音乐一样也没有定式，掌握了工具之后，依照自己的性格去创造吧。

3.3.6　多角色、多线程

多角色的叙述方式能够让作者更完整地展现他的故事世界，而且多角色也就不限于一个主角，那么随便"死"几个也没关系。由于单个角色的视角有限，多角色的叙述还有助于创造和控制悬念。站在体验者的角度来讲，多角色能让设计师更好地控制情绪的曲线，因为某个角色的冒险历程不可能总是符合设计师想要的情绪起落。比如可以在第一主角低潮时，利用其他角色去创造设计师想要的情绪高潮。

设计师并不想使每个故事都是一个"英雄之旅"，希望会有一些不一样的历程，比如观众心爱的主角是一直经历顺境，直到最后时刻才遭遇让他完全崩溃的事情，然后他就自杀了。中间一大段顺境中如果只有主角自己，就很难带给玩家足够的刺激度。但如果有多个角色，就可以用其他角色的起起伏伏来带给玩家情绪变化！到这里，笔者猜大家想到了《冰与火之歌》吧。除此之外，再推荐《降世神通——最后的气宗》这部动画，其中前四十集的节奏和内容非常值得称赞，主角安昂一行人在四处拜师和解决各种小问题时，就由其他角色们去创造紧张的情绪，调动起观众的情绪。

有多少游戏用过多角色叙述呢？很少。一个主角的体验都做不来，哪里还有精力做其他的角色呢？但实际上只是需要另一个视角帮助共同推进游戏历程，并

不是一套全新的玩法或者控制模式。就像前面提到的，玩家每日上线后除了主角，还可以控制小兵获得一段体验。这是一个思路，做法可以灵活。

3.4　设计内容

现在有了各种工具，也有了设计的倾向，那么应该设计一些什么样的内容？达到什么样的程度呢？

可以按照三部分去考虑：创造期待、拉入主循环和有力的结尾。

3.4.1　创造期待

创造期待应该植根于玩家对这段体验最根本的期望，比如对于玩法乐趣的期待、社交需求能否满足，以及其他功利性的目的。那么就应该去思考游戏的类型和游戏的广度，决定它要满足玩家多少方面的需求，然后再创造玩家对于这方面的期待。

首先是设计玩法上的期待，可以采用以下方法。

1．创造一个目标

有没有一个目标将直接影响玩家对这一整段历程的期待程度。

只有一种方法可以抵消它的副作用，就是节奏和剧情推进得特别快。但无论是怎样的节奏，有目标时，一整段的体验都会更容易让体验者集中精神和心怀期待。

对比《降世神通——最后的气宗》和它的续作《科拉传奇》，《降世神通——最后的气宗》一开始就把火之国导致的天下不平衡而神通必须恢复天下平衡这点指出来，并且用实际情况展示了火之国对其他国家的侵略和对神通的追杀，目标明确又迫切。而在《科拉传奇》中，科拉就没有那么直接的目标了，剧作者把剧情更多地放在了科拉自身性格的成长上，而这样的目标一来没有表现清晰，二来并不容易让观众非常期待。

还有日本的《德川家康》，一开始便描述乱世天下，百姓期待着和平，而德川家康在他还是一个小孩子时便以天下为怀。

《冰与火之歌》的前几卷，天下逐步混乱，人物也很多，读者找不到一个主角，也没看出来整体的目标，所以好几个听笔者推荐去看的朋友在这里就看不下去了。但是当它的情节展开之后，一些角色自身的目标以及读者感受到的人民的期望，就逐步转化为了他们自己的目标，也许是狼族复兴、龙女复辟、抵御异鬼。有了这些目标和期待，才促使他们继续看下去。

如果一个故事、一段体验没有目标，很快所有内容就会变得群龙无首、一盘散沙，体验者看着其中的角色起起伏伏，也感觉不到有何意义。

那么如何做呢？首先，如果要让一件事情真的成为某个人的目标，就不能只是说说而已，比如用剧情文本展示一下，那样最多达到成为一种说法的程度。如果要让他们确切地认可这是一个目标，就要做更多的展示或对角色产生确切的影响。

比如设定打败大魔王的目标，就不能只是说说而已，大魔王应该真的摧毁了玩家所拥有的事物，或者占领了玩家的领地，剥削他们，不时出现并伤害他们；再比如游戏的关卡被魔王占领，玩家就不能再进入了，必须把魔王的军队打回去才能恢复；或者玩家每次通关之后的奖励，都会被魔王的军队随机拿走最好的一部分。设计这些有实际影响的规则，才能够让这个目标真正化为玩家的目标。

在《神鬼寓言》中，玩家一开始扮演一个小孩子，生活在一个小村庄。但是新手阶段过了之后，这个与玩家建立起联系的村庄立刻就遭到强盗的入侵。主角父母被杀，整个村庄被毁。那么玩家心中的第一个目标就很明确了，找强盗复仇，而且这会是由玩家自己内在产生的目标。之后再把这个目标引导向更大的格局。

反例则是，开篇魔王出现了一下，打死了某个人之后，开始新手关卡，但新手关卡却与之没有任何关联，而接着就开始了每日重复地刷游戏，玩家都不知道为什么要这么做。这样的游戏除了用玩法来吸引玩家外，情绪方面就显得很单薄。

2. 创造预期

剧情是一个方式，但剧情不是创造预期的设计核心，我们要创造的是"一个世界"，剧情只是其中的一块碎片。这个世界包含的可以是探索欲（《洛克人钢铁之心》），可以是玩法（《暗黑血统》），可以是征服和占领（《大航海时代4》）。如果选定了一个方向，就要在最初阶段模糊地向玩家展示这个世界时，把这方面的信息传递出去。

《武林群侠传》，从最初玩家扮演的"小虾米"入城，看到曾经的大侠的雕像，在他能力非常低微时，就向他展示出各种武林的人和事，各种成长的可能性，让他结交各种朋友。这些都在暗示着玩家，之后的游戏中将有一个波澜壮阔的江湖在等着他。

仔细来看看，它用了哪些方式来勾起人们的期待？

- 玩家角色能力的低微，其他人物的能力的各自分布。
- 结交各色人种，有好有坏。其他角色的存在就代表了玩家以后可能的成长路线。

- 提供了一些能力值，并在中期解释和扩展了这些能力值，解锁各种新武功（技能）。
- 描写角色自身对某个大侠的仰慕，不是创造期待，而是创造目标。对于他能做什么事，那才是期待。
- 极其功利的一条，达到某个条件，可以给予他想要的某些游戏中或游戏外的奖励。

剧情文本和动画，实际是一个最廉价和快捷的方式来帮助创造期待。

再举个来自 IXDC 的例子。

最近在测试一款 MMORPG 游戏时，在玩家接受了一个画面的同时，玩家出现了很积极的情绪体验，同时他的紧张感也在上升。这个画面中非常明确地给出了一个提示，称为"您正式开始 PK 旅程"。

玩家从这个提示出现的那一秒后就出现心流，即使这样一个非常小的提示，也是给了玩家一个非常明确的预期，玩家的心流体验也随之提升。

这说明了创造预期的作用，这些预期、这些期待，让人们在还未实际体验到该部分内容时，就已经开始兴奋起来。

3．玩法演示

没有什么比玩家自己直接体验一次更直接和有效了。

比如设计玩家的角色在游戏开始时超级厉害，在玩家体验了之后，就因为某些剧情的缘故而功力大减，需要从头开始。那么至少在开头，玩家体验到了玩法。

还可以换一个做法，开头时不是玩家全盛的时候，玩家还是普通人，只是因为情况危急，然后使用了某块宝石，于是功力大增，获得了一两个特殊的新技能，打败了 BOSS，抱走了美人。差别在于，这里展示的是玩家到游戏中段时的部分能力，那么玩家就还会保留对最强时的能力的期待。

也可以用更温和的方式，展示玩法的不是玩家自身的角色，而是一个协助玩家的 NPC，比如一个天使。在开局危险的战斗中，天使会临时赋予玩家飞翔、次元斩等能力，或者就由她来展现这些能力。那么玩家也会猜测和预期，以后能够获得这样的能力。

对玩法的提前演示不是必须做的，如果对游戏有足够的把握，从玩家进入游戏开始就提供足够的玩法和内容，当然也可以不用。优秀是对比出来的，一开始就超级优秀，玩家也会以为这就是常态。

4．要给，也要收

提供足够、但是少量的信息，保持神秘感。事物带来对模式的想象，而模式则带来对体验的想象。

可以用更隐晦的方法：假设游戏开始不久，水管工玛丽奥的后背长出了翅膀，顺便给一小段动画，让玛丽奥表现出跟玩家一样的困惑。单单只是这样的表现，就足以让玩家去猜测，角色有了翅膀，以后应该有对应的玩法出现，从而产生期待。

再比如，如果罗格营地外面不止有一个教学用的洞窟，还有一个外观更加巨大和危险的洞窟，只是刚开始时无法进入，这就会让《暗黑破坏神 2》的玩家一直记住，并且想方设法进入这个洞窟。

这种被玩家探索而自然展现出来的谜题，手游不太容易做到，主要是一般的手游世界丰富度还比较差（一些游戏不注重乐趣，而是注重成长线）。虽然很多手游都使用了这一方法，但并不能给玩家特别深刻的印象，成为一个足够吸引他们的内容。

可以用上述方式把原来的高级系统、关卡、玩法自然地展现给玩家，也可以是在玩家完成困难的挑战之后，再出现这些内容。

还可以赠送一些成长性的东西，比如送一些强大的宠物或者其他东西，让玩家期待它成长之后能够怎样。宠物小精灵动画中的波克比，从它还是个蛋时，主角们就获得它了，玩家看着它孵出来，又进化，偶尔还会展现出一些奇妙的能力，他们也就充满了期待，希望知道它以后会变成怎样。

5．社交上的需求

如果包含能够满足玩家社交需求的设计，那么就精练它并将其表现出来。

在弗洛伊德的人性需求理论中，除去自身之外的需求，大部分都可以让玩家在游戏中体会到。虽然每当谈论起设计游戏时，设计师经常想的是如何用玩法去吸引玩家，纯粹靠社交的需求去驱动的游戏较少，但是如果有，看看它占项目核心的比例，越高就需要越早进行展示。

事实上，许多玩法内容不足的手机游戏都是靠玩家的社交需求去驱动的。这些游戏设计的是玩家强于其他人的欲望，所以在实际游戏的过程中，如果不付费，会很容易被有价值的怪物击败，这几乎无法与付费的玩家竞争，也就只能自己跟自己玩。而这些游戏的玩法能够支撑那么长的游戏寿命吗？大部分不行，只是因为玩家想要对比于他人更强大，所以才付费和坚持玩下去。

3.4.2　拉入主循环

在辛辛苦苦地打磨好玩法、设计好敌人、创造好期待之后，还要做另一个重

要的事情，就是把玩家拉入游戏循环中！循环，即是玩家每日都需要去做的内容，包括各种"刷刷刷"从而提升他们游戏角色的内容，但也不可以这么简单地去看待循环，玩家愿意循环重复地来体验这些内容，肯定是因为其他一些东西吸引了玩家。这既可以是"投食丸"、让小白鼠"按愉悦开关"这种重复性短时刺激，也可以是成就感、社交需求的满足感，这些更长久的情感吸引了玩家，还可以是让玩家陷入懵懵懂懂觉得必须回来玩的心态之中，或者是培养成上瘾的行为习惯。

有时很难分清创造期待和拉入主循环的区别，可以从概念意义上去区分它，但玩家在实际游戏的过程中，游戏内容既是让他们陷于主循环中，同时也是在创造和保持着他们的期待。

总的来讲，这是拉入主循环要做的第一点，满足玩家期待，接着则是培养玩家期待，包括以下游戏内容和情绪方面的设计。

1．满足玩家期待

玩家的期待包括：目标还未能达到，玩法还有更多新的内容，剧情还在继续前进，这意味着以下几点。

（1）足够长的成长线。

成长线不同于新内容，成长线可以完全不提供新的游戏内容，只需要依据原有的内容做好数值即可。而玩家通过数值成长，能够击败越来越多原来无法击败的怪物，也就是让他们心中感到自己变得越来越强。

（2）玩法。

玩法依旧是最重要的创造期待的来源。

举个反例，很多卡牌类的游戏在玩家度过新手期后就开始给压力，要求付费。原本玩家随着等级的提升，就能够有实力的提升，能力与等级的关系如图 3.16 所示。

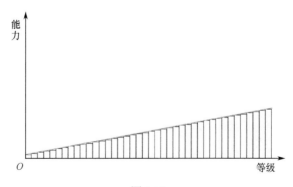

图 3.16

现在增加了各种系统，如图 3.17 所示。

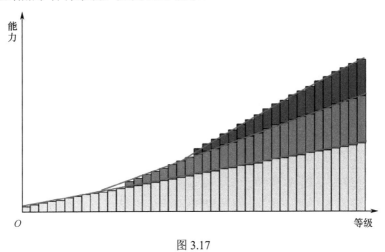

图 3.17

有更多的能力空间，也就意味着需要更多的时间去提升或者获得，而且这新增加的部分角色在成长中，也未必全都是时间就可以搞定的。

这样的问题出在哪里？问题不在于增加了时间，而在于所做的这么多系统都只是增加玩家需要的游戏时间，而游戏玩法没有任何的增加或变化。

玩家打普通版本是用这么几个英雄，打精英版本是用这么几个英雄，打塔、打挑战是用这么几个英雄，甚至打其他玩家的阵容也是用这么几个英雄。玩家获得更强的英雄也只是替换了现在的英雄，然而玩法没有丝毫改变，那么就会很容易让人感到无趣和疲惫。

而《万智牌》不一样，几乎每次万智牌新增一套牌组，其增加的都是一套新的打法，或者是对旧的打法的平衡和扩展，这些都是玩法的增加。再拿《精灵宝可梦》作为例子，PM 自家的游戏中，由于强调了宠物属性的作用，所以 6 只宠物不同组合间的对抗性就非常明显。它们新增的宠物都能够扩展阵容的搭配和对抗性，由此来扩展玩法。

虽然纯数值性的变化也可以让一些角色产生翻天覆地的变化，比如《梦幻西游》，高敏的"盘丝"、"女儿村"打"大唐"，或者高体防"化生寺"的强大生存能力。一来是这些变化总体略有不足，二来是一旦确定了一个方向，玩家一整路的打法其实也没有变化。这是一种多职业，而不是多玩法。玩法变化是操作方式、对抗策略的变化。如果要在成长线上增加玩法，应该放在角色人物之外，比如《魔力宝贝》中的气功师搭配拥有"连击"技能的攻宠，或者搭配其他群攻的魔宠。

我们应该尽量多地去考虑如何扩展玩法，并尽量将变化放在非固定提升的成长线上，比如放在宠物、天赋、装备上，而非放在等级上。

（3）让玩家去玩小号。

提供有效的小号追赶制度，并让这些措施明显地被玩家了解到。

玩家自己发现和游戏厂商正式告知，对于他们来说是有心理上的区别的。玩家自己发现的事情，对于玩家是不带任何情感的信息，之后如何反应都是依据自身而定的。但如果是官方正式告知的事情，就意味着这是确定的事情，比他们从别的地方获得的信息要可靠和有保证。同时也意味着，游戏在鼓励他们那么做，因为刻意把这个消息告诉了他们。举个例子，《WOW》110 级，大秘境会随着玩家通关层数的提升，给出更好的装备。但是给出多少等级的装备，官方是没有说明的，都依靠玩家自己去问其他玩家或者到游戏外去寻找。当然到了第二周、第三周时，玩家都能够知道一个大概情况，但也就只是一个大概情况而已。他们心中会觉得要去提升装备，大秘境仅作为一个可考虑的方式。再加上大秘境通关给的装备也是从 835 往上随机，一开始大家都打不了高层的秘境，所以得不到有用的装备，于是就造成了一个感觉：想要通过大秘境提升装备并不容易。然而其实设计师们是设计了高层大秘境掉落高级装备，而且还有保底奖励这些相当有效的途径，只要打到 10 层左右的大秘境，获得的装备非常高等而且掉落量也很不错，但由于没有官方正式肯定的通告，玩家就不能直接了解了。

除了玩法，小号、其他角色还能提供另一个视角去看待这个游戏世界，如果这个世界丰富多彩，那么小号几乎是每个玩家都会去创建的，玩家也会很想了解与原先角色不同的成长历程。

（4）提供有效的途径给玩家。

前面谈到《精灵宝可梦》的战斗和世界设计得不错，但它的一些仿制品就未必做得好。比如某款仿 PM 的手游，其所有宠物和战斗以及故事情节都来自 PM，但玩起来就觉得远不如掌机版的 PM 好。其强调的是成长线，比较珍稀的宠物全部由一些特定的游戏系统产出，野外的 PM 数量少，而且特别难以获得。宠物的提升，特别是进化和强化也相当难。如此设计系统从而让玩家充值，这点无可厚非，但如果过度以至于影响到游戏的主体玩法，就让玩家觉得不好了。获得新宠物和培育宠物太难，即使是充值很多钱的玩家，他们也难以获得一队最符合某个打法的宠物阵容，那么也就做到不同打法的队伍之间的博弈了。这个游戏坐拥 PM 这样丰富的战斗玩法，本应很有趣，但因为展开得慢，玩家体验不到，他们就觉得乐趣有限。

想象一下，如果暴雪的《炉石传说》或者《万智牌》获得新卡片的难度特别大，一包卡牌中 95%的概率都出没什么用的基础卡牌会怎么样？基础卡牌之上的绿色卡牌才是组成卡组的基础，然后往上是蓝色卡牌，是卡组的重要部分，再往上是紫色甚至史诗卡牌，这些才是卡组的核心。这样做会让多少玩家流失？即使知道后面有丰富的玩法，但玩家自己却不得不一直重复着一样的事情，一旦久了，玩家就厌烦了。游戏的付费内容和免费内容要有怎样的比例？不要只是到展示玩法的程度，至少要到免费玩家能够体验到玩法的程度。

一些单机游戏会强调，每到三十分钟给出玩家新的内容，无论是新技能，或者是新地图、新敌人等。而后的三十分钟之内就是对这些新内容的扩展和让玩家对其熟练操作。网游不像单机游戏，不是玩十几到几十个小时的游戏，但我们也要尽量设计和分配好内容，让玩家每隔一段时间就能够"拥有"新内容。

可以创造出期待，比如每隔多少级必定会获得一系列的新内容。或者通关某一片区域之后，可以获得新的技能、英雄或者其他东西。也可以有别的机制，比如充多少钱就送哪个特殊英雄。但重要的是这种阶段性的感觉，让玩家明白每到某一个点就会有新的、更多有趣的东西出现。当把它良好地制作出来时，它就会变成一种桥梁，创造出一种游戏制作者和玩家之间的互相信任，玩家会很安心而且很努力地提升自己去达到下一个阶段。这最终也就是创造出期待。

同时，这也是一种将大目标或者无目标转化为一个个小目标的方法。

一些手游是没有给玩家任何目标的，只是做到"来玩，这个有趣"的程度。其实说到底在玩什么就不知道了。又或者一些手游会树立一个较长远的目标，但其实又远得碰不到。这样的目标即使放在现实中，也会让人们的行动力无法积极地被调动起来，所以在游戏中，应该给玩家树立一个合理的目标。

天数奖励是一些吸引人的促销手段，不是实际的"目标"。满多少级的奖励也是一种目标，但略有不同。因为一个目标是一种阶段性的东西，不是此时玩家达到了 15 级，就送他 100 个宝石这样的鱼饵。应该让玩家明确到达 15 级之后，就有一次玩法扩充；或者"我想要打倒 15 级的关底 BOSS"等，这种新阶段出现、旧阶段终结的感觉要做出来。这也许会跟现在的游戏差很多，也许通过调整就能够做到，但这才是给出玩家一个中短期的目标。

（5）社交上的心理需求。

社交需求是更持久而且更多变的内容。

人与人之间的羁绊是超越内容存在的，很多游戏玩家厌烦了但还是要玩下去，是因为有朋友们在。这点大家都懂，那么如何去做？实时的互动、全异步，还是

异步半实时。

比如手机跑酷不好做全实时的互动，做全异步又没有交互感，那么可以这样：玩家在各自的屏幕上跑着，但如果吃到某些道具，可以扔到对战的玩家的跑道上，对他产生不利影响，如图 3.18 所示。交互是即时的，但又不需要实时处理，这就是异步半实时。

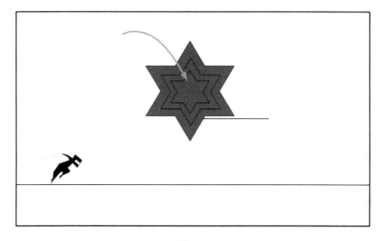

图 3.18

其他创造各种羁绊和人与人之间关系的方法在第 2 章中讲了很多，在此就不赘述了。

2．培养用户的行为习惯

培养一个高级动物产生某些习惯，需要一些更高级的刺激，或者是无可奈何的情境。前面讲到的期待的内容是高级刺激，而以前玩家用手机玩《贪吃蛇》，是因为他们别无选择，这是由时间、设备、金钱、个人能力、娱乐倾向等因素综合决定的。

网络上有很多如何培养一个习惯的做法和书籍，比如《21 天培养一个习惯》，这种用行动去克制自身的方式，对于生理调整是有积极意义的，但对于心理的作用，笔者觉得效果有限。在心理学上，有这样的理论——人们会把他们的行动解释为他们具有行动的意愿。比如闺蜜反问一个女孩子，如果你不喜欢他，你为什么会去见他。这有点儿像在玩推理游戏，不喜欢为何会去做，做了的话自然是喜欢了。然而如果人们长时间做一件事情，就会对这件事情产生更好的情感。即使是行为上的习惯，也是非常强大的，但这些都抵不过真正心理上能够想通。

接下来讨论如何扩充游戏内容和时间,让玩家自发地认为某一习惯是必要的。

(1)目标。

玩家需要在游戏里有各种目标。

眼下的:完成这个任务。

短期的:杀死森林里的熊,10~20min,以此划分片段。

长期的:拯救公主。

可选的:采集森林里的浆果。

设计一些小目标,比如完成今日目标中的一步、签到奖励、每日前 10 个任务的双倍奖励。

或者设计类似这样的中目标:极品卡片;世界地图上一些小型、中型的动态事件;用许多小目标叠成的每日的目标收束玩家。

设计师也会经常用到一些时间性的设计,比如收获时间、某个时间段、间隔一定的时间、连续一定的时间。

(2)行为。

点击是最没有行为感的,至少要让玩家执行某个游戏中的动作,比如输入"/DANCE"。最好是让玩家做一连串的行动或操作,无论是作为实际人类的行为,还是在游戏中角色的行为。

通过手机屏幕可以让玩家画某些固定手势,或者完成一些有象征性的行为,比如祭拜女王的火焰祭坛,玩家可以在祭坛下取火种,送到祭坛上点燃某个火盆。当看着祭坛上一整圈的火盆都被点燃后,这对所有玩家而言也是一个精神的象征——希望、强盛。

(3)奖励。

促成一个人养成习惯最直接、有效的方法还是奖励,讲道理太费时,而且效用有限。现实中可以跟人讲长远目标,现实中交互手段也足够多,但游戏中还是用投食丸的方法吧。

奖励的内容多种多样,投放的方式也多样。要让玩家追着食丸去做我们导向的内容,或者是采用过度合理化将其内化为玩家自身的行为,这就是八仙过海各显神通了。不过投食丸的方式现在的玩家已经太熟悉了,如何做好呢?请参考第 4 章的内容,或者多尝试别的方式。

(4)内容。

让玩家有事情做!

上线之后有事情做,不要太限制玩家可以玩游戏的时间,比如一些跑酷游戏,上线时是满体力，却只能玩 10 回，这让玩家如何持续爱我们的游戏呢？在线人数又怎么拉上去呢？所以正规的游戏内容做完之后，可以设计一些虽然奖励很低，但还可以继续玩的内容。

（5）连续性。

通过小活动，给予其他活动的增幅 BUFF，比如抓鬼、封妖经验加倍。以这样的方式可以很好地指引玩家在这个活动之后，就去抓鬼、封妖。

不过相反，可能会出现因为指引性太强，或者说 BUFF 效果太好，导致玩家都要在玩过之前的小活动之后，才会去抓鬼、封妖。当然，这样的限时活动确实在这个时间点把玩家聚集起来了，但这个时间点之外的玩家就被排除于抓鬼、封妖之外。所以对于定位于时时可以玩的日常玩法——抓鬼、封妖，最好不要给这个 BUFF。除此之外，也可以设计成一些偏门活动的 BUFF，让这些活动可以串成一系列。

或者是使用较为强硬的控制方式，也就是玩家每天一进入游戏时可以玩的内容，系统是硬性限定的，必须玩过第一段内容之后，才会开放第二段的内容，直到第三段后期才会开放第四段内容，此时玩家才算是有两个选择：继续第三段内容或者是直接去玩第四段内容。

这种强硬的方式和上面的 BUFF 的方式，哪种更好呢？

强硬的方式更好。举个例子：现在去肯德基吃汉堡，第一种方式就是，中午只有奥尔良烤鸡腿堡可以选，但是晚上还来吃的话，除了鸡腿堡之外，还有七珍虾可以选，并且七珍虾有半价。第二种方式就是，中午过来吃，有鸡腿堡和七珍虾可以选，如果选了鸡腿堡，今晚还来吃的话，七珍虾就会有半价。这两种方式给人的心理状态是不同的，第二种就会让人们考虑，他要不要先吃鸡腿堡？"其实我想吃七珍虾，我不是一个在意半价的人，但又确实有优惠，怎么办？"而第一种情况下，因为玩家没有选择，也就没有了思考。这种强硬看上去会让人有些不爽，但实际上让玩家少了很多的心理活动，使玩家可以持续以傻瓜式的心态进行游戏。

BUFF 的方式有更多的自由，那么它适合有比较多内容的游戏，玩家需要更多自由，随时可以去做某一项主线外的活动，比如许多 MMOGAME。

3．精神成瘾

20 世纪 90 年代，剑桥大学神经科学教授舒尔茨进行了一系列的实验，解读在神经化学水平上"奖赏"这个要素是如何运作的。研究人员把猴子放在屏幕前，训练它看到蓝莓的图片后就去拉一个杆子，如果成功完成，就会获得蓝莓果汁的奖励。他们检测了猴子的脑电波，发现一开始时，猴子们脑中出现的刺激反应，分别是它们处于看到图片、拉杆、获得奖励这三个时刻。而兴奋度上的上升点则只在第三步，也就是获得奖励的时候，如图 3.19 所示。

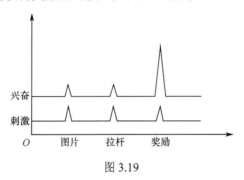

图 3.19

当猴子的这一行为越来越熟练后，研究人员发现，兴奋的电磁脉冲前移了，前移到了看到图片之后就出现。也就是说，猴子已经理所当然地把图片和最终的奖励联系了起来，如图 3.20 所示。

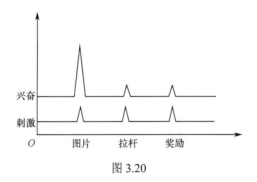

图 3.20

别的研究人员发现了进一步的情况：当猴子被训练成只要在屏幕上看见图片就会预期果汁出现之后，研究人员尝试让它们分心，他们在角落放了一些食物，猴子放弃实验就可以吃到这些食物。这种分心对没有形成强烈习惯的猴子起了作用，但对于已经养成了强烈习惯的猴子，也就是它们的大脑开始预期奖赏时，分心的做法就没有诱惑力了。这种预期和神经渴求是如此强大，让猴子牢牢地坐在了屏幕前。

这就是难以自控地去完成所需行为的成瘾行为。

另外一种情况是，玩家在现实生活中一直处于百无聊赖，或者压力巨大，或者无可奈何的消极状态，能让他们产生多巴胺的方式就是游戏。这种人更容易沉迷于游戏，这未必是游戏的错，而是一种心理平衡。在没有游戏的年代，他们也会去做一些别的事情来获得消遣和平衡。对于一些人而言，可能会面对这种情况：自己的人生毫无未来可言，或者是一个毫无色彩的未来。也许某一时刻的你我也会处于这样的心态，感觉命运就这样了，再折腾也没有用。那么不如就满足于现状吧，如果有什么事情能够让自己有快感或者感觉到放松，就去做吧。此时这种心态非常容易让人落入窠臼，也很容易让人沉迷于追求一些循环的、短时的刺激。

一些瘾症实现成本低又能够使人体分泌多巴胺，那就会促使人们反复去做，这就让人陷入一种懵懵懂懂的，觉得想要去玩、去做的心态中。

作为一本探讨游戏设计的书，当然在这里会讨论如何促成这种情况，但同样的方法也可以用在促成其他的事情上，可以是积极的事情，比如教育类游戏等。希望通过这些知识，读者可以促成自己养成良好的习惯，或者抵抗某些他人的不良诱导。

分析一下，精神成瘾可以由以下方式促成。

（1）情绪。

女孩子逛街也有这种与猴子拉杆类似的情况，因为奖励信号前移，所以女孩子在整个逛街的过程中都是处于快乐的状态。逛街时间越长，快乐也越长。

男性也一样有这种情况，某些确定的奖励即将来临时，整个等待的过程都是快乐的。比如等快递，当知道快递今天要到达，焦急又期待的心情会一直持续到快递真正到达，他们开包去验证的时刻。

另外，应促成玩家产生"想要"的欲望，以及设计一些连续的快感。

需要让玩家面对一个确定的奖励吗？不一定，赌徒不会总是赢。但他们还会去赌，这是因为已经形成了习惯，而在养成习惯的过程中，既然结果是我们可以调节的，那么就应该让他们多赢。在养成习惯之后，再提高难度就可以了，这刚好也符合以往的游戏设计。

除此之外，对于所有第2章中提到的情绪设计，都可以想想如何将适合的情绪安排到游戏中。比如：

- 正面反面的情绪。
- 让玩家感觉他们很重要。
- 不断地肯定玩家，让他们感觉自己很强，又不断地打击玩家，让他们感觉自己很弱。
- 如果玩家在第一个阶段完成时，就已经有一定的成就了，比如十几级、几十级，那么玩家就不会那么容易流失了。设计获得感，增加沉没成本。

（2）奖励。

奖励需要多高？需要足够有效。一件道具的价值是多少，是依据整个游戏系统而决定的，甚至纯粹就是设计师制定的。比如某个外观道具，定价为 30 000 元，它就是 30 000 元，即使玩家不接受，它也是 30 000 元。卖不卖得出去是另外一回事，那是玩家接受这个定价与否的问题，固然应该定一个比较合理的价格让玩家愿意接受并购买，但这一切都是由设计师主导设定的。

所以要给玩家多好的奖励，除了付费这种手段外，就看玩家此时是完成怎样的玩法系统了。奖励可以是这个游戏里最有价值的道具，也可以只是一点货币。

不同的玩法系统会有不同的设计目的，一些是填充时间用的，一些是提供挑战用的。配合游戏流程，让玩家一上线就开始接触到暗示物，比如说完成打几个怪物的日常任务，就可以获得抽取珍贵宠物的机会，可以让它的概率非常低，但这也是一个刺激。接着则是高挑战性和获奖概率更高的任务，放在需要更多的时间才能完成的内容中，也就是一日流程的后面才能达到的程度。中间则填充能够让玩家获得一些数值性增长的内容。

比如抽宠物的这个道具标识物与珍贵宠物之间的联系，设计师用了随机性，让玩家产生了期待，但并不是真的让玩家获得。如果真的获得，会让游戏的进程消耗得太快。

如果取消这个道具标识物呢？变为完成任务，直接就弹出抽奖界面进行抽奖呢？少了一段时间的等待，会让这种期待有所减弱。持有代券或者未打开的宝箱、未鉴定的装备，持有的过程中，都会让玩家保持着期待的心情。就像《阴阳师》，有可能直接抽到 SSR 的符咒，然而谁也不知道要多少张才能抽出一个 SSR。（据不完全统计，SSR 的掉率是 1%，SR 是 8%；据说，某次开新 SSR 卡片后，人民币玩家平均花了 2 万多人民币才抽到一个 SSR。）

在其他游戏中，BOSS 的掉装备也是这种随机性的表现，让玩家产生期待。也可以做出变种，比如不是随机给完整的道具，而是必定会给，但只给道具的碎片。这种变种是因为不好真真切切地给玩家确切的高价值道具，如果给了，那它也会贬值为普通道具。这是玩家的活动价值与奖励之间的设计，是成长线方面的设计。

（3）暗示物。

猴子是从看到一个图片、获得一个刺激作为它的暗示物的，然后开始这个循环，那么可以给玩家一个暗示物吗？

比如现在的许多游戏中都有各种各样的关卡，玩家可以在界面上选择，然后进入各个关卡或各种玩法系统。这些玩法系统作为一段经历开始的地方，也是导向某些奖励的入口，玩家会预期到有怎样的奖励在其后。但这些东西作为一个"暗

示物"终归还是弱了些。暗示物最好是一个拥有物、一个标识点，而不是一个选择界面的某个入口。上面的代券、未鉴定装备其实也是一个暗示物，它们确实是"物"，而且其后代表着一段未来的经历或者获得物。也可以是一个"标识点"，比如突然出现在地图上的一栋建筑物，NPC 对话中突然出现的一个选项。

实际出现的暗示物与选择界面的区别在于，上述这些都是有和无的区别，而不是在游戏界面上必定出现的一些按钮，这只能带来"选择"意味的体验。

也可以设计如下这种特别的每日游戏流程和关卡进入方法：玩家每天都是固定到一个雇佣兵店或者装备店给老板打工，打工的基础固定奖励很低，但有较高的概率获得各种奖励关卡的门票。比如交任务时，装备店老板把玩家介绍给道具店老板，而道具店老板带玩家来到火山，请玩家帮他获得里面的某个东西，由此开启一个新关卡。道具店老板就是一个标识物。而这样的游戏世界也会变得更加真实，更加有人情味。还可以扩展这套关系网，让它更有"人情味"，更有成长性。

对此稍微进行变化，比如把一个 MMOGAME 做得更强调探索性，那么在玩家每天上线之后，并不是直接进入各个玩法系统去参加各种活动和内容，而是选定某个地图进行探索之后，在探索的过程中，依照一定的规则，在玩家达到限定时间、杀怪数或者其他条件时，就在他们可见的地图上刷出来进入某些关卡的入口。比如他们走着走着，发现远处有一个残破的纪念碑，而这个纪念碑就是其他普通游戏中的装备副本或者坐骑副本。由此，免除掉各种界面，让玩家在这个世界中不会出戏，也让这个世界更具有真实性和乐趣性。

（4）习惯。

拉杆只是一个动作，但一次操作是形不成习惯的，试验中的研究人员也是通过了多次实验才养成了猴子们的习惯，并且把它们的兴奋点前移。对应游戏而言，要培养玩家的某个习惯，也不是一蹴而就的事情，这不是介绍给玩家某个系统时，如装备强化系统，给他几个对应需要的消耗物，然后就可以放开不管，期待玩家自己知道有这个事情之后，自己就会去做。设计师一样需要多次、多时段地提醒和促使玩家做这个事情，比如每天都赠送一定量的消耗物，在玩家习惯这一行为之后，再增加所需消耗物的数量，让玩家没办法再像以前一样，每天提升这一系统那么多次。

但单纯这么做是不够的，猴子会想继续拉杆是因为有着后面的奖励，后面的奖励带来的刺激前移，才让它见到图片就开始兴奋。如果提供给玩家的奖励不够，比如强化提升的数值不够，那么玩家一开始也不会对此感到兴奋，无论提供他们多少次拉杆的机会，他们也不会对此上瘾。这就犹如前面"奖励"的内容所讲的，奖励要有足够的分量，提供足够的刺激度。

还有什么会促成一种习惯呢？还有一种情况，就是被迫养成习惯。吸烟是很多人明知有害，但依旧无法戒掉的一种习惯，可他们是怎么养成的呢？很多人是因为工作或者身边的朋友们都吸，为了应酬，受到环境所迫而不得不产生的行为，久而久之也就形成了这样的习惯。这就是从众的行为，所以也可以用这一效应去设计玩家产生其他的习惯。

3.4.3　有力的结尾

终结感是单机游戏必须给的，但终结感不代表真正的终结。与此同时，终结感则是网络游戏不希望玩家体验到的，但它们也需要一个或几个最终目标，无论是必然达到的，还是难以达到的。

对于无结尾的游戏，也必须去考虑每一段游戏历程，或者每天给玩家的内容，在最后结尾时如何吸引他们明天继续玩。可以按以下几点去考虑。

1．结尾方式

如以下的结尾方式。

- 难达到的最终目标。

不是没有目标，而是目标难以达到，比如在某些游戏中的满级。

- 稀有装备。

有确切的获得途径，但是需要的时间长。

没有确切的获得方式，需要等待某些契机出现。

- 玩家竞争。

竞争排行榜的前列。

- 某一些挑战完全超过玩家目前的能力。

成立一个星际共和国。

- 需要比较多的条件才能完成。

工会挑战，或者需要很多其他玩家的活动。

2．吸引玩家再回来

为什么人们会看一些动漫停不下来？比如《钢之炼金术师》，从中期开始，剧情就一直推着往前进，节奏毫无停顿和迟缓，世界和真相一步一步地展现在观众面前。同时也是因为每一集结尾都布下了一个谜或者一段新的历程即将开始的铺垫。

有游戏做到这样了吗？几乎没有！无论是单机版还是网游版，无论是《WOW》还是《梦幻西游》，都是设计了玩家一天可以做的事情，但没有设计如何在一个结

尾中抛出一个包袱、一个铺垫，让玩家期待明天的内容。所以不只是在每天的开头可以去做吸引玩家的事情，在一天结束时，也要给出吸引物。可以怎样做呢？

- 出现了新的内容，然而还未展开。
- 未知的进展。
- 谜题、悬念。

这些都是动画、连续剧、漫画等作品中常用到的方式。

列举一些较为互动式的方法。

- 结尾给一个契机，但需要时间完成，各种时间性的游戏设计就是如此。
- 结尾时让他们执行一个行动，行动的效果只到一半，还需要明天继续执行。

这就导致了一些玩法需要分为多段完成，无论是包装为军队的远征、英雄的探索，还是商品的贩卖，而且设计为中间可退出会自动保存。再进一步讲，则是行动的结果也未知，而且是真的会有多种可能性，而不只是获得多少的区别。这些结果的影响越大，玩家也就会越牵挂。

- 出现了新的内容、玩法等。

玩家没有资源了，需要等到明天。用资源去控制是很棒的做法，但要求设计得非常好。全新内容或者玩法也许没有那么多，但可以是一些随机出现的关卡，在玩家逐步玩到没有体力时出现了，并且可以保存到明天。这些随机关卡最好也是有时限的，会让玩家更珍惜，明天就会心心念念地来登录游戏。

- 阶段性的设计。

内容设计的阶段性还有成长线的阶段性。玩家刚刚升级了，学了几个技能，正在兴头上，但是时间太晚了，不得不明天再来。

- 怪物的多样性。

这也是一个方面，学会了火焰绝招，打这个关卡的怪物有效，但打蜻蜓怪物呢？特色决定了可以变化出来的组合总数。

除此之外，也有许多有结尾的游戏，但设计思路也是一样的，依据剧情而定，即考虑是要完全终结，还是留下悬念。

3.5　几种游戏剧情线的设计方式

3.5.1　线性剧情式游戏

让我们从单机游戏时代讲起，那时由于工作量和设计思路的限制，大部分单机游戏的历程都是单线的。单线剧情的体验现在看来自然是少了很多丰富度和自由度，但它也是最可控的。就像看电影一样，玩家来到什么阶段就会体验到怎样的情绪波动，可以做到分毫无差地让玩家体验到设计师所设计的情绪曲线。

在线性游戏中，需要注意的是游戏关卡内容中的挑战压力导致的玩家情绪变化，以及游戏中断，然而总体而言还是可控的。

3.5.2 支线剧情式游戏

但计算机这么强大，能够根据玩家的互动产生不同的反馈，单线式游戏自然还有很大的空间可以扩展，于是设计师开始往游戏中放入一些支线任务。

支线任务提供了游戏主剧情之外的游戏体验，也拥有提供放松的时间段、丰富整个游戏世界、协助丰满游戏角色的作用。设计师也让支线任务提供了许多游戏奖励，用来吸引玩家，以及协助成长线等方面的设计。本来成长线仅是一部分内容，但现在的许多游戏反而仅在意于成长线这方面的作用，而忽视了支线任务最初的作用，这是不太好的。

每一个支线任务的历程，都是在游戏的主历程中并行的一段情绪流，如图 3.21 所示。

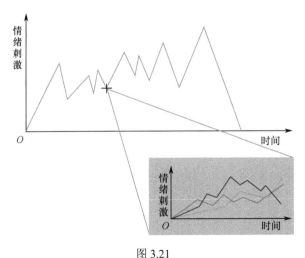

图 3.21

比如《仙剑奇侠传》之类的游戏，玩家来到一个新的城镇，在开始挑战下一个大的迷宫之前，城镇中的许多支线任务就提供了许多并行的情绪流。

设计师并不知道玩家会从哪一个支线任务开始，甚至不知道玩家会不会开始

这些支线任务。但只要他们开始某一条支线，就相当于在主历程情绪曲线中插入了另一段情绪曲线，如图 3.22 所示。

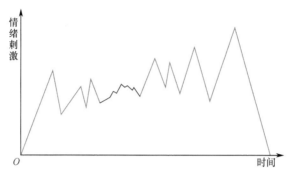

图 3.22

设计师内心应该明晰，需要这些支线达到什么作用？是用语放松，还是作为下一段上升情绪的铺垫，或者是用另一些内容挑起玩家的情绪？同时还应该注意另外两点。

第一点，这些支线是否真能达到设计师希望它们带给玩家的情绪流，特别是玩家转回头去做之前城镇的任务的话。保证情绪流一致的核心点之一就是难度。特别是怪物的难度是由于玩家角色成长而变化较大的部分，那么使用动态怪物难度是一个不错的方法。

第二点，要去考虑如何让玩家在回到主线剧情时，明确地知道现在是回到主线了。除了靠文本说出来的剧情外，主线剧情的关卡是新的、独特的关卡区域，是最明确的可以区分的一种方式。之后是怪物、关卡内容和难度，都可以作为使用的手段。

从使用支线任务开始就已经可以感觉到，对玩家的情绪历程开始失去控制。如果把主线和支线的差别做得非常明显，那么还是能够让玩家在总体感觉上，将整个游戏历程认知为最初设定的那一条曲线。比如即使如图 3.23 所示，玩家还是仅将浅色的线，也就是原来的情绪线作为他们主要的游戏历程线。

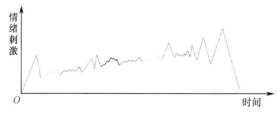

图 3.23

也可以让支线任务和主线剧情结合得更紧密，比如支线任务不仅是获得某些装备，而且是获得某些契机，如钥匙、NPC 的协助之类，让玩家们在主线关卡之中能够因为他们完成了某些支线任务，从而获得额外的助益或者开启额外的关卡。这是铺垫的做法，让支线也影响着主线。

这里有一个细微的点，很多游戏的支线任务完成后，都能够获得一些对付下一个 BOSS 很有效的道具，从而对玩家接下来的主线任务产生助益。但问题是，同时也有非常多的玩家在挑战这些主线 BOSS 时，不会使用这些道具。他们要么想留着这些道具以后用，要么想在普通情况下打败 BOSS，要么是先要打开道具栏，再找到那个道具来使用，这个过程非常麻烦。所以最后他们都不会去使用，那么最终就变成了这些本来设计好的助益没有产生实际的效果，也就是实际上玩家并不会把这段支线任务和主线任务联系起来。

让玩家能够自行选择是一回事，让设计达成目的是另一回事。只要提供事后的补救方式，比如再挑战这个 BOSS 的方式，那么第一次的自行选择就不是很重要了。

3.5.3　多结局的游戏

支线剧情对主线再进一步影响，就会导致主线情绪历程更大程度的变化，比如多结局。

虽然一些游戏的多结局系统并没有达到改变主线情绪历程的程度，它们只是在最后一段，甚至是最后一步，产生不同的结局而已。相对而言，上述铺垫的做法改变的东西更多。

但游戏设计的水平一直在进步，多结局的方式对整个游戏历程的改变也越来越大，可能最初只是站在为了让剧情更切实的角度，所以开始安排出现一些变化，比如某个角色在某个阶段会离队，拥有某个队友则某一段支线或者主线的挑战可以快速完成。于是对游戏历程的影响就逐渐明显了，能够省略、改变或者获得一整段新的游戏历程，这种程度的变化已经能够打乱原来设计的整体游戏历程了。

这是一把双刃剑，制作成本是一方面，更重要的是玩家的情绪历程正式开始失控。假设原来打算让玩家体验"松–紧–松–紧"的历程，但由于玩家做的某些事，从而让历程变成"松–松–松–松"。这是第一种情况，而这种情况还比较好办，那就是在设计支线任务时，也认真考虑它们的情绪历程。这也是前面的图 3.23 中把支线任务也用一小段情绪曲线表现出来的原因，设计玩家做的支线剧情，也变成"松–紧–松–紧"的历程。第二种情况是情感历程的改变，这就几乎难以修正了。

可以说这就是玩家自行选择的情感历程，这是他们自己喜欢的个性化游戏历程，但大部分情况下交给玩家自己选择，最终并不能够产生让他们震撼和铭记的体验。所以需要在某些关键的剧情点不给提供玩家可选性。不然根据前面游戏历程的情绪积累，预期是"平–悲–喜–悲–喜"，因为玩家的选择而变成了"喜–喜–悲–悲–平"，如果是这种情况，玩家们体验的几乎就不是一个游戏了。

这也是之后一个阶段，是设计师难以解决的一个问题。那么在这里可以怎么办？

第一个是挑战难度影响大，情感影响小。也就是让支线任务包含更多的是难度方面的游戏挑战，但不包含太多的情感。包含更少的情感，也就是讲述更少的故事，这未必好，但这是一个手段，可以控制使用的程度。

第二个是做出明显的区分，即支线的情感和主线的情感，让其主体是不同的，涉及的人物也是不同的，而如果涉及主要人物，并不改变原来在主线中的情感历程。

第三个是对支线任务做更细致的设计，包括限制其先后顺序；某些支线对其他支线的影响，导致其他支线任务暂时无法接取或直接取消；支线内容的改变涉及人物、难度、过程。

3.5.4 无主线式游戏

非常多的以玩法为主的游戏都是没有主线的游戏模式的。但它们没有的是剧情主线，而不是没有情绪历程。它们要么有成长线，要么有难度变化，再进一级也能做到第 2 章所讲的情绪控制。

如果没有设计情绪历程，那么到了游戏中期之后，玩家面临的就是这边打不过，那边也打不过。然后他们就得回去刷怪，直到升级了，之前打不过的怪物也就打得过了，然后就继续遇到打不过的怪物，再继续刷。

这种游戏让玩家的内心毫无波动。

难度可以动态调节，从而产生波动。可以全部交给玩家自行选择，也可以通过一些日常任务或奖励任务的形式，诱使玩家去接受挑战。

成长线的变化和关卡难度是互为表里的，这些难度的对比也可以带给玩家爽快感、成就感和压迫感。从一定角度上来讲，角色成长线就是把现实中人类难以快速提升的各方面能力，用虚拟的方式体现出来。

让我们来看看 RogueLike 这类游戏。RogueLike 也包含成长线，并且基本上角色的成长能够确切地支撑玩家到达新的关卡，如图 3.24 所示（《盗贼的遗产》）。

图 3.24

RogueLike 有相对比较高的难度，同时敌人和地图也是依据一定规则随机产生的。随机会让设计师难以控制整体的历程，但也并非完全没有办法。如果是类似《盗贼的遗产》这类单个房间的布局会影响到整体地图布局的规则，那么可以在玩家通过某个房间后，综合上一个和上几个房间的难度变化，来设定下一个房间的难度系数。由这个难度系数来动态调节下一个房间的敌人、陷阱和箱子的数量及种类，从而达到想要的情绪历程松紧的变化。

也可以在怪物的难度变化之外，设计一些临时 BUFF，比如神坛，来给予玩家爽快的一段节奏。在笔者以前做过的一款飞机射击类游戏中，为了让玩家体验到压力和爽快（敌机是压力，同时迅速、大量打爆敌机这种压力源就是爽快），设计了 combo 系统，大致就是随着玩家 combo 的提高，敌机出现的种类、数量和分数都会越来越高。实际上连发的子弹、飞行的路线、掉落物等，都会随着 combo 系数而变化，而通过这样的规则，达到了在每一次掉出来道具时，让玩家们感到爽快，并且整局游戏历程的体验也确实越来越刺激。

不过另一种情况是，爽快确实是爽快了，特别是刚刚避开敌人的子弹，然后击落一大群敌机时，而且这还是反复一波又一波的起和落。但只这样是不对的，因为只有升，没有降。即使有每次过关之后的一小段奖励阶段，但这不是在战斗之中的松紧变化，所以不会让玩家感到不断的压力。难度要能够快速适应玩家的水准，但也要有松的时候，人无法长期处于高度专注的状态，而且需要有比较，才能使难的部分让人感觉更难。

在许多以玩法为主的游戏中，都会出现前半段的重复内容让玩家非常烦躁的情况。玩家们玩 RPG 类游戏，重复挑战 BOSS 时，如果要重复观看 BOSS 动画，会觉得烦躁，重复挑战 BOSS 的前半个阶段也一样。所以需要迅速去接近玩家的能力，这在前面已经做了很多讨论，那么这些设计所为何事，就是为了现在所讨论的，整体游戏的情绪历程。

再进一步讲，玩家需要往前扩张，他们希望体验更多新的内容，希望感觉自己变强，减少前一段的重复只是一部分，往前进则是另一部分。但玩家实际身体能力的提升是缓慢而有限的，要让他们体验到前进，就要让游戏角色能够快速成长，这也是设定一定成长线的意义所在。所以即使是在每"死"一次都要重新来的 RogueLike，也包含了角色成长，能够支持玩家走到更远的关卡中去。

3.5.5　开放世界

开放世界和沙盒最大的区别在于能否由玩家自己制作游戏内容，所以许多被玩家称为沙盒的游戏，其实并不全是。比如《GTA》、《泰拉瑞亚》、《合金装备：幻痛》、《刺客信条》后几代等游戏，并不属于沙盒。

相对而言，那些提供了游戏编辑器的游戏，比如《上古卷轴》系列，算上其 mod，虽然普通玩家基本不会去使用编辑器，反而算是一个沙盒。从这个角度来讲，《帝国时代》也可以算是一个沙盒。

开放世界和沙盒的另一个区别就是主线是否还存在。

开放世界虽然已经极大地模糊了支线和主线的界限，但依旧会靠一些主线任务去作为新区域、新内容的开启条件。而且也在总体上有着一定的主剧情。以《虐杀原形》为例，无论玩家去不去完成主线任务，他们都可以满城市地跑，击杀僵尸和变异体，提升他们自身的能力，但最终还是得去做主线任务，游戏的进程才会往前推进。再举一个例子，《魔兽世界》，如果砍掉满级之后的内容，只看练级的过程，这也是一个十足的开放世界，而且还没有附带任何阶段性条件。只要玩家的等级足够，就可以去某个区域游戏。而且每个区域的任务、NPC、风土人情，都是在为同一个目的服务，就是述说关于艾泽拉斯的居民与燃烧军团、上古之神的战斗，以及种族间的争斗。

在此先不要去纠结它是否已经超越没有主线的这一层次，进一步来讨论这样的游戏历程，会带给玩家怎样情感历程的不同。

当支线与主线已经模糊时，也就不会有一条从一开始就设定好的主线情绪曲线去等着玩家体验了。虽然可以使用上面谈到的方法达到，但还是体验了一条和拥有主线剧情时一样的情绪曲线。

可是这条情绪曲线对于开放世界有必要吗？开放世界的乐趣就是可以随着玩家自由探索，他们想做什么就做什么。做个假设，如果玩家来到一个田园式的村庄，然后设计了一大堆任务，无论是需要主动接取的，还是自动触发的，但全部是不会让情绪明显上涨的历程，比如去东边采 3 颗药、去西边送信、去南边抓虫子、去北边找到掉落的布偶娃娃。如果是你在玩这个游戏，会有什么感觉呢？如果是笔者，会觉得很无聊。已经玩了这么多年游戏了，去哪个游戏采药不是采药，去哪里练级不是练级，就因为这个城镇比较符合现在游戏中人物的等级，所以不得不在这里做这些事情？！

记得《WOW》满级为 60 级的版本，设计师是把它当成一个 RPG 去做的，于是笔者至今都记得，当时作为一个 18 级左右的部落小法师，在贫瘠之地练级。为了完成任务去打一个南海的联盟方的堡垒，应该是塞拉摩的前哨堡垒吧，总之那并不是玩家的聚集地，只是联盟方的 NPC 聚合区域。那些士兵的等级大概是从 16 级到 20 级、21 级的一个跨度，记得到达城堡的内层时非常难打，打两三个怪物就要坐下恢复。其实这是已经超过笔者角色等级的任务，但是全程一直很兴奋！需要去思考敌人的巡逻路线，考虑各种地形差，使用了当时所有学到的技能。虽然最终的任务奖励也无非是一些经验和一件普通绿装，但这一整个过程的印象，却记到了现在。

在一些游戏中，一样都有各种各样的支线任务和内容，可是玩起来就是没意思。这就是想再次强调的，即使是开放世界，设计好难度、内容只是一方面，让玩家产生情绪波动依旧是非常重要的。不想限制玩家的自由，那么可以多使用一些类似触发式的任务设计，或者让玩家需要多探索才能解决眼前的难题，但情绪曲线还是要去设计的。

下面简单聊聊触发式任务可以使用的设计方式。

- 到达某个地点之后，自动弹出一个任务并且列入列表，比如"这地方很诡异、神奇、有趣，值得进去探索一下"；"这里应该就是某某魔王的所在地，我必须去为民除害"。
- 到达某个地点后，地上有个瓶子、标记、断剑，其上顶着一个任务标记。
- 到达某个地点后，那里有个敌人，与他战斗后，他逃跑或者杀死、打晕玩家，由此把玩家拉入任务链。

玩家自身达到某个条件：等级、技能、声望、装备，于是获得了任务。

完成某些前置之后，获得 BUFF，或者削弱了某些区域的敌人能力，从而作为一个提示。

弹不弹出一个任务，进不进入任务列表都是不确定的，能达到引导，或者让玩家注意到这有一段历程要展开就可以了。

3.5.6　沙盒游戏

如何控制玩家的创造性呢？

多提供弹药和工具，多提供不同挑战难度的怪物和关卡，让其也能创造出有情绪波动的历程。此时，玩家也是一名设计师了。

3.5.7　MMORPG 游戏

本节浅谈对未来游戏的一些展望。

通过上面的论述，相信读者都清楚实际影响设计师设计游戏内容的是如何去设计玩家的情绪线，设计师是为了让玩家产生这样的情绪变化而去设计不同的游戏内容和游戏内容出现的顺序。对于许多现有的大型 MMOGAME，设计师经常头疼的就是有限的游戏内容和玩家无限的新体验需求之间的矛盾，可以通过设计一些随机事件去增加游戏体验，但还可以更进一步地让整个世界都是依据一定的规则随机地产生！重要的是让玩家产生体验，进而产生情绪，而对于原有 MMOGAME 世界中不同的地图、地形、怪物，如沼泽怪物、沙漠怪物、地牢怪物，就一定会是谁比谁更厉害么？并不是，不同的游戏对于这些怪物也有不同的等级排布方式，所以并不需要在意先出现的是一个沙漠地图还是一个迷宫地牢，重要的是这些地图的出现能够给玩家带来设计师想要的情绪。也就是说，完全可以用一定的规则去设定一个游戏世界中不同的地形出现的先后顺序，以及设定大型世界事件的出现。比如由于一颗大型陨石的坠落，才对原来的平原地带造成毁灭性的影响，从而导致这块区域出现火焰元素的怪物、特殊的矿物等。或者由于一个未知的邪恶组织在森林中引导了召唤法阵，才导致瘟疫之神降临这片森林，于是被称为"镜森"的美丽森林就变成了一个毒雾萦绕的恐怖森林，并且毒雾逐步向外飘散，一步步地影响周围的地图，甚至王国的都城。

将旧有的、固定性的 MMO 世界地图的设计方式，用随机规则去替代，依据玩家的进程，随机性地生成某些世界性的变化，这些变化的内容不同、位置不同、间隔的时间也不同，对玩家们的影响和他们所聚集、建设的城市都有深远的影响。这样一来，每个服务器、每个世界都会是独一无二的，而玩家们在这游戏中不同的行事方式，如击败瘟疫之神的时间，也会对这个世界产生影响。那么每个服务器的玩家都将体验到独特的、与玩家自身息息相关的游戏内容。这是与小型随机性游戏类似的设计思路，但根植于情绪线设计的设计方式，也是大型游戏才能达到的层次，即一个个美丽、独特、因玩家而异的虚拟世界。

本 章 小 结

　　本章所探讨的一段体验的设计思路对于任何体验都是有效的，比如设计一堂课程，与别人的一段交谈，一次聚会。文中讲了很多要点和因素，但也不可能每次都用到，可以在做完自己的设计之后，再参考一下书中还有哪些做法可以借鉴，或者可以在哪一种情绪上做得更深。

　　单一段体验，比如看一段格斗的视频，很多人都会觉得刺激，但不一定很多人都会觉得爽快，爽快已经是他们个人情绪的层次了。这也是游戏设计应该翻过去的一个坎，设计师不应该只是满足于设计一段体验，而是直接设计到玩家的心里去。

第 4 章

奖励、成长线与付费

游戏的内容创造了玩家的心态变化，而奖励和成长线，虽然未必是所有游戏都有的，但对于包含成长线的游戏，奖励都是一个仅次于游戏内容的重要部分。即使制作一个买断制的游戏，在玩家游戏的过程中，也需要合理地设计提供给玩家的奖励，去让他们感到有成长和期待。这包括角色的功能性能力的获得，解锁新关卡区域等，也包括一些数值性增长，玩家资产的积累。

广义来讲，游戏内角色的成长线包含了角色各方面的提升，也包含了玩家自身操作能力的提升。但为了方便下面的讨论，在此将"成长线"定义为包含一些数值性成长的成长系统，"角色成长"定义为角色的一些功能性的成长。

付费，只是把奖励的某部分再进行包装和设计。如果说设计的思路是做起落，那么付费的核心思路就是用"缺"和"欲"去做起落。在此先探讨角色成长和成长线，付费放在后面讨论。

4.1 玩家成长

角色的成长是一种很让人着迷的情绪，当玩家看到一个角色在他们的努力下，变得越来越强，会带给他们很大的成就感。如果玩家把自身也代进去，那会是更强烈的感受，而且有可能是很多玩家在现实中难以体会到的进步感。这种进步感是电子游戏可以提供的非常重要的一种情感，这对于某些玩家是相当重要的精神食粮，弥补他们现实中的失落，保持他们的心理平衡。

这里打算先反过来探讨一下，如果没有成长线，或者玩家难以体会到成长的情况。

许多竞技类游戏都会出现这样的情况，就是玩家的绝对实力提升是缓慢的，对于很多正常上班，只是用闲暇时间玩游戏的玩家，他们自身的能力到了一定程度，很难再进一步。那么处于这种情况的玩家，就会很难体验到自身的进步了，于是他们就只能纯粹地去消耗游戏内容寻找乐趣。如果游戏的内容够丰富，玩家还可以获得乐趣，那么他们会继续兴趣盎然地玩一段时间，否则很容易会感觉到意兴阑珊。

如图 4.1 所示的游戏《守望先锋》。

图 4.1

在《守望先锋》中，如果竞技场排名一直打不上去，那么玩家很快会感觉单调乏味，因为每一局都仿佛与以前的某一次战斗类似，要么是队友不给力，要么是最后关头翻车，要么顺利获胜。因为玩家自身能掌握的英雄一般只会是三四个，所以他们会更容易感觉到乏味。此时他们需要有一个一起游戏的朋友，或者认真刻苦地练习枪法和技术，那样才会有进一步的新体验。但只有少数人能拥有上线时间和技术能力与他们相符的朋友，或者有好好去练习枪法的毅力。

而英雄池够大的《LOL》就足以支撑玩家玩更久，因为有更多的变化，并且《LOL》对操作能力的要求有一定限度，之后就逐渐转变为对操作策略、战术意识的要求，这样的能力要求就更容易适合大部分的玩家，因为玩家可以在生理能力和策略能力两条线共同成长，而不是某一个能力需要提升得很高。

对于许多不打算做得非常硬核的游戏，要让玩家体验到他们在进步，就要把由他们自身能力的提高而获得的进步感，转嫁到他们控制的角色身上，比如他们控制的角色获得新技能、新装备、解锁新的战术方式、互动对象等。这就是角色成长提供的一个重要作用，给予玩家进步感。特别是到了游戏后期，游戏的丰富度和多样性已经足够时，我们去设计一些新技能，也应考虑这些新的角色成长，能否降低或者更改原先对玩家某个能力的要求，协助他们成长，并获得成就感。

4.2 成长线

角色成长、游戏内容的推进带给玩家各种情绪的波动，这是一条线。而成长线上的数值提升，即使只是纯粹的数值变化，而导致不与怪物的能力对比变化，也可以带给玩家不同的战斗结果，从而让他们感觉困难、压力、爽快、碾压……这也是可以带给玩家情绪波动的一条线。对于有良好角色成长的游戏，它除了导致结果不同，还可以达到改变玩家战斗方式的效果，也是一条对战斗过程有明显影响的线。我们来看看它需要达到哪些指标，才算是设计得有效。

4.2.1 成长线应该达到的目的——带来期待

设计成长线时有以下两方面的矛盾。一方面，设计师期望能带给玩家良好的情绪波动，那么变化就要做到明显，比如升了这一级，原先玩家打不过的英雄好手，就会被他打得体无完肤。但是另一方面，游戏的时长，升级所需要的时间积累，也是需要考虑的。不能让玩家提升得太快，比如仅用一两个小时，就从一个小虾米提升到足以打败武林盟主的程度，接着就天下无敌了。

有时需要把游戏时长拉长，除了玩家自身的成长和成就感外，也有基于营收等方面的考虑。那么这个时候就不得不把原先一次升级能够达到的能力提升，变成 10 次升级才能达到。自然，这样的情绪波动就减弱了很多，甚至波动太小而难以在玩家心中造成波澜。

此时可以使用这样一个方法，就是在基础的成长线保持足够长，足够多级之外，用另外一条成长线，去标识玩家现在的能力。

比如《洛克人钢铁之心 2》中的一个系统——挖掘者考级系统，不同的挖掘者等级，可以进入的迷宫不同，每考高一级，可以多进入一个迷宫，对应它的游戏章节。其中 A 级算是比较简单、正常，S 级就需要好好思考如何通过了。

这个挖掘者等级就是解法，可以设计为挖掘者等级，也可以是猎人等级、觉醒等级。奖励的内容也不一定是新关卡，新的能力解锁也可以，大幅的能力提升也可以。现在很多游戏中也有觉醒系统，差别在哪里，它们的觉醒系统并不是一个大幅的、明显的能力提升，也就沦为了和基础等级一样的逐级提升的东西，没了情感波动。

另外也可以调整原来的成长线，比如在基础等级上做变化，原来分配到 5 级中每一级的属性，现在主要集中放在第 5 级。

在此可以看到，游戏历程中玩家成长的两种主要类型分别如下。

1．由角色成长占主导

在这类游戏中，新技能的解锁、关卡的通关，与人物等级之类的成长线没有太多的关系，如果玩家使用修改器，角色为 1 级也可以通关最后的 BOSS。但是新技能、新关卡不可能时时都有，所以在两个新内容之间，还是需要用数值成长来过渡。很多的单机游戏都是这种情况，这时的成长线是一种辅助作用，提供给玩家成长的进步感，也起到作为技能习得的条件和消耗玩家时间等作用。

这时的时间消耗就是玩家总体历程的一个控制，对应他们的能力提升，此时有三种情况。第一种是随着玩家正常的游戏，打到某个关卡时，前面通关获得的经验刚好支撑玩家升到合适的等级，足以打败这个关卡的 BOSS。这就是对玩家时间的要求与设定的难度提升一致的情况。第二种是玩家此时能够拥有超过挑战的能力。第三种则是角色能力不足，需要回去多刷几遍旧关卡。大部分情况下，设计师期望玩家花更多的时间在游戏中，所以只要游戏提供的乐趣和情绪还没有减弱到让玩家感到索然无味，就会持续地让角色能力和时间消耗处于第三种情况。这句话的言外之意就是，要设计玩家处于何种情况，是可以根据章节或者游戏的天数而变化的，不会是一成不变的。另外，对于第一种达到刚刚好的情况，为了同样的结果，直接把它设计成超过，会更容易确保玩家能够打败 BOSS。

无论是何种情况，中间过程的角色数值提升都是必要的，提供进步感、消耗玩家时间、提供玩家练习的机会、促使玩家去探索整个游戏世界等。

2．由某一成长线为主导

在这类游戏中，角色的成长、各种能力的获得，可能都会与角色的某一成长线挂钩，比如角色的等级，当角色升到 10 级时，可以获得第一个技能，20 级获得第二个技能。在这一种情况下，游戏的历程基本就是由角色的等级决定的，也就是说，玩家努力升级就够了。上一种情况，游戏的章节感会更强，玩家角色来到哪个地方，就获得对应的新能力，通关哪个 BOSS，就能获得对应的新能力，这样的设计会让玩家的代入感和阶段感更好。

把游戏设计成这样，有时也是一些游戏不得不去做的，因为它们的世界很小，关卡也不多，就不得不依靠很长的等级成长去让玩家在其中消耗时间。或者为了付费方面的考虑，于是把游戏做成强成长型，那么对于免费玩家，他们成长所需的消耗就都依赖于他们花费的时间。

但这两种类型都可能出现如下情况，就是当玩家来到了新的阶段后，就不再回旧的城镇。如果这是一个 MMO，那就需要考虑，不能让玩家分流到不同的城市，那样会很少有机会碰面，整个游戏就会显得很空，没有人气。所以有一个或者两个集中的城市是必需的，要做一些设计去达成这一点，比如传送门集中的城市，《魔力宝贝》里面的法兰城就是一个例子。或者是功能集中的地方，比如《梦幻西游》中的长安城，《WOW》每个版本都会有一个新主要集中点。也可以用一些强制性的手段，比如登出后，自动返回主城等，但这些都是需要去考虑的事情。

3．设计两种类型的数值

当角色成长和数值成长两者共存的情况下，先假设两者的进度推动性差不多，但角色成长稍微强一点，那么这时应该如何去安排两者呢？

如图 4.2 所示。

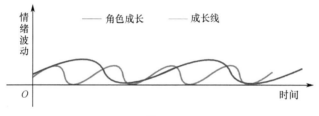

图 4.2

角色成长所拥有的新能力获得、新章节解锁等，都会带来一个个情绪的波峰，但它们并不会频繁地出现。那么在两个波峰之间，就可以填入由成长线带来的小波峰。把握好提升的能力和怪物的压力之间的关系，让玩家能够在升级时获得压力的释放，感到爽快。如果只是数值提升，波动还不够大，也可以将一些能力，比如技能的提升也挂到成长线中来。

很多优秀的游戏都是如此，但也有很多游戏做了类似的系统，可是没有给到玩家如我们所希望的情绪历程。其原因就在于实际的波动程度的问题，是否真的做到了无论哪条线，波峰时和平常时的对比，波峰确实让玩家获得了进步的快感？

许多的单机游戏，都可能出现在关卡的一半，偶然找到一件可更换的、更强的装备，然后提高了角色 20 点防御力或者攻击力，于是让玩家要击败怪物变得轻松了很多。这个装备就是这条成长线中带给玩家的一个小波峰，而且它也确实做到了让玩家产生波动。这个波动首先由关卡压力作为前提，然后解决了这压力，两者缺一不可。

《圣女之歌》系列是笔者很喜欢的游戏，在它的关卡设计中，怪物的伤害对于角色都是比较有压力的，那么在关卡过程中获得一件新装备时，就确实会让人感到一阵放松和兴奋。

这些波峰、波谷的间隔要多久，就由各位设计师设定的游戏基调去决定了。对于一款游戏，也可能会存在间隔变化的情况，比如刚开始阶段为了吸引玩家，可能会密集一点，之后再放缓。

对于某些游戏，有时会出现如下情况，由于制作者加入了太多的成长线，比如除了装备，还有宠物、修炼、觉醒、升星、强化、天赋、技能等级等，那么即使这里的每一条成长线都做到了足够的波峰和波谷（其实是不太可能了），但这几条成长线一起叠上来之后，一样会让整片的情绪线使人感觉平缓。

如图 4.3 所示，这么多的波峰、波谷，玩家感受到的一个接一个的波峰，那么他的感觉其实就趋平于浅色的虚线上，也就是波峰线上。

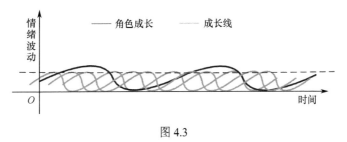

图 4.3

其实当分了太多条成长线之后，明显的波峰就已经是不可能了。如果把一个角色某个等级下的总体能力设定为 100%，把它分给各部分的成长线，如果是 3 个，就分别有 40%、30%、30% 的百分比。如果是 5 个，那就是 25%、20%、20%、18%、17%，每一条成长线能够做到的波峰、波谷就已经非常有限了，所以它的波峰给人的感觉也会越来越弱。

解决的方法之一是大幅减少某些成长线的占比。关于占比少这一点，其实不用担心，即使某条线只占比 1%，笔者也可以跟你保证，玩家绝对会去追求。以前笔者试过做了类似这样的一个节日活动，过程大致是让玩家来回跑，收集各种东西，最终的奖励是额外的 1 点属性点。这 1 点属性点的占比连 1% 都不到，但由于是一个确定的、永久的增强，所以玩家即使要经历非常长的重复无聊操作，但极大部分人都去完成了。这种枯燥的历程可以达到怎样的程度？比如跟 NPC 对话 100 次，才能获得 1 点属性点，但玩家还是会去做。所以不用担心玩家会不会去做，他们只会把它放在一个较低的优先值。

解决方法之二是各条成长线不是随着玩家提升一个等级，就全都可以提升，而是分开出现的。也就是把原来每级都有的装备属性提升，改为两三级，比如 3

级、5 级、10 级。

更进一步的做法是，强制让这几条成长线按照顺序出现，比如解锁了装备强化 3 级，才可以开始觉醒 1 级，接着才可以开始宠物升星 2 级……强制是不太舒服的，一旦强制了，就像是把多条成长线又并成了一条，但规则和所需的材料等还是多条成长线。

解决方法之三是前面介绍过的阶段式设计方式，到一个等级点或者卡点过了后，才同时提高几条成长线的上限。

上述三个方法都各有优劣，而如果能不做那么多条成长线，则是最好的。如果说分多条成长线是为了挖更多的坑，或者是为了符合不同档次的付费玩家，让他们付费之后觉得能力有大幅度提升，所以才分了多条线，而且每条线需要消耗的费用有不同的档次。但实际他们需要的是自身能力提升时获得的爽快感，这并不限定于一定要有多条成长线。比如设计这样的装备系统：某个等级下分别有白、蓝、紫、橙品质的装备，那么橙色装备就是需要付费的极品装备了，如果橙色装备还分为 T0～T5，提升分别需要 3 件合成一件更高级装备。这 T0～T5 就区分了不同付费能力的玩家，这也是一种方式。

但无论如何设计，谨记这一切的核心：给予玩家成长的感觉。对于很多的游戏，它们没有足够的玩法乐趣，那么每一天的几个小时的成长感就很重要，让他们每做完一段时间的游戏内容，就体验到角色在进步。那么角色的奖励和这些奖励能够提供的成长线提升就是这一块数值设计的核心之一（另一个核心是如何在保证第一点的基础上设计数值缺口引导付费）。

4.2.2 成长线的奖励如何给予

在一些网游或者其他游戏中，设计师期望在游戏的后期，玩家获得一些装备时，心中依然会产生惊喜，或者说到了游戏后期，角色的主要成长都是交给了成长线。此时它可以有以下几种成长方式。

1. 关卡难度与装备等级同步提升

不同阶段的关卡获得不同等级的装备，而装备也支持着玩家挑战更高级的关卡。

有两种情况：BOSS 掉落某个等级段的装备，或者 BOSS 掉落某个特定的装备，这两者不是互斥的，只是第二种的限定性更强。掉落某个等级段的装备，会让玩家的挑战顺序依照设计师设定的流程去走。这样的设计在大部分情况下都是合适的，但也会出现一定的状况，就是后进的玩家依旧必须按照这样的流程去走。如果某个版本延续了很久，玩家在其中的装备等级已经有好几个档次，那么后进的玩家要付出很多的时间才能跟之前的玩家一样达到最新的内容。这无疑是一种分流，对于后进的玩家，或者玩家的小号也是不好的体验。那么这时需要做好追赶机制，无论是提高普通活动可以获得的装备等级，还是用强硬性的方式直接送礼包等。

另外是某个 BOSS 掉落某个特定装备的情况，其实就现实中的情形来讲，理应是这样的。比如现实世界中，人们杀了一头牛，可以获得牛肉和牛角；杀了一只兔子，可以获得兔肉和兔皮。但这种设计会出现的情况是：如果这个 BOSS 一直不掉落某件装备，而这件装备还一直对玩家有吸引力，那么玩家就不得不反复去刷，会耗费很多时间和精力在上面。比如某件关键的、对玩家提升很大的装备，或者许多《WOW》玩家刷了好几年的风剑、凤凰，这些装备和道具对他们来说就变成了一个残念、一个执念。

此外也会出现一种情况，就是到了某个等级阶段的中后期，对于一些玩家而言，整个副本就剩下某个 BOSS 掉落的特定一件装备对他有吸引力，那么他可能就只打这个 BOSS，打完之后就脱离团队，"跳车"走人。这样做除了对团队中的其他人是不好的，同时也会让所有人都变得势利起来，会更加考虑最优化的效率和自己的需求。不过出现这种情况也不能完全怪这些跳车的人，因为确实其他 BOSS 对于他们来说是无用的了。对于这种情况可以让装备的掉落在最后结束时才出现，那么他们就不得不留到最后。

这种方式不适用于那些挑战难度很高，玩家也许只能一个 BOSS 一个 BOSS 摸索着打过去的副本，典型的如团队副本。但在一些小型副本上就可以使用这样的设计，在很多手机游戏上的很多游戏关卡中也可以使用。当然也可以使用一些概率性或装备等级方面的设计，比如玩家打败该副本更多的 BOSS，就会掉落更多的或更好的装备。这种设计几乎可以确保玩家们都会尽力地把一整个副本打通，而代价则是失去了 BOSS 掉落与之有联系的物品的这份真实感。

但还有一个同样关键的问题，那就是如果一直不掉落呢？

假设某位玩家一直勤勤勉勉地参加各种工会活动，甚至就是他在指挥和组织的工会活动，但打完 BOSS 就一直不掉落他可以使用的装备，导致一直无法提升。无论他是不是 RL，无论这是个人拾取还是 DKP 制度（DKP 制度用于工会活动中分配战利品，玩家参与越多的工会活动，为工会做出更多的贡献，就可以获得更多的 DKP 分值，当打败 BOSS 并获得掉落的战利品时，就由这些 DKP 分值去竞拍），都有可能出现这样的情况，而且概率并不小。如果装备压力是确确实实存在的，玩家无法在此获得提升，他就难以去打更高级的副本。那么对于这个玩家而言，这是相当绝望的。他只能等其他玩家不要这些装备了，再送给他。或者其他玩家在更高级的副本中已经混得相当熟之后，再带他这个小号去玩。而这会需要多久的时间？又有多大的可能性？作为设计师，又如何弥补他如此勤勉的付出？在这种装备获取方式中，是不可能的了，而玩家也就要继续面对着一轮又一轮概率上的独立事件。这对于他，将是多么绝望，乃至令他愤怒。

怎么解决呢？看看其他的掉落方式。

2．关卡掉落一定装备等级的装备

这包含两种情况：低级关卡和高级关卡掉落一样的装备，也许有掉落概率的不同，但掉落时，装备是一样的；或者是低级关卡掉落的装备能提升一定的属性等级，从而提高到与高级关卡一样的装备等级或者更高。

第一种设计方式容纳和帮助了后进的玩家，让他们也有机会获得好装备，并且先头的玩家也会回来跟他们一起游戏。同时也让每次低等级关卡 BOSS 的掉落，都能给玩家期待，而且由于这种反复刷副本的需要，也让玩家们有机会一起游戏，因为先头的玩家刷低级关卡也有价值。那么此时的权衡点就在于有多少低级关卡必须去刷，如果太多，每周都得强制打一遍，那对于所有人都会是非常无趣的。所以此时应该让低级关卡也变得"稀有"，那么它就既有用又容易打，对玩家就有了吸引力。比如这些副本是逐层打上去的，玩家身上拥有一个标记物，用于开启这些关卡的"钥石"。这个"钥石"是每人每周仅获得一个，或者是需要付出一定的时间精力才能获得一个。那么在高级玩家使用了自己的钥石之后，他就会考虑进入低级玩家的队伍，使用低级玩家的"钥石"。当一个服务器的玩家的等级都比较高时，当他们都达到了自身能力的上限而无法继续挑战更高级的"钥石"关卡时，低级玩家的低级钥石就成了他们需要的稀缺物。如有必要，还可以再进一步限制低级钥石的数量，比如通关高级钥石之后，下一周获得钥石是从一个相对提高了的等级开始的。要不要这么做，就看玩家通关一次"钥石"关卡要多久，以及立项时设定游戏有多"肝"（肝：重复性花费时间去获取游戏资源，并且是在已经没有了太多乐趣的情况下，还不得不付出时间去做的游戏过程），玩家交流的情况如何等而定。上述这些就是《暗黑破坏神》的设计师在《暗黑 3》中，以及在《WOW—军团回归》版本中做的设计。

《暗黑 3》是买断制，《WOW—军团回归》则从点卡游戏变成了月卡游戏，反正他们就是设定为玩家拥有大把时间，就努力去"肝"吧。但反复"肝"之后，史诗性的游戏体验最终也只会留下模糊的印象，这是"肝"带来的坏处，不过与此无直接关系，是另外的话题了。

第二种情况大致上算是对第一种情况的改良，让高级关卡有更好的掉落，也就鼓励了玩家去挑战更高级的关卡。它的实用性有多大，如何调整？应该依据整个游戏的玩家档次来评估，如果大部分玩家都只能刷低级的关卡，而我们希望他们能够快点赶上，那么就调高低级关卡掉落高级装备的等级区间。如果更希望玩家有节奏地从低级关卡打到高级关卡，那么就削弱掉出高级装备的概率和范围。削到极致时，就跟第一种装备掉落方式是一样的了。减少低级关卡的装备上限会有一个问题，其实在第一种装备掉落方式中也一样，就是高级玩家因为掉落的奖励而不会去刷低级关卡了，于是就不会跟低级玩家一起游戏了。

每个关卡掉落的装备都有一个区间，如图 4.4 所示。

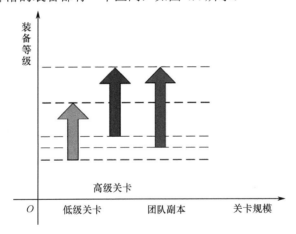

图 4.4

掉落是一段区间的情况已经比它是一个固定水平的情况要好，但也一样会让玩家分流。而无论是这两者中的哪一个，设计师还可以做的事情是设计一些在装备之外，所有玩家都会需要的东西。这可以是依附于装备之上的一条成长线，也可以是额外独立的一条成长线，还可以是一些造型或者坐骑等其他方面的追求。

放到国内的游戏，大家就很好理解，做个装备的觉醒系统或是升星系统，让玩家也需要通过低级关卡去获得所需材料即可。如果是对于《WOW》这类外国的游戏，更强调获得时即是拥有的确切感，如果让他们在获得一件装备后，还要去养成许久，这种体验对于他们而言是不太好的。对于这种情况，最好就去设计独立于装备之外的成长和追求。

总体而言，第二种方式对第一种方式有一定的优化作用，让玩家在刷低级关卡时也能够保持期待。问题在于游戏容易导向"肝"，并且削弱一些史诗性内容带给人的刺激。《WOW》7.1版本中，大秘境掉落的装备，由于完全有可能超过团队副本的装备，所以大部分玩家更多地去玩大秘境，而对于团队副本内容就不太感兴趣了。而我们知道，团队副本促进了更大群体的社交互动、能够提供更丰富的游戏内容、能给玩家更高的挑战要求等，是更好的游戏内容。玩家不去玩团队副本这样的情况其实并不好，当然考虑到一些玩家组不成一个团队，他们更喜欢跟固定的几个小伙伴一起玩5人小副本，这也是一个原因，但先不继续展开这一块，回到如何让玩家会想要去玩团队副本上来。

可以通过限定不同等级的大秘境所产出的装备等级上限，以及团队副本的装备暴击上限，来让团队副本比大部分低级秘境有更好的收益，以及设定团队副本能够产出一些特定部位的优秀装备，而这些在大秘境的掉落表中是没有的。如果所有最好的饰品，甚至是所有饰品（这是一种强制，但也是一种明确）都在团队副本掉落。除了饰品，也可以设定头盔或觉醒材料等。除此之外，还可以有最适合这种设计的套装装备。

3．与关卡无关的途径也可获得装备

通过日常游戏内容获得兑换币，集合一定的数量，可以去兑换某些装备和道具。

集兑换币的方式给了玩家一个目标，犹如终点上的胡萝卜，告诉玩家，只要你坚持，就一定能吃到。这是良好的设计，只要在游戏中确切地给出了能够稳定获得兑换币的方式，就可以引诱玩家一直去做。在第一种装备掉落方式中提到，如果玩家一直无法通过击败BOSS的方式去获得装备，从而无法提升，那么面对这个问题的一种解法就是"兑换币系统"。每次玩家完成某个挑战，就给他一个兑换币，集合多少个，就可以兑换一件该档次的装备。以此作为补充，弥补玩家一直得不到掉落装备的情况。

《WOW》80级版本就设计了"徽记"，即使BOSS不掉落装备，也会掉落"徽记"，积攒一定的徽记就可以去兑换装备，这些装备足以支持玩家挑战下个难度的副本。这种情况下，依旧是以挑战性的游戏内容为主体，只是在其中加入这部分的设计，承担起防倒霉和"棍子上的胡萝卜"的作用。

如果是一般性的做法，比如无论玩家在游戏中做任何普通的事情都能获得1个兑换币，集合100个就能够兑换一件装备，以及如果做一些高端一点的活动，可以获得的兑换币更多，那么这就变成一种在线时长的设计倾向，让玩家更加努力地去"肝"。这变相地拉低了兑换币和兑换出来的装备的价值，总体的游戏体验

更像是一种按部就班的感觉。节奏太明确，按部就班太明显，会让人感到少了很多变化，体验上会失去乐趣，变得像上班打卡一样枯燥。

这种成长线设计方式，可以在很多 F2P（Free to Play）的游戏中看到。如果游戏中大部分的成长线都这样，那么该游戏就给人一种无脑玩下去的感觉，就会难以形成情绪波动。当然，这也是因为它们没有决定性的装备，其能力提升并达不到给人一种波动的感觉。

在这种情况下，再扩宽一步来讨论，那些不依赖关卡而获得的能力提升。

如图 4.5 所示，关卡有不同的档次以及对应的能力要求，如果在玩家能力的分配中，通过日常活动获得的兑换币所占的比例如图 4.5 左边的柱体所示，那就意味着要通过各个关卡，更多的要依靠副本获得的装备。而如果如图 4.5 右边的柱体的分配方式，则玩家通过日常活动也可以逐步提升，并获得。

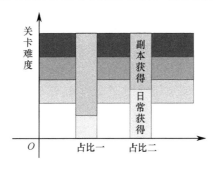

图 4.5

当玩家难以获得新的装备时，有一条不依赖于打通关卡就可以提升的成长线，将可以支持他获得战胜关卡的能力。所以其实这是必要的，问题是在于两者的占比。也就是通过挑战才能获得的能力的占比，和通过日常活动而能提升的能力，这两大类之间的比例。

这个比例没有一个绝对的标准，要看项目，看用户群而定。完全只有通过挑战获得的能力，而没有日常部分也是可以的，那么游戏就会变得偏向硬核，整体更具挑战性。缩减挑战部分的占比，让能力提升的占比分更多给日常部分，则游戏更休闲，另一个意义上讲则更"肝"。

如果这是一个成长线很长的游戏，到了游戏的后期，要想让每一次获得装备时，都给玩家明显的能力提升，则是比较难的。数值上当然能做到，但代价就是数值膨胀得非常厉害，装备的部位越多，膨胀得越厉害。当然具体还是看实际情况而定，如果全身有 10 件装备，换完一个档次的装备可以提升 100% 的能力，也就是每一件提升 10%。那么换 3 挡也就是 800%，至少还是在一个数量级内。如果不是比例上的 10%，而是最终伤害的 10%，那么 3 挡也才 300%，就更可以接受了。副作用就是每一次大版本更新，等级提升后，都要把之前的装备数值做一次调整。如果不是一个定级下的多挡装备，而是 100 级之内的十几二十挡装备，这个翻番的比例就大得多了。也不是完全做不到，还是得具体去看其他部分的设计如何。也可以使用让标识的装备档次跟实际的数值档次不一致等设计方法。分档越少，挡次之间的间隔越远，玩家们就越容易分流。

在此做个简略的总结：设计师不希望出现由于玩家装备档次和关卡的奖励装备档次的不同，导致玩家之间过度分流；在一些游戏中不希望只剩下反复"肝"，也就是挑战部分的能力占比和获得占比都太低，设计师希望促进玩家之间的小团体以及大团体的交流和互动，所以各种游戏内容的奖励占比要设计好；做一些防倒霉的设计，以及一些当玩家无法通过关卡时还有办法提升自己的设计；希望每一次主要能力的提升，都能够给到玩家情绪的波动。

4.3 经济系统

一个游戏需要经济系统来达到什么？

- 让玩家的普通活动，也能够获得成长。
- 通过数量目标来促进追求。
- 通过允许流通，来促进社交。

上面的角色成长论述了前两点，那么接下来探讨流通和社交的关系。

讨论非内购游戏中的经济系统，比如点卡游戏中的经济系统。让我们先摒除付费，在一个相对纯净的情况下来讨论这些问题。

- 流通和非流通的情况。
- 物品的产值，如何创造长期有效的一般等价物，如何让游戏币不会通货膨胀。
- 如何分配参与性获得和挑战性获得。

某些游戏之内的经济系统，比如模拟经营类的游戏中，这个港口的商品卖价如何，其他港口的商品价格如何变动，这些问题更倾向于玩法设计，不列入讨论。在此聚焦于游戏中物品的流通方式，从允许所有道具流通，到完全绑定之间的各种情况。

这一般是在网络游戏中才需要考虑的问题，单机游戏的经济系统更像是成长线的一个设计问题。如果是包含了一定的联网功能，能够提供与其他玩家买卖道具的单机游戏，这种情况包含在下面的全绑定之中。

4.3.1 完全流通

按照现实社会的情况，完全流通是最正常、自然的。于是很多早期的游戏都是这样去设计的，比如《仙境传说》、《魔力宝贝》等。全流通带来了各种社会资源的分配优化，但前提是有流通的必要。

流通只是社交的一部分，社交才是首要追求的，流通只是次要的。

因此，近几年来的很多游戏对于游戏流通，对于物品的掉落绑定与否做了很多改变。拿《WOW》这类网游来举例，处于其中的玩家最主要的社交关系圈是他的朋友，而这些朋友的数量，由于最小的组队副本是 5 个人，所以玩家平时能一起玩的，也就主要是 5 个朋友左右。但由于现有的玩家大多是时间比较少的上班族、中年人这类老玩家，许多人并没有那么多个有合适时间、合适能力的固定队伍的伙伴，一般是在 3～6 个人这一区间中。其实玩家会拥有的较亲密的伙伴人数是跟每个游戏的最低组队的人数有关的，有的游戏是 4 个玩家组成一个队伍，那么固定的游戏玩伴，这种强关联性的伙伴就会略少，有的游戏是 6 个人组成一个队伍，就会略多。在这些第一等级的固定玩伴之外，是平时会聊天，偶尔会一起组队的朋友，同时这个关系层的人也会延伸到更大型的团队活动中去，比如 10 个人的团队副本。一个普通的玩家，如果他不是 RL（Raid Leader，副本指挥者），他的关系网可以延伸到这 10 个人中，但不会每个人都熟，更不会经常跟这些人组队。这一层的人也就是玩家的普通关系的朋友，一般是 7～10 个人。而更广泛的社交关系呢？玩家已经没精力，也没有兴趣去打理了。

所以越来越多的游戏会更关注于如何做好这两个层次的社交关系，比如掉落的装备是在小队内可以分享和赠予，比如特意设计一些伙伴任务、师徒任务、工会任务。因为重要的是共同的活动经历，而不仅是物品或金钱的流通。所以流通的层次只要达到这个范围就够了。

那么更广泛的流通的其他意义呢？

一个是提供与陌生人之间第一次社交的机会，创造结成更紧密关系的机会。比如玩家在地牢的深处往前探索时，偶然遇到了一个落单的牧师，他向你请求一组食物，你大方地送给了他。也许他为了以后可以回赠你的好意，就和你登录成为好友，那么也许另一段奇妙的旅程就会从此开始。而如果此时玩家间不能交易，那么这种社交的可能性就被掐灭了。

再仔细审视一下这种情况：另一位玩家需求的不是共同游戏的互帮互助，所以各种促进共同游戏的设计和流通规则，对于他都是无用的。他需要的也许就只是一个回城的蝴蝶、一块肉，这时确实只有"赠送"这一个途径是最直接地解决他的需求的方法，这也就是允许流通。也是基于这种情况，对于普通物品的流通，很多游戏是允许的。

另一个作用是针对生活技能产出物。生活技能除了提供整个游戏世界的真实度之外，也提供了当玩家无法获得某个档次的关卡的 BOSS 掉落装备时，可以有另一个方式去获得同档次的装备。生活技能的产物可以是消耗品、装备物，但都可以通过它们的制造和流通，在其中设定一定的耗费，从而达到对游戏币的回收。

更细致一点来看生活技能，如果罗列一下各种可能的生活技能，能够想出几十种不同名目的生活技能来。但一款游戏需要多少种呢？3、7、10 还是 15？考虑的点应该是生活技能产物的必需性、一个玩家将生活技能学到能够用的程度所需要花费的时间和精力，以及预估和期望的一个服务器的玩家数量。可以看到在一些大型 MMOGAME 中，它们的一些服务器由于玩家数量少，导致一些生活技能产物严重不足，于是导致很多玩家的需求无法得到满足。这些"鬼服"（玩家人数很少）中出现的情况，就是玩家的产出物很难卖出去，想买的东西又很贵。如果玩家人数充足，有足够的原材料提供者，有足够的制造者，也有足够的需求者，那么整个流通就能够顺畅起来。最终就能够造福整个服务器的玩家，让各种产物有价有市。

所以在设计生产技能时就要考虑，如果一共有 7 类生活技能，每个玩家角色只能学一个。那么一个玩家要想得到所有生活技能的增益效果，至少就得去找到另外 6 类玩家。假如 10 个学了某一类技能的人之中只有 1～2 个玩家达到可用等级，那至少就要找 30 个人，再假设这些人中用材料生产额外的产品，有意愿、时间去出售产品的占了 1/10，也就意味着这个服务器至少得有 300 个每日在线玩家。其实上述的这些比例都是比较乐观的，现实中大部分玩家会把更多精力放在游戏的主体内容部分，很多人学生活技能都是自用和给朋友用。这 300 个每日活跃的玩家，游戏中的每个服务器都能拥有吗？所以设计生活技能必须考虑的点就是，所需的总体玩家。如果不容易达到，那么就要想办法减少中间的步骤，减少所需的活跃玩家数量。

完全流通带来的另一个情况就是滋生骗子，当游戏中一些非常珍惜的道具或者装备被某些玩家获得，并且他愿意卖出，通常会开出一个天价。正常而言，获得多少游戏币基本是和游戏时间挂钩的，而有一些玩家没有那么多时间去赚取游戏币，却还是很想要买这件装备，那么怎么办？用现实中的人民币去买游戏币。早期的游戏，官方为了游戏体验，都不会自己去卖游戏币，所以这些玩家需要游戏币就只能从其他玩家手中购买。多次之后，整个游戏的玩家们都明白了游戏币的重要性，但是靠自己打，总归效率是有限的，此时便催生出最早一批在游戏中赚钱的非官方人员——游戏骗子。比如在游戏中通过交易系统的不同步，卖极品宠物或者点卡，但在拿到了游戏币之后，立刻下线走人。

这是游戏系统的漏洞，由于交易的不同步导致的。后来有些游戏便由官方自己提供了同步交易的平台，比如《梦幻西游》的点卡平台、《魔兽世界》的拍卖行。游戏骗子至今都还有，各个游戏中都有，但这个只是他们的初级阶段，因为骗子基本都是一次性买卖，骗过几次之后，他这个号就没法用了，大家的警惕性也逐步提高了。后来玩家们也发展出用大号担保、工会担保等方式，来提高交易的可信度。而游戏骗子的下一个阶段，则是游戏商人。他们使用更有效率的手法，或者使用外挂，同时登录多个游戏角色自动打怪来获得战利品，由此来产生稳定的、源源不断的游戏币。正常游戏的设定，随着游戏时长，游戏币积累是有盈余的。所以这些"游戏商人"也基本能够保证他们花费 1 张点卡的游戏币，能够打出 1 张以上点卡的游戏币，这个差价就是他们利润的来源，而成本就只是电费、计算机折旧费和外挂的购买费用。

不同的游戏，不同的游戏版本和外挂功能，对于"游戏商人"的利润有所不同，比如早期《梦幻西游》的游戏商人，1 张点卡可以获得接近 2 张点卡的游戏币。而随着他们从单打独斗，变成更规模化的作业，于是就成了现在业界中经常说到的游戏工作室。他们的业务也从打金卖金，扩展到游戏代练、代打竞技场等级等等，帮助玩家解决时间或能力上对玩家有挑战性的任何事情。

于是这类完全流通的游戏，便成了外挂和工作室的重灾区。

比如《RO》的没落便是因为外挂，那些强力的外挂发展到能够同时上线几个角色，分别是承受伤害的刺客，DPS 的法师或者弓手，还有负责治疗的牧师。遇到怪物会同时分头迎击，上 DEBUFF、攻击、回血，专门抢到小 BOSS 和野怪。如果遇到怪物太多，会自动瞬移离开，之后会自动计算一个合适的地点再次集合。遇到怪物太强也会飞走，遇到 GM 问话，则会立刻智能掉线。这就太高效了，比真实的玩家所做的操作还要好。于是后来《RO》就变成外挂横行的一款游戏，在其中也很难遇到真正的玩家。

所以完全流通可不可以做？当然可以做，但能不能解决这些问题呢？或者是纵容这些外挂的使用者吗？因为他们也一样为游戏贡献了点卡钱，为游戏的流通市场做出了贡献。实际上，现在也有不少游戏，因为他们禁止不了外挂和工作室，所以就采取事后处理的方式，工作室每个星期买一批 CDKEY，一周内赚了一些钱，下一周就被封停了一大部分。然后他们就继续买新的一批 CDKEY，官方大致处理不至于让工作室完全无法赚钱的地步，然后就每周赚取他们购买 CDKEY 的钱。

除了从程序上去限制外挂程序外，也可以在设计上做出一些改良去限制。最彻底的当然是让游戏币无用，只能用于买一些普通的物品，并且其价格还非常低廉。在一定程度上《WOW》的金币就是这样的设计理念，但是后来金币作为与时间挂钩的产物，还是被作为了一般等价物加以使用。于是就出现了"G 团"，并且再次赋予了金币其流通的作用。所以后来，BLIZZARD 公司也学《梦幻西游》设计了点卡寄售的系统。

可此时的工作室已经更加进阶，玩家能够使用便捷的网上支付，所以代练、带打装备等直接都使用人民币结算了。少了一步转手，于是金币又逐渐趋于无用了。但无论金币能否充当一般等价物，只要有东西能够充当一般等价物，就会有对其的需求，从而就有可能导致有的玩家产生直接用人民币购买的想法。比如以前《暗黑2》中，由于金币太容易获得，而且没什么用，于是人们就使用一个特殊的"+1 技能"的小护身符作为了一般等价物。

再进一步讲，就是让这些等价物不能够交换到玩家需要的东西，那么就是下一种流通方式，半流通的产生。

但在此之前，继续探讨一下游戏币的问题，假设游戏全流通，并且没有工作室导致游戏经济崩盘。那么此时需要考虑的就是游戏的消耗和产出，正常而言，玩家的游戏币肯定会越来越多的。设计师不能耗干他们游戏历程中所有的获得，甚至让其变成负的，所以游戏币总会越来越多。那么可以设置一些一次性的大额消费，比如《WOW》的千金马。但一次性的消耗在游戏后期肯定也会失效，于是游戏币的价值还是会跳水。如果交易的需求不是非常强，那么游戏币贬值了也就贬值了，对于一个玩家不会很担心。但如果交易和社交的需求非常强，那游戏币贬值了，有时会直接导致专精某一项制造业技能的玩家无法负担制作成本，因为他的游戏时间有限，获得的游戏币也不够去支持他的制造。

为了应对这种情况，有的游戏便设计了非常长的成长线，让玩家几乎看不到头，比如《梦幻西游》的"修炼"。也有一些游戏，把它交给了概率，比如《DNF》中，玩家强化武器需要大量的金币，而强化是有失败概率的，强化+8 以后失败清零，+9 失败直接损坏装备。强化的效用是非常明显的，而强化到高级的成功概率非常低，这就促成了大量的金币消耗。虽然终归也会有一些极品玩家获得了一批极品装备，然后不再需要消耗游戏币了，但在整个服务器中会是凤毛麟角的，因此也就影响不了整体的经济。其实这也算是一种非常长的成长线。

另外一种方法则是，让游戏的消耗和获得都非常少，这样的话，就算后期游戏币开始通胀，但是由于基数小，表现出来也不会太过分。

还有其他的解法，低消耗、低获得的这种情况，也由这种原因促成：游戏的主要成长线不是由金币决定的，而有决定性作用的装备或者其他一些关键的道具都是绑定的，这种就是下面要讨论的半流通。

4.3.2 半流通

完全流通带来的另一个情况是玩家通过创建很多小号，把小号的获得转给大号。一般情况下，由于游戏提供的大部分奖励都是依据参与的玩家数量决定的，比如5个人去击杀一个BOSS，那么系统大致会提供给每个人一份奖励。一开始预期玩家的游戏历程是每天获得1份奖励，累积10天左右可以达到下个阶段，但这时由于玩家创建了很多小号，把小号获得的奖励交易给了他的大号，那么大号的游戏进程就会大大加快。由于这样的操作，导致这个大号也远远比其他玩家的游戏进程快，占有了各种优势资源和排名奖励，同时也过快地蚕食了当前版本的游戏内容。而且由于他们的游戏进程过快，那么原设定的游戏中的卡点（压力点、挑战点的意思）也就产生不了那么大的效用了，他们的付费率也会大幅降低。当很多玩家同时这么做时，一开始设计的各条成长线，整个版本内容的消耗时间，都会被大幅缩短，这是致命的。

解决方法包括限定道具的获得方式，再有就是限定流通的方式。

半流通绑定了游戏中的某些装备和道具，不允许交易，一般限定的都是高价值的东西，包括刚性需求的装备道具和炫耀性的东西。

绑定削弱了一般等价物的价值，也确保了玩家必须自己去体验、经历游戏的主体内容，同时绑定也减少了盗号的很大一部分价值。这有两种做法：装备后绑定和拾取后绑定。拾取后绑定使得装备不会二次流通，无法再交易给其他人，即使是自己的朋友，这也就让其他玩家或自己的小号必须再经历一遍挑战BOSS才能获得。装备后绑定则允许了流通的机会，对于一些装备而言，也是提供卖给别人的机会，加快服务器中其他角色能力提升速度的一个举措。玩家还是能够把它当成卖出去后可以获得大笔游戏币的一个途径，从而让获得这个装备的玩家产生一时兴奋，这需要其他系统的配合，比如玩家间交易或交易行系统。

不允许二次流通增强了道具的独有性，也让想得到它的人必须自己去完成那

部分的游戏内容。所以什么东西应该绑定，一看价值，二看希不希望每个玩家自己去完成。

再进一步讲，流通是因为产生了一些玩家自身不需要，而其他玩家需要的东西。比如抓到了一只珍贵但是自己不需要的宠物。如果一开始就不会产生一个玩家可以提供给另一个玩家的东西呢？那就不需要流通了，比如掉落装备时直接就按照玩家角色的职业来掉落，抓到的宠物、获得的各种东西都已经是针对这个玩家角色进行了个性化处理的话，那么就减少了大部分的流通需求。这也足以让玩家在装备掉落上更加自给自足，不需要整个服务器有太多玩家，也可以满足自己的成长。

还有一种情况就是，游戏的基本系统并不允许流通，但是游戏允许对战，而且对战会掉落装备。这也成为了一种变相的流通方式。此时应该如何去看待？首先这也是一种流通，那么对于整个服务器而言，东西并没有减少，只是对于被打掉装备的玩家而言，他损失了一件装备。获胜的玩家未必需要这件装备，比如职业不同，无法装备。那么反而在这个时候，需要提供另一种流通方式，来让他得到的这件装备，再次回到整个服务器中，让想要的玩家可以得到它，而不至于留在获胜玩家的仓库中。

4.3.3 无流通

全绑定和无流通是两回事。

绑定之后如果提供一个系统的平台，可以和系统交易，再由系统公开出售给其他玩家，那么只是少了直接与他人交易的部分。少了一些便捷性，但系统对整体经济的控制性会强很多。而完全无流通则是连系统也不提供流通的平台，每个玩家都只能依靠自己去获得各种道具、装备。

如果其他部分做得好，那么越是无流通的游戏，对于付费玩家越"黑"。道具卖得越贵，每日可重复的游戏内容的奖励占比越高的游戏，对于付费玩家越"黑"。因为此时，大家都站在了更平衡的基准上，那就是每个玩家自己的时间。付费玩家无法购买其他玩家的产出，也就是只能找系统买，自然系统会卖得比工作室贵。然而这种"黑"，付费玩家并不会这么去感觉，他们只会去感觉付费之后爽不爽，也就是他们觉得值不值。

而且完全无流通会影响整个玩家生态，因为此时就产生不了大号们不需要的东西可以低价卖出去给小号的情况，那么小号们的成长也就是变相地减慢了。除此之外，同等级玩家间不能互通有无，也是变相地减慢了他们的成长。

允许玩家间的道具流通一般可以让整个服务器都更有活力，但经常会带来一些不可控的后果。最直接的做法就是一个大号带着他的许多小号一起"刷"东西，然后刷出来的东西就全部归他所有了。这基本可以让这个大号不需进行任何付费，就一路愉快地提升自己。除非在游戏中做一些硬卡的设定，比如用一些游戏中不会掉落的材料作为提升所需的材料。

但即使做了硬卡，玩家们可以"刷刷刷"，也是一定会让大部分材料从一开始的定价往下跌，跌到这个服务器的人均劳动力水平。这对于很多没有太深的玩法而是强调成长线的游戏，是设计师非常不愿意看见的。

装备和道具的绑定与否，更多的并不是对游戏体验的优化，而是针对盗号、工作室、玩家个人的经历、经济系统等方面。

流通仅是社交的一部分，玩家间的社交才是我们想要的，不同的流通方式会对社交和付费造成一定影响，比如就有不少的玩家喜欢那种所有东西都是由自己打败敌人而获得，没有太多付费内容的游戏。

也可以在其他地方设计一些规则，弥补不同流通方式对社交造成的影响，比如用技能、替代道具去给其他玩家提供帮助。

4.4 建立价值体系

做付费首先要帮玩家建立价值体系，给玩家建立好价值体系后，才有各种装备和道具的价值。

出新手村送"蛋刀"，是借用了其他游戏一直以来给玩家建立的价值体系。但很多游戏中没有建立好玩家的价值体系就一直送各种东西，那是没意义的。

按时间作为基准计算的并不一定准确，特别是在玩家个人能力有区别，数值实力有区别时。按照效率作为基准值来计算物品的价值，这也不靠谱，因为它衡量的是产出物的获得，而不是产出物的价值。比如一个普通玩家一小时可以获得 500 个灰尘，而作为一个优秀玩家一小时可以获得 1000 个灰尘，但是灰尘对于他们有何用呢？如果灰尘在游戏中什么也不能做，只是纯粹一个占空间的东西，那 1 百万个也没有用。所以建立价值体系的第一步是建立价值，之后才开始考虑效率、途径等其他部分。

同一件物品的价值对于每一个人可能都是不同的，但对该价值的评估，也有很大一部分是每个人都相同的。而在游戏中，就要用各种手段，规则上的、情绪上的方式，去让这些目标有价值。

如何评估一个东西的价值？可以通过以下几点去思考。

4.4.1　获得难度

凝结在商品中的无差别的人类劳动或抽象的人类劳动，是商品的基本因素之一。具有不同使用价值的商品之所以能按一定比例相交换，比如 1 只羊之所以会有 20 尺布的交换价值，是因为它们之间存在着某种共同的、可以比较的东西。这种共同的、可以比较的东西就是商品生产中无差别的人类劳动。价值除了客观可衡量的劳动时间和实用性，其实也非常受每个人自身感性方面的情绪影响。但在这一段中，只讨论获得难度如何影响人们对商品价值的评估。

而在游戏中的情况就是，大部分玩家都不是理工科毕业的，如果系统告诉玩家这东西+5 点暴击，那东西+100 攻击，玩家不会自己去列式计算，所以他们不知道什么时候哪个更优？于是获得难度就成了辅助他们判断的一个重要标准。

那么如何增加获得难度，以及区分不同档次道具的获得难度呢？有很多方式可以使用，比如通过成长系统的数量去提高道具的价值，以及提高怪物的数值压力等。

4.4.2　实用性

从实用性开始，就会受到很多个人主观因素的影响，比如物品对于个人的使用价值，以及迫切程度。使用价值和物品的功能强大不是一回事，比如 5G 技术现在大家在争抢，6G 技术可能在 2020 年确定，这些高精尖的技术确实非常厉害，足以改变人们的生活，然而如果这些技术意外地落入了笔者的魔爪，笔者又能拿来干什么呢？只能转手卖出去而已。而此时，也许煮好一份咖喱牛肉的技术反而对笔者更有实际的作用，因为可以做来自己吃。所以压力和难度，首先在于有需要去跨过这难度的理由。如果每个正常人都能够扛着一吨的东西以每小时 100 千米的速度奔跑，那估计现在的汽车就没有多大用处了。某些东西有用，是因为补足了人们的缺点，因为它们比人类更强，或者它们能够帮助人类达到某些目的。

1．迫切性

迫切性包括关卡难度和奖励获得的设计。

如图 4.6 所示，灰色的区间是关卡难度，橙色的线是玩家能力。关卡难度是一块灰色区域，表示一定范围内的角色能力，只要操作恰当，都可以通关。但是正常情况下，当玩家一直不停地前进时，如果他没有停下来提升他的装备天赋等成长线，又或者这些成长线是有获得难度的话，玩家不能一直保持着如橙色线般的能力成长速度，那么他们就会掉到图中蓝色那条能力线上。此时玩家就打不过当前的关卡了，于是就不得不停下脚步去提升他们的装备等成长线，让他们回到橙色的线上。或者当他们无法提升时，就不得不等到等级更高时，再回去挑战之前的关卡，比如达到竖虚线所示的等级，再回去挑战横虚线与灰色区域相交处的关卡。

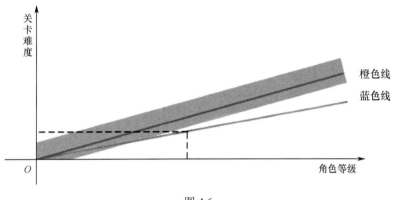

图 4.6

那么就是达到了：每次玩家的能力掉出关卡能力范围时，他就会感到一次压力，使情绪产生波动。而等到玩家能力提升后，他就又一次回到关卡能力范围中，打不过的关卡终于能够打过，积累的压力得到释放。

释放压力是一回事，但所需的"心流"呢？"心流"就是在玩家仿佛打得过又仿佛打不过时出现的。由于不知道每个玩家自身的策略能力和操作能力，导致他能在怎样的能力水平下通过关卡。所以应尽量多地让玩家出了能力区又回到能力区，这才能更多地促使他们处于仿佛打得过又仿佛打不过的情况。

所以玩家的能力线最好是锯齿状的。如图 4.7 所示，更多与关卡区间相交的情况就出现了。

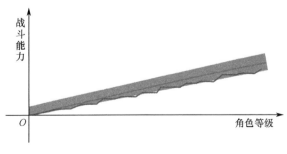

图 4.7

　　迫切性还表达了只要更快通过这个关卡就能够获得什么奖励或获得什么荣誉，这是关于奖励和目标的设计。奖励新的游戏内容是最常见的方式，另外就是数值性能力的大幅提升。除此之外，各种新的成长线，比如坐骑、符文等，由于也是一定的游戏内容，也算是可奖励的新内容之一。这里就涉及如何分配和安排的问题了，需要考虑玩家的学习能力和整个游戏的节奏，这些在之前的章节中讨论过。

　　在这里进一步讨论奖励如何安排。奖励一般都能带来能力的提升，只是有一些并不是立即见效的，要考虑的就是见效或不见效。通过了某个有难度的关卡让玩家兴奋，获得某件强力的装备也会让他们兴奋。但这种能力的增长是一种有点刺激，有点微妙的，因为它能带来兴奋，是依赖于关卡难度的。如果关卡没有难度，那么获得+10点攻击力的武器和+1000点攻击的武器是没多大区别的。所以首先还是创造了关卡难度，接下来才去设计对应的能力提升。

　　关于能力提升这一点，要尽量将能力提升的效果做得明显，然后更多地创造玩家只差一点就能够获得这个提升的情况。

　　只差一点，意味着游戏刷得还不够，或者需要特殊的途径去获得。

　　如果是在买断制的单机游戏中，可以设计一些技能是正常通关时难以获得的，但对于击败 BOSS 有突出的效果，从而让玩家很想获得，那么就回去好好地探索之前的关卡吧，或者按照规定的特殊方式通关，去获得技能。

　　如果在内购式的游戏中，特殊的途径一般是通过付费获得的。假设游戏中所有赠送的英雄碎片都只差 1 个就能集齐，从而召唤英雄，但这 1 个碎片就不再在游戏中提供了。配合其他的引导，让玩家到商店中去购买。可以提供玩家一些人民币代币，但也是有限的，到了游戏后期他们用光了之后，就还是会面临着某个英雄只差 1 个碎片，只能用人民币去购买的情况。

　　有一些心理学的实验验证了这个情况，列举两个方面的实验。顾客去电器店买一个计算器，当天标价是 20 元，顾客要买时，售货员告诉他可以等一等，如果等到明天，刚好这件商品会打折，只需要 5 元就可以买到。第二个情况是顾客去买一个高清显示器，标价 980 元，售货员一样告诉他，如果等到明天，打折后就只需要 965 元。这是一样的 15 元，但相对于买高清显示器的顾客，更多的买计算器的顾客愿意为它多等一天。

　　反过来，当顾客去买东西，买 5 元的商品时，如果让他们再多付 5 元，从而得到一个原价值 10 元的东西，这会比让那些本来就要买一百多元的东西的人，让他们多付 5 元去购买优惠商品比例也要少很多。这个意思就是人们会基于现在的情况去考虑，即使实际付出是一样的，但心理付出是不一样的。这两个例子是锚定的心理效应。

那么还有沉没成本的心理障碍，不过这就讲得有点远了。笔者在这里想说明的意思是，给玩家 9 个碎片，只差 1 个可以获得英雄，但买这个碎片需要 5 元，与玩家 1 个碎片都没有，但只要付出 5 元，就可以获得这个英雄相比，单就这 1 个英雄的范围来讲，9 个碎片的方式，从认知，到积累，到迫切感，都要远优于直接购买。

这里再探讨一种情况，就是假如要获得某个英雄需要 10 个碎片，并且打算把这个英雄送给玩家。那么这 10 个碎片是应该玩家打通 1 个关卡就送 1 个呢，还是 3、3、4，或者 5、5 地送？还是固定某几个关卡才送，并且一送就送很多呢？

1 关获得 1 个碎片可以让玩家来到第 1 关时就得到了这个英雄的碎片，于是他就知道了有这个英雄，可以勾起他的收集欲。但在中间的 2～9 关，玩家的内心如何波动呢？想必在第 2～6 关时，由于离能够真正获得还差好几关，玩家也不会很在意。他们只会在后面的几关中才再一次重视起来。

但如果除了关卡，玩家还有别的获得手段，比如去商店购买，一次可以得到 5 个碎片，如果价格在玩家的考虑范围内，那么玩家在第 5 个碎片时就会产生波动了。

如果是第 1 次掉落了 3 个碎片，一样起到了勾起玩家收集欲的作用，第 2 次掉落 3 个，也是达到促使玩家考虑商店购买。最后隔了几个关卡才一次性掉落 4 个，可能就少了一步一步接近时的情绪上涨。

迫切性分为两种：第一种是让玩家想要获得，比如棍子上的胡萝卜，这是用奖励的方式吸引他们去做；第二种是追赶他们，让他们恐惧和害怕，这种方式在现在的游戏中就很少见了，现在的游戏总是习惯于去"给"，于是玩家越来越肆无忌惮。

如何让玩家心中感到有压力，比如下面这些示例。

- 当玩家开启一个关卡、一个区域之后，需要连续地完成数个挑战，才能真正把这块区域巩固下来，不会被怪物再次抢夺回去，这就让玩家在一开始产生一种害怕失去的恐惧。
- 当获得一个新的英雄后，要连续使用他完成一定的关卡，他才不会回归休眠的状态。
- 与某个 NPC 的好感度在达到下一个阶段之前，会逐步下降。
- 升级建筑的过程需要完成建筑工头给出的各个任务，否则会进度条会逐渐回落。

设计好关卡难度，让玩家感觉到"缺"，让玩家打不过，那么他们就会迫切地想要某个可以通过积累而得到提升的能力。如果这不是一个内购游戏，是一个买断制的单机游戏，在此设计的就是玩家能够提升好当前等级的各条能力线时，才可以打过这个关卡。这种情况就是玩家的获得和能力成长几乎一直跟关卡挑战是一致的，只要玩家整理好他的装备，正确操作，那么他就能够打过这个关卡，而且是一关接着一关地打下去。

如果希望玩家再多消耗一点时间精力，那么可以设计成通过这个关底 BOSS 的能力远超过当前应有的数值水平，并且几乎不是纯粹的数值提高就可以解决的情况。那么就促使了玩家需要回过头仔细探索前面的关卡，找到隐藏的秘密或者领悟特殊的对战方式，去战胜 BOSS。这种方法还是以玩法为驱动的，而不是数值。数值型驱动的方式就是设计一些成长线，需要用积累的方式获得，然后在正常通关过程中，这些成长线是跟不上关卡难度的，那么玩家就得去"刷"。

2．玩家能力数值

下面做个模型来讨论游戏中玩家自身能力提升的数值情况，见表 4.1。

表 4.1

LV	等级提升	装备提升	技能等级	觉醒提升	总和	差值
1	1	0	1	0	2	
2	1.5	0	1	0	2.5	0.5
3	2	5	1	0	8	5.5
4	2.5	5	1	0	8.5	0.5
5	3	5	1	0	9	0.5
6	3.5	10	8	0	21.5	12.5
7	4	10	8	0	22	0.5
8	4.5	10	8	0	22.5	0.5
9	5	15	8	0	28	5.5
10	5.5	15	8	15	43.5	15.5
11	6	15	15	15	51	7.5
12	6.5	20	15	15	56.5	5.5
13	7	20	15	15	57	0.5
14	7.5	20	15	15	57.5	0.5
15	8	25	15	15	63	5.5
16	8.5	25	22	15	70.5	7.5
17	9	25	22	15	71	0.5
18	9.5	30	22	15	76.5	5.5

（续表）

LV	等级提升	装备提升	技能等级	觉醒提升	总和	差值
19	10	30	22	15	77	0.5
20	10.5	30	22	30	92.5	15.5
21	11	35	29	30	105	12.5
22	11.5	35	29	30	105.5	0.5
23	12	35	29	30	106	0.5
24	12.5	40	29	30	111.5	5.5
25	13	40	29	30	112	0.5
26	13.5	40	36	30	119.5	7.5
27	14	45	36	30	125	5.5
28	14.5	45	36	30	125.5	0.5
29	15	45	36	30	126	0.5
30	15.5	50	36	45	146.5	20.5

在此处随意定几个常见的成长线，包括易得的和不易得的：等级、装备、技能、觉醒。

将人物等级定为每级都能获得的成长，并且每到 5 级有一个稍明显的提升；装备是每隔 3 级，技能是每隔 5 级，觉醒是每隔 10 级。一些成长线的额外增长的等级间隔是其他成长线的整数倍，但它们起始变化的等级可能不一样，以此去避免它们在相同的等级大幅提升。

来细致地看一下上述的这些数据，每一列数据也就是每条成长线自己的变化，如图 4.8 所示。

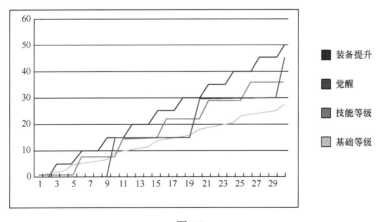

图 4.8

可以看出，除了基础等级这条线是接近于直线型的，其他的成长线都是锯齿状的，有明显的能力上涨。如图 4.9 所示是几条线的数值对比，按照总和、各自的百分比情况展示。在初级阶段之后，各部分的数值占比都大致稳定在一个范围内。这能满足各条成长线占比的设计，并且看得到等级带来的成长占比是最少的。

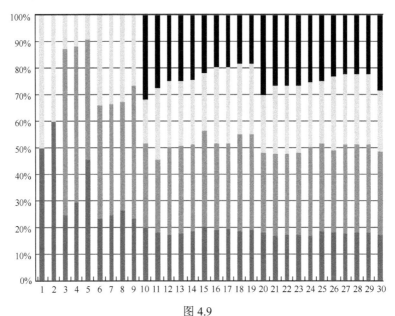

图 4.9

如图 4.10 所示是所有能力成长的总和，也就是人物总能力的变化。这也是一条大致的直线，但各部分有明显的上下波动。

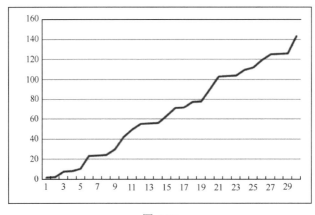

图 4.10

如图 4.11 所示是每个等级的总能力与上一个等级的差值。可以看出，每个等级的总能力成长有明显的波动。将低于 5 的能力上涨定为普通，高于 5 的定义为波峰，一整条能力线在起起落落之间经历很多波峰、波谷。波峰和波谷就是前面讨论成长线之间占比时提到的，要让玩家能够有情绪变化，而要在成长上做的设计。

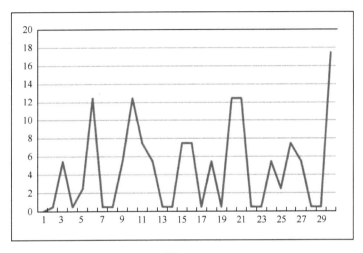

图 4.11

再仔细看实际数据，可以看出某几个特别高的波峰，是因为几个成长线突然提升的等级刚好叠在了一起。那么除了这种叠在一起的情况，对于那些一般的波峰，可以修改它们的增减比例、增长的间隔，来让波峰更明显。

使用价值就体现在各条成长线的能力占比，以及与关卡难度的对比之中。而强化让玩家觉得提升有用的情绪，则在成长线提升幅值。

另外做一点扩展，在有的游戏中，无论它们是有意做这个设计，还是无意的，都有这样的情况出现：带小号通关低级挑战、扫塔从底层开始、PVP 挑战从弱小的对手开始一路往上等。这些过程让玩家感到，他们比之前强。这也是是否要提供"扫荡"这个功能的一个考虑点，如果所有关卡都能够扫荡，玩家就只看到一堆奖励和数据，体会不到他们自己变强，设计师要提供给玩家便利性，但更要设计那些能让玩家们感觉到"自己变强"了的内容。

4.4.3　硬卡和软卡

硬卡就是玩家的成长线或多或少会与游戏中的其他部分挂钩，比如玩到第几

关，才解锁多少等级的上限、装备才能升到多少级、带多少级的宠物等。

软卡有两种，一种是某个关键的成长线一样有依据关卡进度而设定的上限点，但其他成长线没有；另一种是并没有上限点，但为了突破某个等级所需的材料和时间，要求比较多，从而产生时间上的卡点，这是"刷刷刷"可以解决的事情。不过也容易出现这样的情况：比如玩家的一个宠物因为这个软卡点而卡住了，可他依旧没有额外的精力去练其他的宠物，于是玩家还是无法扩展他的战术和策略选择。

毫无疑问，硬卡会带给玩家更多策略层面的思考，对于整个游戏系统，他们也会研究得更深。因为难度就在那里，能力要求也在那里，玩家必须提升到那个等级对应的数值范围中比较高的程度，不然就打不过这些关卡。这就会让他们去努力提升，努力探索游戏的策略，探索游戏的各个方面，寻找各种可能的提升。

一个有实际意义的、明确的卡点，不会是那种因为玩家现在有着怎样的战力，所以就打不过某一个关卡的做法。在往常的游戏中，玩家某个时间点打不过某个关卡，虽然他停在这里，但他继续用时间、刷等级、刷装备等，他的实力还是能够继续上升的，之后自然而然地就打得过。一个明确的卡点是由难度去控制的，打不过某个关键的关卡时，玩家的某些成长线上限是会停住的，比如人物等级会被停住，从而关联的装备等级和附魔、宠物等都会停止。这样做的意义在于，一般玩家在升级的过程中，他不会是所有方面都同时提升并提升到很高的，而一些游戏中的付费系统也未必会很在意。这样玩家就会停下来，必须去把各方面的数值都提升起来。而且只有一条成长线停住，才会使玩家把放精力在其他线上。

另一点是，当一个游戏有多个英雄或者宠物时，每个英雄可能都有很长的一条成长线，比如等级、觉醒都是这个英雄提升时所需的成长线。如果没有停止，玩家提升一个英雄就已经花掉了几乎所有的游戏时间，那么对于新获得的英雄，他们也没时间去提升了。没提升到可用的阶段，玩家自然就无法让这个新英雄参战，那也就无法组合出新的战斗策略。这对游戏的策略性是很大的削弱，进而也就削弱了玩家充值购买英雄的欲望。

由很长的成长时间导致的软卡就会出现这样的情况，新获得的英雄或宠物，没时间精力去提升。这种情况很常见，很多的游戏到了后期，因为成长线太长，所以自然就变成了等级停住。但即使是这种停住了的情况，玩家依然没办法去尝试新的策略组合，低等级宠物练不起来，于是他们依旧无法体验到新的玩法和乐趣。

4.4.4 社会互惠

针对群体和针对个人的情感寄托，这两者在前面的章节中已经有多次讨论，这里就不赘述了。

设计师总想希望做一些玩家间的互惠和互动，有很多方法，前面也谈过了，这里再举一些例子。以前笔者玩《魔力宝贝》时，海洞 3 有个海男，当时笔者的等级低，组的队伍基本是打不过他的。但是偶尔会有高等级的玩家组队打败了海男，然后他们就消失了，而他们把守的出口就可以通过了。到了另一边之后，就容易打了，但是经验和掉落物都更好了。这就是一个社会化的帮助，强大的玩家辐射出他们的能量，在他们做自己事情的同时，帮助了低等级的玩家。这让游戏感觉有爱，也会让他们更关注这个世界的动态变化。

另一个例子是《洛奇》，在它的世界中，每个大地图与另一个大地图的连通点一开始都是被封印石挡住的，封印石的血量非常高，正常情况下需要很多人一起打很久。但是一旦封印石打开了，也是开启了新世界。这是社会化的互惠，也是一个非常好的设计。

这两种思路都可以放到手游的网游设计中去，比如某个地图中有一个可以通往下个地图的水晶，玩家需要自己单人消耗约两天的时间才可以打开一个传送门自己过去。但当有足够多的人对水晶进行解封时，就可以完全破解这个水晶，而那些还没有解封的玩家就不需要再花费 2 天的时间去解封了，他们可以直接通过。当然，给予参与解封的玩家一些额外的附加奖励。那些还没有发现水晶地点的玩家也会由系统直接通知他们并在他们的地图中标识出来。这也是一种对后进玩家的帮助，同时由于完全解封时的奖励机制，对所有玩家都有好处。

4.5 让玩家充值

想让玩家充值，第一步自然是明晰玩家的特性。

4.5.1 分 R 阶梯式地看待用户

R：RMBer，也就是付费玩家的意思。把玩家按照不同的消费习惯区分为不同的细分人群，站在他们的角度去看待游戏付费的问题。对于分梯度地去看待付费玩家，有这样的说法：无论你有多少消费能力，都能找到适合自己成长的速度。

使用阶梯式的付费设计，让每一段的玩家都能够在他们的付费层次上感到爽快。但此时已经不是将游戏作为相当艺术化的东西来做，而是当成快消的产品来做。说到底，游戏都是一个用于消耗一定时间的产品，而且也是在一定的游戏时间后就停止游戏。所以无论以纯粹的商品或是艺术品的角度去看待游戏，只是出发点不同，不能说哪个看待方式就是绝对的好。不过如果整个行业都把它当成一个商品，而让一个还有着其他潜力和光彩的事物，只剩下利润和荷尔蒙时，就有点可惜和悲哀了（但即使如此，行业依旧会随着玩家对游戏的熟悉，期待更好玩的游戏的出现，从而逐渐进步，这也是一条缓慢前进的路线）。

在这种情况下去看待游戏，设计它的数值和付费就比较直接了，摸清楚各档次玩家的付费习惯，在游戏的内容系统中设计促使他们付费的点。

如果能分出各档次的玩家，其实也就意味着一开始就设计好了几个档次的角色能力，其数值能力、成长速度、通关效率等，也只有这样，才能让玩家愿意付出更多的金钱去追求更高的档次。反过来就是如果当玩家缴纳了真金白银，却发现自己并没有提升的话，他就会失望，进而就不再充钱了。所以设计师能越清晰地分出档次，就越能够更好地把握不同的玩家类型。而由于不同档次的玩家付费时，都希望他们能变强，那么分出越多的档次，也就意味着玩家间的能力档次越多，这就会有更多不同的游戏进度的档次，以及同等级玩家的不同能力档次，这也是对数值设计的要求。

以下讲述不同玩家的一些特点。

1. 小 R

小 R 的消费心态和中 R 是一样的，只是他们的经济基础和付费习惯不同，所以选择了较低的消费方案。对于和中 R 一致心态的小 R，追求在他们的消费范围内，最合理化的、最优化的组合，也就是最高效地花钱。那么可以依据不同档次的人群，预估他们不同档次的付费额，然后在他们的付费额度内，给出一些能促使他们付费的礼包、月卡、组合，这便会是他们最优的付费方案。当然，应该去考虑把小 R 变成中 R，但至少先做好他们这个阶层的最优消费组合。

另一部分小 R 是由非 R 转化过来的，他们之中很大一部分是被"首充礼包"诱发了冲动消费，另一部分小 R 是真正出于对游戏的喜爱才去充值的。对于第二部分人，他们未必没钱，只是他们对于游戏更挑剔，所以轻易并不会付费。设计师应该做的就是把游戏的品质做上去，这样，游戏里的付费线，他们自然会一条条去走。

冲动消费的那一部分小 R，玩游戏几乎没有充过钱，无论是出于什么原因而消费，其实此刻他们感受得更多的可能是负罪感，以及打破自己习惯的不安。在现实中，对于感到负罪愧疚的人，人们会给予他安抚，更多地陪伴他、开导他。在游戏中也一样，应该让第一次付费的兴奋没有那么快地过去。在可能的情况下，次日、三日或者更长的时间内，都给他一些回馈，包括奖励、游戏功能。让他接受第一次，觉得这样的付费是很值得的。而如果不这么做，假如第一次很简单粗暴地结束了，然后第二天又设计系统希望玩家再次付费，这样是很难让这些小 R 接受的。不过也不会是很多玩家都是怀着负罪感买的这 1 元、6 元礼包，他们就是怀着玩一次，买一次试试的心态来购买的。假设我们买了一件衣服，如果当天女朋友夸你，隔天女朋友还夸你，后天女朋友还夸你，那我们心中的成就感简直就要爆棚了。两种情况说的都是同一个处理方式，要让玩家更多地感受到这第一次付费的甜头，不是一次性就完了。

2．中 R

中 R 对游戏的了解非常深，有时可能是玩家群中最深的。他们对自己想要的结果最清楚，要达到怎样的能力值、目标。同时他们对于游戏也有着良好的执行力，为了一个星期练出来一个 5 星宠物，他们就会按照制定好的计划，每天做足所需的内容。

除去一些是刚从小 R 升上来的玩家，大部分的中 R 都有很笃定的消费观，心中会有一个大致的范围。他们也一般不会购买游戏中所有的英雄、所有的服务，只会把钱投入于他们欣赏的一套组合，并提升到最强。他们最期待的就是能通过自己的策略和技术，打败大 R。虽然正常情况下由于有一定的数值差距，有时甚至会非常明显，而他们这个期望是完全不可能达到的。但也有的游戏比较侧重玩法，于是他们就有了打败大 R 的机会。这个机会一般而言都是要给他们的。让某一种成型的策略组合，都有机会打败另外的组合。这也反过来逼着大 R 要么将数值实力提高到中 R 再怎么克制也没办法打过的情况，要么就去组建另一个不怕中 R 克制的组合。

小 R 一般都是自己跟系统玩，因为他们也知道没办法跟中 R、大 R 玩。所以对于他们，这就更像是一个有联网功能的单机游戏。从中 R 开始，玩家就开始超越跟系统玩的层次，开始很在意跟别人玩的情况，所以对于中 R，也可以继续分档次，按照他们对与其他人互动的结果的需求程度，还有他们的消费习惯，分为中小 R 和中 R。

3．大 R

大 R 并不是纯粹用金钱换时间，用金钱换时间的是中 R。大 R 在意的是最强，或者达到他们想要的位置，之后就会停止。

他们会收集游戏中的方方面面，尝试任何他们的想法。他们基本都是重度玩

家，在某个层面上，比设计师更爱游戏。他们也非常在意与游戏中其他人的对比，并且只要是能够帮助他们达到目标的手段，都会去做。这种玩家算是自然型的大 R，还有一种是真的有钱的人。对于这种人，可以去设计增加一些与他人互动时，无实际作用的消耗品或功能，比如玫瑰花去给他们消费。只要他们愿意，充几十万元钻石，就是为了把某个场景摆满某个华丽的道具给别人看，这都是很平常的事情。

保证巨大差距，是诞生大 R 的先决条件。如果想要瞄准大 R 去做，那么最好把差距做明显一些，并且减少会让大 R 感到麻烦的设计（比如很强的操作、复杂的策略等）。由于大 R 最在意的是与他人互动的结果，所以要做的自然是增加很多互动的功能，比如最简单的排行榜、工会作战、夫妻组队战之类。或者是允许玩家自己设定内容并且能展示给其他人，比如服装系统、家园系统等，做法有很多。

另外，要保证大 R 充了钱之后，有地方可以花出去。这也许听起来匪夷所思，但确实有很多游戏光顾着设计很长的成长线，却忘记了设计足够有效的花费人民币代币进行提升的途径，它们商城中售卖的道具少，每个系统也少有能够直接花费代币的地方。

4.5.2　付费设计思路

更细致地区分不同的 R 和他们的能力，如图 4.12 所示，正常非付费的玩家的能力成长会是紫色的线，也就是随着时间，他们的能力提升逐渐不足以对抗敌人，需要花费额外的时间去提升，才能战胜之前等级线上的敌人。

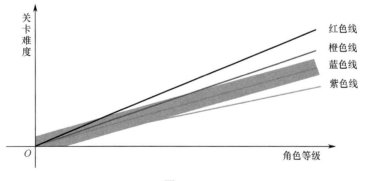

图 4.12

小 R 和中 R 对应蓝色和橙色的线，他们的能力和关卡能力大致相符，能一直流畅地提升和挑战。但小 R 并不能一直超越于关卡，他们也会时不时感觉到关卡的压力。如果他们只是微 R 的情况，也会渐渐掉到关卡难度之下。大 R 和超 R 应对红色的线，他们的能力随着时间，完全超越了关卡的难度，他们玩的是超前的关卡，以及与其他玩家互动。

有很多的付费点可以设计，那么大的思路如何去做？

按笔者的分类，是这两种主要思路。

- 缺：只差一点就能获得、通关、进阶，对应非 R 和小 R。
- 欲：想要更快、想要更强、想要战胜对方，对应中 R 和大 R。

在游戏中会有很多"缺"的情况，缺"体力"没办法继续进入关卡，缺"装备"没办法打败 BOSS，缺"材料"没办法提升。每当玩家经历一次"缺"，就会经历一次压抑，当他们对目标的渴求大于需要付出的代价，并且没有其他途径可以解决时，就会考虑付费。

"缺"是最基本的在游戏中设计给玩家的付费刺激，但这也是从游戏层面给到玩家的刺激，也就是主要由 PVE 产生的刺激。所以"缺"虽然是所有玩家都要面对的，但它对非 R 和小 R 的作用更大。

"欲"表达超过基本需求之后的高级人生需求，这些高级需求大部分与其他人的互动有关，玩家想要的尊重、敬仰、胜利等，都需要一定量的其他玩家。更快、更强、更好、更美，所有的"更"，都需要一个对比。如果只有自己与自己去对比，很快就会迷茫。好比所有武林高手一生所求之一，就是有一个真正的对手。

"欲"也是所有玩家都会有的东西，但非 R 和小 R 并不愿为之付出金钱或者是够多的时间，所以他们没办法得到。反过来，对于愿意付出的人，首先就要提供这种土壤，包括互动的方式、足够的人群、比较的方式。

"便利"也作为一种人的需求，作为可以简化他们操作、缩短他们消耗的时间和精力的功能。大家也希望有，但由于并不会有非常大的刺激，比不上"缺"和"欲"。若作为一个单独的付费点，只能吸引中 R 和大 R，所以一般也会将它们合并到其他一起卖出的套餐中。

4.6　付费内容

付费内容包括购买各种获得的门票、体力值、挑战次数，着眼于基础的成长线。

4.6.1　基于"缺"的付费内容

如果一个手机游戏或者一个大型网络游戏没有体力值的限定，那就意味着没有限定一段时间的消耗，玩家随便玩多久都可以，这种看起来友好的方式，其实反而会带来一些不好的影响。首先是可以随便消耗时间，就变成了不得不去消耗更多的时间。没有一个确切的点，比如 100 点体力值或者 3 小时的百分之百奖励时间，那么玩家对于每一天的游戏就会没有一个完结感。没有一个完结感，就会让他们觉得还不得不继续玩下去。最终反而超额消耗他们更多的时间，但实际上无论消耗的时间有多少，他们都会觉得自己做得不够。于是感到压力，感觉心累。

如果设定一个结束的点，即使这个点是比较长的，比如 3 小时，但至少玩家都会觉得他完成了今天的游戏内容，否则即使已经玩了四五个小时，但他心中还会感觉不应该结束。

这也涉及现实中玩家可以付出的时间，这点与时代和社会息息相关，现在的玩家群已经不是十多年前刚有网游时的情况，现代人面临着更大的社会压力，空闲时间更少。如果还想要在这样的情况下占用玩家更多的时间，就会让他们觉得很累。这种网游的累，在笔者看来是导致当时网页游戏能够兴起的一个重要原因。

所以现在已经不是很适合去做那种点卡制的游戏了，玩家们难以投入一段固定的、长的时间，好比《魔兽世界》也从点卡改成了月卡制。

同时如果少了限制，反过来也就少了溢出价值。而针对那些时间有充裕的玩家而言，如果有时间的设定、次数的设定，那么次数用完之后还想玩怎么办？那就是付费购买。有没有提供付费购买的途径，以及费用多高是之后的问题，但这里提供了这么一个契机。况且有很多玩家时间是不充裕的，如果没有这样的上限设定，他们将会落后那些有充裕时间的玩家非常多，如果想要依靠付费去追回这些游戏进度，那么其他途径的付费的效用又要变得多大？

这就是玩家群体的分挡和脱节，如果因为不能付出更多的时间，或者没有先进的辅助工具，而导致一些玩家的提升速度远低于其他玩家。特别是在没有时间限定的游戏中，他们的成长线所需要的耗时都会非常长，那么玩家群体也会很快地自行分挡。一个在有时间限定的游戏中玩了两三天的玩家，跟其他勤奋的玩家可能也就差了几级。但如果是在没有时间限制的游戏中，这个玩家可能会发现，同样玩两三天，一些玩家已经比他高出十几或二十级，带着完全不同档次的宠物、装备。他们再也无法在一起玩了，他就此属于低级玩家，而如果要翻身，就要每天付出大量时间去参与游戏，这很可能因此荒废工作、影响家庭。

所以这是设计系统首先要考虑的第一点，玩家需要每天消耗多少时间，能不能接受，不同人群会产生怎样的情况。

当我们以时间为基准，那么设计各部分的游戏内容就能够清晰了。至于付费内容，比如效用持续一段时间的付费内容，月卡、7 日卡、7 日将星碎片卡，或者是一次性的，但价廉质优的，有长期影响的付费品，比如建筑工、开采助手、宠物训练师等，这些基本会成为所有中 R 以上玩家必定全部购买的付费点。所以从这个角度上讲，应尽可能地去多设计一些这样的付费点。

可以在设计比较多的付费之后，也赠予普通玩家很多钻石，让他们能够获得一些付费道具和服务，这对于培养付费习惯也有帮助。纯粹一次性的付费品，各种礼包、新关卡内容、新技能解锁，如果不是重复性可获得的奖励，而是特殊的一次性内容，也会更有吸引力。

做法有很多，重要的还是如何安排它们，在什么时候出现，怎样定价，以及这些商品的效用比。

4.6.2 基于"欲"的付费内容

"欲"是着眼于更高级成长线的各种付费点。

有两种做法。第一种是一开始就将成长线面对的用户群分开，虽然一个普通玩家一样可以接触到所有的成长线，但他们主要可提升的还是一些基础的成长线。而一些更强的能力提升，比如觉醒、升星，都是进阶型的成长线，这些成长线所需的材料不会在游戏中投放很多，所以普通玩家也就无法去提升。第二种则是玩家对于各条成长线都能够使用，但这些成长线到更高阶段之后，要么就是游戏中不再投放资源，要么就是所需要的量太多，普通玩家已经玩不上去了。

孰优孰劣？由于现在的游戏都在强调要留下更多的非 R 玩家，所以不应该让他们感觉到太多的压力，第一种情况，明显的"可望而不可即"就会让非 R 们感到不付钱时受到的鄙视和压力，因此用第二种情况去设计总体的成长线会更好。然而，有和无的区别也是很让人着迷的，可以在超过了非 R 玩家们看得到的地方，针对愿意付费的玩家设计这些额外成长，因为他们并不非常在意这一点付出，那么反而就适合这样去设计了。比如大家都有"蓝卡"，追求"紫卡"、"橙卡"，这是第一种；而在"橙卡"中，还有比其他卡再多一个的宝石孔、技能、额外 10 级的觉醒上限，则是第二种。

以下讲述两种玩家会追求的"欲"。

1. 炫耀性

玩家们想要展示自己非常美丽或酷炫的个人形象，作为他们独特的象征，就可以提供一些展示的途径，比如外观衣服、翅膀、坐骑等。鉴于也要让玩家们觉得这些装备有实用性，所以在造型特别酷炫的同时，包含一定的数值能力是最好的选择。这就是浓浓的国产风，但它确实有效。也可以不这么提升，但这也会削弱这些外观在玩家心中的价值，于是就会导致牺牲了一部分营收，但可以获得玩家对游戏正面、积极的评价。

这些炫耀性的东西，区别最大的就是玩家之间限量的，比如整个服务器唯一的道具，某年某个节日特供的坐骑，只有全服三个主城的城主才有的称号。付出限定型、日期限定型都是可使用的方式，如果这些道具还会绝版，那就让它们变得更珍贵了。如果还是服务器限定型，也会让它更加珍稀。然而现在的情况大多不是设计师们设计不出来一个特别酷炫的东西，而是展示渠道做得不好，这点请设计师注意。

2．社会性

玩家们会期望获得一些很独特、很具有社会权利的职位，比如工会会长，但一般的工会会长太普通了，只有强力工会的会长才让人追求。同理，保长、排长、督军，这些需要很多玩家推举，或者战胜很多玩家才能获得的地位，也会让玩家趋之若鹜。另外，也可以让玩家们去成为某个职业中最强的一个，某排行榜的第一名，某捐助榜的第一名等，只要将这些信息良好地展示出来即可。

炫耀性和社会性其实很难分开，炫耀本来就是一个社会性的行为，如果没有其他人，人们也就没有炫耀的必要。但这里将他们分开，是以此为区分：炫耀是作用于该玩家自己的各种行为，社会是由该玩家引起而作用于其他人的各种行为。比如有钱玩家给某个女性玩家买99朵玫瑰，赠送1万元的钻石，送她一辆游戏中的法拉利，这些都是社会性的行为。

馈赠是第一种方式，直接有效，缺点则是后果难以被发起者掌握，送了就送了，之后人家感谢你吗？或者送完之后，人家千恩万谢，但是她过两天就不玩了，这都会导致这些赠礼没有产生效果。

第二种方式则是有偿获得，先货后款。这时要么让玩家们自己去建立一个信用机构，要么就需要系统提供这个平台。比如一般玩家在游戏中帮付费玩家清理庭院10次，付费玩家就给他100颗钻石。这种设计的交易性质特别浓厚，但也会有玩家喜欢，只要系统模糊化这种行为，让玩家不认为这是对某个付费玩家提供的服务，那么普通玩家也不会觉得很受侮辱，只是将其当成一种系统提供的、特殊的日常任务。也可以将它做得比较有"互助"性质，就是由付费玩家使用钻石开启，同工会玩家完成，普通玩家可以获得大量经验和游戏币，帮助他升级，而付费玩家则获得大量的声望，用于其他方面的提升。这同时让两个档次的玩家能够互动，这样的设计会比较良性。

第三种方式则是合作和互赢性质的付费点，比如使用某个工会道具，提升整个工会的所有成员若干小时之内经验获得。或者使用小队 BUFF 道具，能够让整个小队攻击力提升。由付费玩家开启，节省了需要制作交易系统的时间，同时也让其他队员心中更明确与他在一起才能享受到这一加成。由付费玩家提供的区域性 BUFF，如果只有一层，有时更可能是一种善意，如果有多层，那么可以让它产生更明显的炫耀性质。如果在 BUFF 上还会署名是谁释放的话，那么炫耀效果就更强了。

社会性的消费点其实可以有很多文章去做，现在业界对它也没有使用得很多，它对于促使所有玩家的互动是很有作用的。但反过来也容易造成优势玩家扎堆、阶级固化更明显的情况。这点在大 R 与游戏进程那里会继续讨论，但对于这种情况，在可能的情况下，仍是需要尽量这么去设计的。

4.6.3 大额付费玩家与游戏进程

由于玩家进行了付费，导致游戏进程大幅缩短，也因此导致其他玩家无法与其作战，所以大 R 可能会一个人占据了所有的最高奖励。这样的情况听起来好似不太好，但现实中更优秀或者更有钱的人，肯定更容易在一些比赛中获胜。比如让某个有钱的人来跟一般人一起参加某项比赛，这项也许双方都不擅长的比赛，比如倒汽油、立鸡蛋之类的。但如果使用钱可以在比赛中获得更多优势，而这位有钱人真的决定跟一般人来比赛了，那么他会在此花费很多钱，而且很容易获得胜利，但即使如此，最后的获胜奖励，仅出于公平而言，也需要依据名次给予更好的奖励和荣誉。

所以大 R 投入真金白银之后，在游戏中实力更强，于是在游戏的各种对抗活动中或者排行中获得更好的名次，自然必须给他们更好的奖励。如果这些奖励对于他们也是有用的，至少在继续进行比赛时是有用的，比如原来要 10 元额外获得 1 升汽油，现在排名第一的参赛者可以额外获得 100 升汽油。

我们不希望因为一开始的优势，在之后大家的努力和投入程度一样的情况下，付费玩家不但领先，而且还继续扩大优势差距。这也是一个"度"的问题，付费玩家要比非付费玩家强多少？讨论具体多少的数值其实是不太对的，应是多少的比例或者情形能够让他们强得很明显。

这个付费的效果，首先是 PVE 内容上直接快捷地让他们感觉到变强，在 PVP 上，鉴于不想让他们超越其他人太多，倒是可以再权衡。这一般是数值调整的问题，但在极端状态下，也可以特意做出细分，把 PVE 的伤害公式跟 PVP 的公式分

开，让大 R 在 PVE 上会感觉明显强很多，但 PVP 上不会强得那么明显。许多网游也都是有类似这样的机制的，比如一些游戏中的"韧性"、"强度"这些属性。

还有如何限制的问题，可以从以下几个方法着手。

方法之一就是让他们的领先优势在后期的游戏中逐步被每一次提升能力等级所需的消耗吞没。假设玩家一开始通过付费多获得了 100 点经验，也许这在一开始可以是 1 级的差距，但是到了 10 多级，这 100 点经验的领先就体现不出效果了，此时可能大家都是一样的等级，而付费玩家比普通玩家多了 100 点经验。

方法之二则是在玩法上，不让数值成为决定一切的因素。

但如果这个付费玩家又有钱又聪明呢？可以使用硬性限制和软性限制，比如限制他们每日付费的上限，限制他们提升的速度；以及最后的方法：让付费效果极差，把所有玩家都放在以现实时间为基准的对决中。

简述几种方法。

（1）硬性限制。

- 体力购买次数等。
- 服务器内容进度限制，比如《WOW》。
- 领先的这点差距被越来越大的提升需求吞没。付费玩家的这点优势，会在之后，由系统自然提供给后进玩家的玩法的奖励追赶上。
- 数值成长性有限。

（2）软性限制。

- 时间，现实时间的限制。
- 不可缩减的游戏内时间，比如特定建筑、科技的研发时间。
- 依据等级而定的战术丰富度，某个时间点下，大 R 也许可以有三四套打法及支撑它的装备或英雄，而中 R 或小 R 只有一套，但这不至于被完虐。也就是付费提供的是横向丰富度，而不是纵向硬实力提升。

以上讨论的内容其实是矛盾的，一方面游戏要提供给玩家成长的感觉，而且还要提供不同付费档次玩家不同的成长档次，而另一方面又要限制他们的进度，但如果大额付费玩家超越普通玩家太多，对整个游戏，对他们自己都是不好的，让大额付费玩家也能够获得一定的压力是必要的。可以设计更高的提升需求来削弱金钱的效用，大幅提高日常游戏内容的对等金钱价值，付费之后获得的进步依旧要回到普通的日常活动中才可以真正获得（比如还是要回来练级，而练级所需的现实时间无法用金钱大幅缩减）。

所以有句话：道具越贵，对免费玩家越好。理由在于普通的付费玩家付费的所得相较于其他游戏少很多，也就是得不到很大的优势。如果效果不明显，那么小 R 和低档次的中 R 们可能就不太会付费了，那么游戏就变成了只有非 R 和大 R。这种做法也不是说不可以，但这就要求游戏有真正足够多的人来玩，才能有那么多的鲸鱼用户，撑起整个收益。

但也可以这么想，本来就不想游戏分那么多档次，不想玩家用钱就可以搞定一切，那就做一些比较强调玩法的游戏，不分 R 档次，让玩家更纯粹地玩游戏。这就看项目而定，仁者见仁了。

4.6.4 设计游戏整体进程和不同玩家的速度

如图 4.13 所示，玩家不同的消费额，导致他们居于不同的游戏进度。

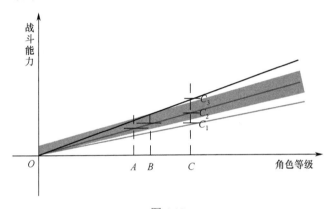

图 4.13

购买基础型消费内容的，主要是"缺"型的消费点，玩家得到的提升是从 A 到 B，也就是保持整体游戏进度。一些进阶型的消费点，也就是"欲"型的消费点，则是促使玩家从 C_1 的能力值提升到 C_2、C_3。玩家能力值的提高未必是进度的提前，他们还需要再去购买那些门票性质的体力点，获得关卡的进展、基础等级的进展。

那么玩家的进度有多快？首先就在于游戏有多少内容可以提供给他们。一些手机网游，玩家一直处于未满级，在不断提升的这条路上跑着，但同时游戏又要求玩家进行对战比赛，也就是玩家之间也可以称之为一直都是不公平地竞技。即便是这种游戏，也可以把它们看成一种内容消耗型的游戏产品，跟一个纯粹的单机游戏一样，只是多了联网功能，而该游戏的目的就是达成整个服务器第一。假设这个游戏让玩家玩到结束只需要 20 小时，而且游戏自身节奏很紧凑，那么其中也就没有多少余地可以留给付费了。如果这个游戏玩家需要 2 个月玩完，那么允

许通过付费加快几天，也就无伤大雅了。

允许大 R 们快多少呢？让他们保持身边有朋友和敌手，这就是衡量的准则，因为只有这样，他们才会跑得起劲。

4.6.5　具体的付费额和细节分析

以下用两个具体的游戏来讲解这些付费设计的细节。

1.《小冰冰传奇》

以下的一些数据来自于笔者自己的观察以及 Chevay 写的一篇关于《小冰冰传奇》的数据。（文/Chevay QQ：93318228，微博：t.qq.com/Chevay）《小冰冰传奇》有着很优秀的付费设计，先简单罗列一下付费点和过程。先说明一下，他们的 VIP 等级是依据充值所得的"分数"兑换而得的，而不是刻意去付费购买一个 VIP 等级。

他们的付费点见表 4.2。

表 4.2

礼　包	
金额（元）	内容
6	60 钻
25	月卡
30	300+300（限赠一次）
98	英雄
98	钻石
98	转服、皮肤
198	1980+1980 钻（限赠一次）
328	3280+600 钻
648	6480+6480 钻（限赠一次）

而他们的 VIP 等级的特权，简略的内容见表 4.3。

表 4.3

VIP 等级	所需金额（元）	功　能
1	10	20 次扫荡，技能点上限提高 20
2	100	30 次扫荡，重置精英关卡一次，购买技能点
3	300	40 次扫荡，重置梦境、封印、梦魇 1 次
4	500	50 次扫荡，重置 2 次

（续表）

VIP 等级	所需金额（元）	功　能
5	1000	60 次扫荡，悬赏任务奖励双倍，重置 3 次
6	2000	70 次扫荡，团队副本双倍奖励，重置 4 次
7	3000	一键附魔，重置 5 次
8	5000	拥有 5 星英雄后手动召唤星际商人
9	7000	地精商人，豪华膜拜
10	10 000	远征奖励+100%
11	15 000	黑市商人
……	……	……

那么通过上面的数据，首先可以看到第一点，付费额和 VIP 功能点直接的付费差额见表 4.4。

表 4.4

VIP 等级	距离下一挡	付　费　品
1	4	6 元
3	19	25 元月卡
4	39	30 元钻石
5	41	98 元英雄或钻石
6	43	98 元英雄或钻石
7	45	198 元钻石
8	117	328 元钻石
10	69	648 元钻石

以上是使用了最优惠商品的购买方式，从而得到的差额，如果玩家打算一级一级慢慢来，那么可以参考表 4.5。

表 4.5

付费（元）	加付（元）	吸　引
0	6	VIP 1，20 次扫荡
6	6	VIP2，购买技能点，钻石
12	13	VIP3，月卡，当日 300+120 钻，之后 30 天 120 钻/天，共计 3900 钻
25	30	VIP4，500 钻，扫荡增至 50 次，解锁一键十次扫荡，每日赠送体力可进行副本约 60 次。30 元礼包，获得二星英雄和 300 钻
55	45	VIP5，十连抽还差约 400~600 钻

（续表）

付费（元）	加付（元）	吸引
100	98	98 元礼包，可以选定一个 98 元英雄
200	53	如果用户计划付费 200 元，不如尝试套餐组合：月卡 25+30 元礼包+198 礼包 = 253 元；VIP6，共计获得 4980 钻，加上系统赠送，刚好两次十连抽
253	42	VIP7，一键附魔功能
901		如果用户计划付费 1000 元以下：月卡 25+30 元礼包+198 礼包+6480 礼包=901 元。VIP9，解锁地精商人，7 次十连抽
901	94	VIP10，诱惑力极强的 "远征次数+1"
995	500	VIP 11，黑市老大，必出英雄/魂石，单价 40 元人民币
1495	2505	VIP 13，远征产量+50%

大家能够得到第一个设计付费的方法：付费额只差一点。也就是玩家的每次消费，都让他离下一个阶段，并且是有功能诱惑点的阶段只差一点点。《小冰冰传奇》使用 6、25、30、98······的金额，也可以使用 6、18、28、68 的金额，思路都是一致的，即让付费额和 VIP 等级所需的积分只差一点。

再看除了差一点的设计外，中间是怎么做的。

（1）让每个层级的付费玩家觉得自己已经付费得足够了。

通过购买体力、点金和商店消费价格递增的交错设计，使得对应消费能力的群体会有一个自己可接受的 "最高性价比" 消费方案。上表只列举了几个玩家消费较多的组合方案，这些组合方案使得月消费 100～5000 元的玩家，都能找到适合自己的日常消费，这部分消费保障了营收的稳定性。

对于每个层级的付费玩家，通过游戏设计，让他们看不到更高层的付费空间，比如 VIP2 的玩家，每日的购买体力的次数上限是 3 次。这匹配于达到 VIP2 时，获得的钻石和每日消费习惯。再比如 VIP5 的玩家，他们每日购买体力的次数为 2～4 次，而此时他们购买体力次数的上限是 6 次，不是 10 次或者更多。这让中、小 R 们始终感觉到："在这个层级中，已经付费了大部分，自己很厉害"，而且依然提供 2 次的额外付费空间作为利诱刺激。这种心态一定程度来源于完结感，也就是让玩家想："自己能做的事情已经差不多做完了"。

那么除了体力的付费设计外，其他方面的付费设计也是共通的，比如装备的星级、强化的等级也有限定，宠物的收集数量也有限定，一样可以让人觉得 "自己已经做得很好了"。再进一步讲，就是对于成长线的完成程度，非付费的成长线可以进行设计，付费的也可以让玩家作为一条成长道路去走。

同时，这样的设计也意味着通过提供不同的付费点给不同档次的玩家，这点在之前也提过。

（2）培养付费习惯。

培养付费习惯是让玩家习惯每天点两次购买体力这种行为是不对的，应该是让玩家习惯每天拥有两次额外体力的角色提升速度。让他们习惯于这种速度，希望能稳定在这个档次。

比如"月卡"每日赠送了 120 颗钻石，这让玩家每天可以购买 2 次体力。但点击购买体力这个操作不是重点，重点是让他们接受拥有这么多体力的成长速度，这个行为不是核心，行为导致的兴奋才是核心。首先要让他们觉得购买这两次体力的价值高，要么符合他们的每日游戏时长，要么符合他们的进度需求，或者是与他人相比的实力阶级。所以这是"月卡"这样的付费点，一个月的持续时间。

关于时长，现在有的游戏中，动辄每天刷完所有体力和门票就要四五个小时，而且还是对于免费玩家。这样把非 R 的时间都填满了，付费玩家拥有更多的体力门票，也没有实际的时间去使用，这样是不太好的。首先要让玩家"缺"，接着才有存在的价值。

我们无法得知玩家个人的能力档次需求，但可以做这样的游戏设计，让玩家"刷完"每天的体力，获得一定的成长之后，就离下一个成长点不远了。而购买了 2 次体力或者更多体力的人，则面临着下一个成长点。这样人为地分出了几个成长速度，由玩家自己去决定他们要处于其中的哪一个档次。这需要在数值上做出非常精确的把控，当然这也是分 R 档次时要去做的工作。

而与他人的实力对比，就要做好让他们能够清晰地看到玩家间分出了档次，各种排行榜是一种方法，各种关卡的奖励档次也是一种方法。必须让玩家之间的互动更频繁，比如相互攻打，即使刻意做一些 bot 去攻打玩家，也要让他们感觉到遇到不同档次的对手，从而让他们能够去定位自己的档次。

许多游戏只是做到了其他玩家的信息展示，这是不够的。许多玩家看了其他玩家的数据之后，如果强于他们，他们就根本不会去打对方。而且很多游戏中展示的都是不同等级的其他玩家，而不是与玩家等级相近的其他人，这样玩家自己心中也难以给自己一个定位。

（3）破除用户的消费限额心理。

再回头看一下前面列举的数据，如果用户的心理消费限额是 200 元，那么只要再多 53 元，就可以获得两次十连抽，以及 VIP6；如果用户的心理限额是 1000 元，那么只要再多一点，就可以获得非常有诱惑力的远征奖励+100%。这种方式，

就是在某些一般人会给自己设立的预期消费额度上，做出有力的诱惑的思路。从 0 到 1 的付费心态区别是很重要的，但是 30 元之后呢？ 200 元、500 元呢？这也需要用心去设计。

2. 《阴阳师》

《阴阳师》有等级、升星、御魂和宠物品类这几条主要的成长线。它提供的付费点也和其他的游戏类似，差不多一致的付费额，一次性和持续性的付费道具。不同的地方则是，它们的付费道具的收益其实相当低，一个是对比于其他游戏，基础付费品的价格贵了大概一倍；另一个是相对于自己，付费后获得的确切收益低。有许多玩家提出：他们花了 3000 元，都抽不到 SSR，于是弃坑，或者不少花了几百元的，然后感觉不到有什么提升，于是不再付费。但我们也知道它的各种辉煌战绩，IOS 排行第一，月入 10 亿元等。

这么高的营收很大一部分是大 R 们撑起来的！那些为了想要的 SSR，一次就花费两三万元，或者为了提升而购买许多体力和游戏币的人。这些大 R 的数量不会在整个玩家群体中占很高的比例，但是架不住人家用户多、留存好，这是一个现象级的产品啊！

不过反过来，这也是前面讲过的，游戏道具越贵，游戏越"黑"，反而对免费玩家越好。但这是相对。

梦幻系列的产品很多都是这样的思路，道具绑定、付费"黑"、玩家每日基础的游戏收益高……那么问题就是，能保证用很大的投资来做一个项目，但制作出的游戏就一定能成为现象级的游戏么？如果不能，一般而言是不如做成分档次收费的项目。不同的公司可以获得的资源和用户量不同，这也是很大程度上影响游戏设计方向的因素。

4.7　项目的付费方向

本章至此，已经讨论了各种角色成长和流通、奖励的设计方式和结果，那么接下来，让我们用正向的、顺下来的方式来探讨应该怎样去设定一个项目的付费模式，以及在对应情况下需要怎样去制作，会遇到怎样的情况。

4.7.1　资源独占型"滚服"

先从所谓的"短、平、快"的项目类型开始。

在手游时代刚开始时，用户基数大规模爆发，单个有效用户的获取成本相当低廉，从几元到十几元。于是一个几千人的服务器只要有一个大 R 就够了，比如付费一两万的大 R，再配上一些中 R 和小 R。

但是现在用户的获取成本已经上升到 30 多元（前段时间甚至升到 80 元、100 元一个用户），原来的那种方法已经很难走得通。比如一个服务器导入了 2000 人，成本就是 2000×35 = 70 000，如果只有一个 20 000 元的大 R，再配上一些五六千的中 R，一些小 R，这样的营收连运营成本都抵不过。但也有一些游戏会做得更好一点，比如有两个大 R，五六个七八千的中 R，十来个一两千的中小 R，以及小 R，那么就是：

$$15\ 000×2+7000×6+2000×15+500×20 = 112\ 000$$

但现在已经不容易做到了，所以许多这种类型的游戏都失败了，不过在此还是说明一下这种类型的游戏怎么做。

这种项目的设计目的是促成整个服务器拥有一两个大 R，那么可以使用强调对战的方式，让大部分的资源都需要去争夺，同时给出非常明显的付费效用，并设计出很长的成长线。此时玩家要去获得各种装备、头衔、材料时，就不得不面对其他玩家的竞争，如果自身实力不够就会被别人击杀，并导致得不到资源。对于大 R 来讲，如果不想受这个气，那么他们就会去充值，并且因为设计了足够长的成长线，也就可以逐步让他们达到很高的付费额。

但在这种情况下，由于小 R 和非 R 们无法有效地获得资源，所以他们的成长就会非常缓慢，他们会玩得很没有乐趣，那么很容易就会 AFK，一个服务器很快就会只剩下那些充了钱的玩家。

如果资源只能自用，那么一个服务器能够容纳的人数会较少，这是设计师不愿意看到的。那么要提供一些方式，让那些充值比不上大 R 的人也能活下去，让他们能够跟着大 R 一起玩，比如设计工会、城盟这样的游戏系统。但即使设计了这些系统，一个服务器还是很快会剩下一个工会占有大部分的资源，其他的工会也很难玩下去。所以人数依旧会下降得很快，合服就在所难免。

于是就导致了快速开服、合服，这也就是"滚服"的意思。

4.7.2 小、中、大 R 型"滚服"

鉴于第一种情况中，对非 R 和小 R 非常不友好，以及整个服务器中，只能收获以大 R 为主的付费，失去了许多中 R 和小 R。

那么如何获得这部分中、小 R 玩家呢？

第一种做法是资源独占的改良做法，减少竞争性内容的占比，让非 R 和小 R 也可以通过大部分的游戏活动获取各种资源。游戏只是在一些关键性的资源上做限制，那么他们就活得下去，玩下去。比如《征途》这样的游戏，游戏中最重要的内容，比如国家间的征伐，国王的竞争等，无疑需要很高的付费额才能够在其中有一席之地。但平时游戏中大部分的内容，并不会总是需要跟其他人竞争。许多国战类的游戏都适合这样去做，高风险的内容能有高回报，包括刺激性，但需要足够的付费额。

第二种做法则在一开始就不同了，这种做法是在大部分都属于无竞争性的 PVE 内容上，设计一些 PVP 相关的内容。比如《小冰冰传奇》，玩家主要是在跟系统玩，玩到足够高的层次之后，才会开始遇到某些内容需要与其他人竞争。这一类型的设计思路可以容纳大量的中 R 和小 R，但也容易因为太注重 PVE 的内容，而导致社交性互动不足。社交互动不足一方面是因为手游还无法承载太大的社交性内容，另一方面也是因为很多项目一开始就并不以这方面为主。这一类型的设计，无论哪种，都意在增加中、小 R 的数量，而且也确实是有效的。一般而言，这种设计倾向项目的七日留存、日活跃玩家、付费比率等数据也会更加漂亮。做法通过上述的说明大家也大致清楚了，就是增加非竞争性日常活动的占比，减少资源的独占性，以及可以刻意在各种活动的规则中，去帮助第二、三、四、五名。比如制作一个争夺类的玩法，但目标不仅是一个，而个人或一个工会只能占领一个。或者相对缩减第一名的奖励，让它更倾向于荣誉性或时效性的奖励，比如一个强大的，增加 20%攻击力的头衔，但头衔仅持续到下一次该活动开启。

很重要的一点是，让玩家的每次花钱都觉得有价值，花 2 元买的体力能够让他们感觉获得很多，或者花 30 元买的初级翅膀，花 188 元买的武器。这些价值也是让中、小 R 愿意付费的很重要一环。

4.7.3 "绿色"游戏

"绿色"游戏的设计方式，也就是比上述的小、中、大 R 型更进一步，让游戏中更大部分的资源都是通过 PVE 获得的。但单纯这样去设计还不足以造成这种"绿色"的感觉，同时还要提高很多付费道具的价格。可以额外提供一定的每周特惠，限次购买等折扣方式，但这些优惠完了之后，如果还要购买，那么每个道具的价格就会非常高了。于是就遏制了小 R 和中 R 继续付费的欲望，而负担得起的大 R 呢，就真的需要付出很多，才能够得到一点增长吗？那么他们要拉开其他玩家也就没那么容易和便宜了。

于是在游戏中，免费玩家们就不会有非常大的竞争压力，同时他们每日日常内容所获得的价值也比较高，就会让他们觉得打游戏的时间特别值得。

那么这种情况会遇到什么问题呢？

首先是玩家们觉得时间值，但其实就变成了他们需要花非常多的时间去"肝"。另外就是断绝了中、小 R 进一步的付费欲望，那么这个游戏要想盈利就需要有大量的玩家，才能期望获得那么多的大 R。这样的游戏留存率、活跃度等衡量游戏玩法的数据都会很漂亮，但是如前所述，一个项目能不能导入这么多的用户量就是关键了。

4.8 付费线数值设计

4.8.1 成长线、消耗线与产出线

对于相当多的游戏而言，付费线是极其重要的一环，对于 F2P（Free to Play，免费游戏）的游戏更是重中之重。付费线依附于成长线之上，但重要程度高于成长线。以往的设计师会先设计出成长线再来设计付费线，但这种做法已略显落后，更好的做法应是同时设计这两者，并且用付费线的变化来修正成长线。以前做成长线设计，设计师可能会先列一条公式，然后看到达设定的等级会达到怎样的数值规模，再在这个基础上进行调整，而多条成长线就分别列式，之后再去比较。但这样会不好控制，因为每一条线都有它自己的公式，只能依靠最后的数值去做对比，而要调整就需要逐个去改变公式中的系数，调整起来会困难和烦琐。

较好的方式是一开始就定好各条线的百分比和总值，之后再去列式，见表 4.6。

表 4.6

	各自占比	各自战力
角色等级	5.0%	50 000
装备	15.0%	150 000
强化	20.0%	200 000
宝石镶嵌	20.0%	200 000
职业技能	20.0%	200 000
时装附加	20.0%	200 000
	总和	总战力
	100.0%	1 000 000

接着由各自成长线的上限去均分它们每一级的属性占比，比如"宝石镶嵌"，见表 4.7。

表 4.7

宝石镶嵌		
档次	占比	战力
1	5%	10 000
2	15%	30 000
3	25%	50 000
4	35%	70 000
5	45%	90 000
6	55%	110 000
7	65%	130 000
8	75%	150 000
9	85%	170 000
10	100%	200 000
	总战力	200 000

如果一条成长线下还分多条，比如多件时装，而每一件时装还有各自的阶数，那么可以用两段式的方法去区分，见表 4.8。

表 4.8

时装				
名称	各自占比	等级	各自占比	战力
蜻蜓羽翼	8.0%	1	40%	6400
		2	70%	11 200
		3	100%	16 000
浴火羽翼	16.0%	1	40%	12 800
		2	70%	22 400
		3	100%	32 000
精钢羽翼	30.0%	1	25%	15 000
		2	50%	30 000
		3	75%	45 000
		4	100%	60 000

（续表）

时装				
名称	各自占比	等级	各自占比	战力
天使羽翼	46.0%	1	20%	18 400
		2	40%	36 800
		3	60%	55 200
		4	80%	73 600
		5	100%	92 000
总和	100.0%		总战力	200 000

对于一些档次非常多的成长线而言，占比的分阶会更多，而除了简单分档次，更重要的是依据消耗线的设计反过来去设计成长线。因为消耗线才是 F2P 游戏获利的主体部分，所以能力线和产出线都应围绕着它进行设计，这也是开头所讲的设计思路。装备强化的消耗和能力的变化见表 4.9。

表 4.9

强化				
LV	能力占比	一级强化石	二级强化石	三级强化石
1	1%	10		
2	2%	50		
3	3%	100	1	
4	4%	200	1	
5	5%	400	3	
6	10%	600	5	1
7	12%	800	8	1
8	14%	1000	10	3
9	16%	1200	15	3
10	18%	1400	20	5
11	30%	2000	30	8
12	32%	2500	40	10
13	34%	3000	50	12
14	36%	3500	60	15
15	38%	4000	80	18
16	50%	4500	100	20
17	52%	5000	150	25

（续表）

强化				
LV	能力占比	一级强化石	二级强化石	三级强化石
18	54%	5500	200	30
19	56%	6000	250	35
20	58%	6500	300	40
21	70%	7000	400	50
22	72%	8000	500	60
23	74%	9000	600	70
24	76%	10 000	700	80
25	78%	11 000	800	90
26	90%	12 000	1000	100
27	92%	13 000	1200	120
28	94%	14 000	1500	150
29	96%	15 000	1800	180
30	100%	16 000	2000	200
	总和	163 260	11 823	1326

可以看到，每经过一定的等级就会新增一种所需材料，或者大幅提升所需数量，而与此同时，那一级的战力也会大幅提升。再把高级的材料的掉落调少，让其难以获得，这就导致这些材料变得珍稀和高价值，以此将其变为吸引人的付费点。

笔者把强化所需的材料定为 3 种，用以区分它们的价值和产出。行业内一般将二级强化石称为"B 材料"，它们比一级强化石珍稀，但不至于很难获得，一般的活动之中都可以得到，但需要的量也不少。而三级强化石就是"C 材料"，它们相当珍稀，在游戏中不能获得或极难获得，只有通过一些付费活动才可以获得，比如充值128 元，除了原有赠送的人民币代币外，同时再赠送 3 个 C 材料。一般情况下，一级强化石消耗的量很大，在游戏中也很容易获得，而它们起了让玩家有获得感的作用，以及让玩家距离升级只差一点（B、C 级材料），从而更容易冲动。

从表中可看到，无论哪种材料，需要的总量都非常多，这是两种设计思路之一，对应不同倾向的游戏。等级数量多、消耗量大的做法，适合于做多次短时刺激的游戏。玩家每一天在游戏中的历程都可以经历到多次升级，每一次打怪也可以获得看上去数量巨大的收获。这种眼前可见、频繁出现的刺激就像斯金纳箱，这就是投食丸的做法。当多条成长线都是这种设计思路，并且加上一些初期的成就以及任务奖励，让玩家在早期可以获得大量的资源，非常迅速地提升等级。如此的刺激和提升感足以吸引很多的玩家，举个直观的例子：一款 2017 年 7 月上线的手游——《极品芝麻官》，从上线到 11 月，已经开了 600 多个服务器，总流水超过 2 亿元。它并没有特别新颖的玩法，纯粹就是让玩家慢慢去走各条成长线，但由于数值设计得好，让初期的玩家感觉一直在不停地成长，这种爽快感便吸引了许多的玩家。

另一种设计方法则是消耗的数量相当少，这种方法一般适用于比较注重游戏玩法和游戏进程的游戏项目，比如许多的单机游戏，到达某个章节才可能获得 1个 C 级材料，而下次获得又是多个章节后，需要玩家至少数个小时的游戏历程。此时的三种材料也承担着这样的作用，把 A 材料作为玩家时间的一个衡量，普通小怪可以掉落 A 材料，它依旧不难获得，但升级需要的数量也就是要求玩家一定的游戏时间。B 材料不如 C 材料珍稀，可以将它们放在一些精英怪或略有难度的关卡上产出，以此刺激玩家去挑战这部分内容。

注重玩法和乐趣的游戏一般也不会如 F2P 的游戏一样，设计非常多的成长线，它们会在关键的点放上一个关键的获得物，或者是开启一个新的内容，以此吸引玩家继续玩。但频繁的成就感刺激对于这些游戏也是很重要的，只要目标群体是快餐化的玩家，即使是侧重玩法和乐趣的游戏类型，也必须好好设计玩家的成长线，用几条成长线轮流带给玩家进步。

实际上，为了带给玩家频繁的刺激，并且每天都产生足够多的刺激，每一条成长线的阶数最好比较多一点，那么玩家才可能经常性地获得提升。因为假设阶数少的话，每一阶占的这一整条成长线的比例就很高，如果玩家能够很频繁地升级，那么很快就会完成这一条成长线。

用正向的角度讲出这些设计思路，也许大家听起来会感到这些都是自然而然的事情，但现实情况就是有很多游戏制作精良却吸引不了玩家，其实目前国内的许多游戏都是一样的设计模式，就是设计很多的成长线、各种各样的付费点，等待玩家去入坑和付费。但为何有的游戏，玩家就愿意玩，而有的游戏玩起来就感觉很沉闷，给人一种按部就班的感觉？因为这些游戏都是一样的以快餐化的内容为主，不去深挖游戏玩法，以频繁的刺激为核心，但它们只是专注于挖坑、设计好付费，却没有设计好玩家的成长线。也许这些游戏与爆款的游戏之间的差别并不大，甚至玩满大部分成长线所需的时间和金钱还不比爆款游戏多，但没有玩家愿意玩，其区别之一就在于进步感的刺激频率。频率太低，没有关键的新内容，就没办法让玩家产生"想要更多"的念头。

进步的表现在于能力的提升，也就是任务和怪物的能力对比，而消耗线限制着成长线，获得即是产出线，对应着消耗线。必须有一定的消耗，才会产生需求，也才会让玩家有渴望并且去追求。前面已经把消耗线设计成了很多级，每一级对应着一定的能力提升，那么产出线便要让玩家一天之内某一种活动的获得，足够他们提升某一条成长线一定的级数。提升的等级在游戏的初期至少要三四级以上，之后再逐步减少，但到中期为止都应保持每天至少一级以上。这些数值都是为了行文严谨，所以才站在"至少"的角度去举例，但就实际情况而言，每日提升的级数一般都要更多，不要再像以前的设计师一样，让玩家们需要花费很长的时间才能提升某个成长线一级，对于这些快餐化的游戏，就必须让玩家一天能够提升数级。数值膨胀不是最紧要的，只要能平衡就可以了，而且有时游戏能否赚钱才是更重要的。

对于大部分不同的活动，应让它们对应不同的产出物，这样玩家才会对这些活动有更加清晰的认知，也方便在这些活动中产出更多的奖励，因为它只是某一条成长线的产出，对比于整体不至于太多。接着考虑它们的类型和持续时长，这是每日有限次数的单人活动，比如单人副本、经验任务，或者是赏金任务、限时的多人活动，或者是持续一整天都可以进行的野外挂机、世界 BOSS。对于次数少、时长短的活动类型，设定一定量的产出时，均分下去每一次或每一小时都可以有足够的产出让玩家感到有获得。对于次数多、时长长的活动类型，一定量的产出均分之后可能就变得很少了，此时玩家就会觉得每一次或每一小时的获得感很差。

有两种做法，一是增加产量，二是限制这些活动的次数或时长。增加产量的做法就不需要细谈了，限制次数或时长的方式，最典型的就是针对于刷怪这种行为。设计师既期望使用类似于刷怪这种内容来增加游戏时长，让游戏更热闹也让有更多时间的玩家能够一直得到游戏的乐趣，但反过来则是对于那些没有那么多时间的玩家，他们就会被前者抛开很长的一段距离。假设在一个 500 级满级的游戏中，他们第二天来上线，自己升到了 110 级，而发现在线时间长的玩家的等级已经普遍达到了 170 级，此时他们就会觉得自己已经无法跟这些玩家玩下去了，他们很可能就会离开游戏。

解决办法之一就是提供补救的方法，比如"找回离线经验"这样的系统，那么玩家第二天上线时，可以获得一定比例的刷怪经验，那么他们也就不会被前头的玩家抛下太远。

解决方法之二是限制刷怪的时长，同时引导玩家去玩小号，《DNF》就设定了体力值，而玩家之间，玩家自己的账号之间可以共享一些重要的资源，比如游戏金币，那么就引导了有更多时间的玩家去玩小号。同样，直接使用防沉迷的在线时长设计也是可以的，让玩家在每天的前几个小时中可以获得百分之百的经验，之后获得的经验便会大幅衰减，他们还是可以继续刷，但是效率就会下降。

无论使用怎样的方法都需要仔细考虑玩家每次活动、每一小时或一分钟的获得，进而去设计产出。

为了帮助后进的玩家，还可以再进一步为每一个活动设计出"世界等级"这样的系统：如果整个服务器的玩家的平均等级更高，"世界等级"就会更高，那么每个活动的产出就会更多。以此来帮助后进的玩家，也让同样的活动可以适应更多不同等级的玩家。

谈到此处，便可以引出新的数值设计思路，那就是不以一条公式来设计，而是以玩家每天的进程作为设计的基准。由于这种设计方式是直接针对想要达到的效果进行设计的，所以可以让设计师对游戏拥有非常好的控制力。那么在设计某一条产出线时，就可以先设计出成长历程预期，见表 4.10。

表 4.10

天数	提升等级	达到等级	总天数
1	10	10	1
2	8	26	3
3	5	41	6
5	4	61	11
8	2	77	19
10	1	87	29
26	0.5	100	55

上表是一个满级为 100 级，需要 55 天达到顶级的产出线设计，这是一个较为中庸的情况，不是五六十级到顶的一般的成长线，也不是级数更多的比如人物等级这样的成长线，大家依据思路自行扩充即可。在设定好这些线所需的时间后，便可以根据设定好的某一天的进展，得到那一天可以产出的资源，比如第 13 天提升的等级是 64、65 这两级，再对应消耗线便可以得到这一天的总产出。由于这种设计方法的基准是一个总和，所以当平分给每一次获得时，由于是平均分配的，那么也可以达到这样的效果：每一天的前几级提升得快，后面提升得慢。

对于提升等级这一列的数值，还可以设计多种不同的成长速度，以此来对应不同的付费玩家。

4.8.2 总体规划

前面讲述了单个成长线、消耗线和产出线的设计思路，但作为一个完整的游戏，还需要站在总体的角度去设计每一条线。因为如果只是每一条线自己单独去设计，最后就有可能导致某一条线需要玩家花费的时间和金钱少，获得的提升却很多，而另外一些线则性价比太低，导致没有玩家去玩。为了做好整体规划，应在一开始就列出分配表，见表 4.11。

表 4.11

	能力线			消耗金额
免费线		9.50%	4.50%	22 500
	人物等级	1.50%	0.50%	2 500
	装备	5.00%	3.00%	15 000
	职业技能	3.00%	1.00%	5 000
耗时线		49.50%	73.50%	367 500
	装备强化	12.00%	18.00%	90 000
	宝石镶嵌	15.00%	22.50%	112 500
	宠物等级	12.00%	18.00%	90 000
	人物觉醒	10.50%	15.00%	75 000
付费线		33.00%	16.00%	80 000
	时装衣服	15.00%	7.50%	37 500
	坐骑翅膀	16.00%	8.00%	40 000
	VIP	2.00%	0.50%	2 500
特殊线		8.00%	6.00%	30 000
	称号头衔	2.00%	4.00%	20 000
	夫妻结拜等	6.00%	2.00%	10 000
总和		100.00%	100.00%	500 000

表 4.11 中所列的 4 条不同特性的线指代着之后它们的产出和消耗不同的设计倾向，其中免费线表示玩家在游戏中不断地玩就自然而然可以得到提升的成长线。耗时线表示玩家需要消耗很多时间去获得材料才能提升到满级，这同时也意味着

会是很长的成长线，玩家可以较经常地获得提升，而所需的材料也可以作为重要的付费点。这些线中的许多材料都可以在游戏中获得，但要么是所需的量很多，要么是掉落率非常低，所以促使玩家需要付费去活动。但这也意味着这些线中很大一部分的材料还是会通过游戏让玩家得到的，每一条线中真正需要付费的金额并不是全部，比如装备强化所需的 90 000 元人民币，其中 50% 可以让玩家通过游戏即可获得。

付费线表示基本需要通过付费才能够获得，这一条线的能力提升明显，而且对比于其他线所需的消耗的金额也少，性价比非常高，以此来吸引玩家。特殊线表示一些正常的游戏活动中不容易接触得到的内容，比如特殊的称号或特殊的系统，这些线看其所需完成的内容，可以分配更高的占比。比如夫妻系统，如果在其中再加上生育孩子和养育孩子，完全可以做成一条很特殊的、很昂贵的付费线。

示例的表是一种经典的分配方式，就是有钱的玩家在付费线上投入大把金钱，立刻可以获得大幅的能力提升，然后碾压普通玩家。这会很适合"滚服"型的项目，但现在用户获取费用高，所以一般也不会设计非常纯粹的付费线，即使是时装衣服之类特殊装备也会提供玩家免费获得的途径，只是较难得到或较难提升，就是把原来这些属于付费线的系统，也做成耗时线。对于有足够内容和玩法的游戏，这样的方式是更优的。

本 章 小 结

付费是所有游戏都必须认真去考虑的重要部分，制作方也需要生存下来，付费设计并不是洪水猛兽，甚至也可以把它当成提供给玩家情绪的一种方法，融入于游戏的其他部分。而更基础的角色成长和成长线就是必须去考虑的内容了，要让玩家以什么样的速度去消耗游戏的内容。

结 束 语

　　至此，本书写完了，有一些细节和做法，在书中没有展开去讲，因为展开也会是一个非常大的话题，所以以笔者的绵薄之力也就讲到这里了。

　　现在的游戏行业在商业化上很成熟，但在设计上还比较年轻，远远没有达到设计人心的地步。希望它能不断成长，成为设计互动行为方面的一门卓越的艺术！

　　也希望各位设计师能以更高的眼界来看待设计工作，将你们的产品，设计到用户的心坎上去，成为新时代的情绪设计师！